数据科学与大数据技术专业系列规划教材

Business Data Analysis with Python

Python
商业数据分析

U0390255

朱顺泉 / 编著

人民邮电出版社

北 京

图书在版编目（CIP）数据

Python商业数据分析 / 朱顺泉编著. -- 北京：人民邮电出版社，2020.11
数据科学与大数据技术专业系列规划教材
ISBN 978-7-115-53842-0

Ⅰ. ①P… Ⅱ. ①朱… Ⅲ. ①软件工具－程序设计－高等学校－教材 Ⅳ. ①TP311.561

中国版本图书馆CIP数据核字(2020)第227620号

内 容 提 要

全书共 12 章，主要内容包括：商业数据分析概论、Python 商业数据存取、Python 商业数据图形绘制与可视化、Python 描述性统计、Python 参数估计、Python 参数假设检验、Python 相关分析、Python 一元线性回归分析、Python 多元线性回归分析、Python 时间序列分析、Python 量化金融数据分析、Python 机器学习。

本书内容新颖、全面，实用性强，融理论、方法、应用于一体，可作为统计学、数量经济学、管理科学与工程、应用数学、计算数学、金融工程、金融学、经济学、财务管理、会计学、工商管理等专业的本科高年级学生与研究生学习商业数据分析、统计学、计量经济学等课程的教材或实验参考书。

◆ 编　著　朱顺泉

　 责任编辑　许金霞

　 责任印制　王　郁　陈　犇

◆ 人民邮电出版社出版发行　　　北京市丰台区成寿寺路 11 号

　 邮编　100164　 电子邮件　315@ptpress.com.cn

　 网址　https://www.ptpress.com.cn

　 三河市祥达印刷包装有限公司印刷

◆ 开本：787×1092　1/16

　 印张：15.5　　　　　　　　　　2020 年 11 月第 1 版

　 字数：381 千字　　　　　　　　2020 年 11 月河北第 1 次印刷

定价：49.80 元

读者服务热线：(010)81055256　印装质量热线：(010)81055316
反盗版热线：(010)81055315
广告经营许可证：京东市监广登字 20170147 号

在大数据与人工智能时代，数据已成为人们进行商业决策时最重要的参考依据之一，数据分析行业进入了一个全新的阶段。

Python 具有简单易学、开源、可移植、可扩展、图形展示功能强大、免费使用等特点，并且配备了功能强大的 Pandas（数据分析工具）、Numpy（数值计算工具）、Scipy（科学计算工具）、Matplotlib（基础绘图工具）、Seaborn（扩展绘图工具）、Statsmodels（统计和计量经济分析工具）、Scikit-Learn（机器学习工具）等众多程序包。因此，在大数据与人工智能时代，Python 语言越来越受到广大用户的欢迎和喜爱。

本书以问题为导向，注重理论方法与实际应用的结合，通过丰富易懂的实例，详细介绍了 Python 在数据存取、图形展示、相关分析、回归分析、时间序列分析，以及量化金融数据分析、机器学习中的应用。因此，读者通过本书的学习不仅能掌握 Python 及相关程序包的使用方法，还能学会从实际问题入手，应用 Python 进行商业数据分析的方法与技巧。

本书的内容安排如下：第 1 章介绍商业数据分析概论，第 2 章介绍 Python 商业数据存取，第 3 章介绍 Python 商业数据图形绘制与可视化，第 4 章介绍 Python 描述性统计，第 5 章介绍 Python 参数估计，第 6 章介绍 Python 参数假设检验，第 7 章介绍 Python 相关分析，第 8 章介绍 Python 一元线性回归分析，第 9 章介绍 Python 多元线性回归分析，第 10 章介绍 Python 时间序列分析，第 11 章介绍 Python 量化金融数据分析，第 12 章介绍 Python 机器学习。本书内容丰富，针对性强，各章详细地介绍了利用 Python 进行商业数据分析的具体操作过程，读者只要按照书中的操作步骤一步步操作，就能掌握相关知识点。为了便于读者进行实践练习，我们将书中实例的全部数据文件上传至人邮教育社区。读者下载全部数据文件后，在自己的计算机中建立一个 data 目录（其他目录名也可以），并将全部数据文件复制到此目录中，即可进行操作。

本书适合作为商业数据分析、统计学、计量经济学、时间序列分析、量化金融投资、数据模型与决策等课程的教材或参考书，同时对商业数据分析的从业人员也大有裨益。本书是 2019 年广东省高等教育教学研究和改革项目（大数据时代经济与金融计量分析课程教学改革）的阶段性成果。

本书的出版得到了人民邮电出版社及相关编辑的大力支持和帮助，在此向他们表示感谢。由于水平有限，书中难免存在不妥之处，恳请读者谅解并提出宝贵意见。

作者

2020 年 6 月于广州

目录

1

第 1 章　商业数据分析概论

本章简要介绍商业数据分析的概念及其应用、商业数据类型、商业数据来源，并简要讲述主要的数据分析软件包，帮助读者全面地了解目前流行的商业数据分析工具、Python 语言及其环境。

1.1　商业数据分析的概念及其应用

商业数据分析是指以商业理论为基础，从数据分析出发，依靠统计工具，以决策优化为目的，洞察数据背后的规律，为商业创造最大价值。其主要应用方向如下。

（1）监控异常数据，如信用欺诈等。

（2）建立模型并预测，如产品分析等。

（3）进行关键变量分析并预测，如潜在客户分析等。

（4）进行预测性分析，如客户流失预测等。

商业数据分析不仅是向管理省提供各种数据，还需要更深入的方法来记录、分析和提炼数据，并以易于理解的格式呈现结果。简单地说，商业数据分析能让管理者知道面临的问题，并以有效的方式去解决问题。数据本身仅仅是事实和数字，数据分析师可以通过寻找数据规律，结合业务问题找出有用信息。然后，管理者可以结合这些信息采取行动，以提高生产力和经营收益。

随着大数据时代的来临，大数据分析也应运而生。大数据分析是指对规模巨大的数据进行分析。大数据可以概括为"5 个 V"：数据量大（Volume），速度快（Velocity），类型多（Variety），有价值（Value），真实（Veracity）。大数据是时下 IT 行业最火热的词汇之一，随之而来的数据仓库、数据安全、数据分析、数据挖掘等围绕大数据的商业价值利用，正在逐渐成为相关行业人士争相追捧的利润焦点。

1.2　商业数据类型

商业中需要处理的数据主要有 3 类：横截面数据、时间序列数据和面板数据。

1. 横截面数据

它是同一时间（时期或时点）某一指标在不同空间的观测数据。如某一时点我国 A 股市场的平均收益率，2017 年所有 A 股上市公司的净资产收益率。在利用横截面数据做分析时，由于单个或多个解释变量观测值的起伏变化对被解释数据产生不同的影响，会导致异方差问题，因此在数据整理时必须注意消除异方差。

2．时间序列数据

它是按时间序列排列的数据，也称为“动态序列数据”。时间序列数据是按照一定时间间隔对某一变量或不同时间的取值进行观测所得到的一组数据，如每一季度的 GDP 数据、每一天的股票交易数据或债券收益率数据等。在商业数据分析中，时间序列数据是常见的一种数据类型。

3．面板数据

它是时间序列数据和横截面数据相结合得到的数据。

金融领域以时间序列数据分析（如金融市场）与面板数据分析（如公司金融）为主。

1.3 商业数据来源

商业数据一般来源于 3 个方面：专业性网站、专业数据公司和信息公司、抽样调查。

1．专业性网站

专业性网站如国家统计局网站、中国人民银行网站、中国证券监督管理委员会网站、世界银行网站、国际货币基金组织网站等。

2．专业数据公司和信息公司

国外商业数据库主要有芝加哥大学商学院的证券价格研究中心（CRSP）、路透（Reuters）终端、彭博（Bloomberg）终端、雅虎财经、Quandl 财经等。国内商业数据库主要有中国商业数据库（CCER）、国泰安数据库（GTA）、万德数据库（Wind）、锐思数据库、天相数据库、挖地兔数据库等。

3．抽样调查

抽样调查是针对某些专门的研究开展的一类获取数据的方式。如要对中国的投资者信心进行建模，就必须通过设计调查问卷，对不同的投资群体进行数据采集。

1.4 商业数据分析工具简介

商业数据分析工具主要包括 Python、R、Stata、MATLAB、EViews、SAS、SPSS 等。本书主要介绍 Python 工具在商业领域的应用。

1．Python 数据分析工具简介

Python 是一种面向对象、解释型的计算机程序设计语言，由吉多·范罗苏姆（Guido Van Rossum）于 1989 年发明，第一个公开发行版发布于 1991 年。Python 源代码同样遵循 GPL

（GNU General Public License）协议，Python 语法简洁而清晰，具有丰富和强大的类库。它常被称为"胶水语言"，能够把用其他语言制作的各种模块（尤其是 C/C++）很轻松地联结在一起。常见的一种应用情形是：首先使用 Python 快速生成程序的原型（有时甚至是程序的最终界面），然后对其中有特别要求的部分用更合适的语言改写（比如 3D 游戏中的图形渲染模块，其性能要求特别高，就可以用 C/C++重写），最后封装为 Python 可以调用的扩展类库。需要注意的是用户在使用扩展类库时可能需要考虑平台问题，某些扩展类库可能无法跨平台实现。

Python 需要安装 Pandas、Numpy、Scipy、Statsmodels、Matplotlib、Seaborn、Scikit-Learn、Theano、Tensorflow、Keras、TA-Lib、Cvxopt 等一系列的程序包，还需要安装 IPython 交互环境。目前最新版为 2019 年 7 月 8 日发布的 3.7.4 版。

2．R 数据分析工具简介

R 是统计领域广泛使用的、诞生于 1980 年左右的 S 语言的一个分支，可以认为 R 是 S 语言的一种实现。S 语言是由 AT&T 贝尔实验室开发的一种用来进行数据探索、统计分析和作图的解释型语言。最初 S 语言的实现版本主要是 S-Plus。S-Plus 是一个商业软件，它基于 S 语言，并由 MathSoft 公司的统计科学部进一步完善。后来奥克兰大学的罗伯特·金特曼（Robert Gentleman）和罗斯·伊哈卡（Ross Ihaka）及其他志愿人员开发了一个 R 系统。R 是基于 S 语言的一个 GNU 项目，通常用 S 语言编写的代码都可以不做修改地在 R 环境下运行。R 的语法来自 Scheme。R 的使用与 S-Plus 有很多类似之处，这两种语言有一定的兼容性。S-Plus 的使用手册只要稍加修改就可作为 R 的使用手册，所以有人说 R 是 S-Plus 的一个"克隆"。

目前最新版为 2020 年 6 月 22 日发布的 4.0.2 版。

3．Stata 数据分析工具简介

Stata 由美国计算机资源中心（Computer Resource Center）于 1985 年研制，其特点是采用命令行/程序操作方式，程序短小精悍、功能强大。Stata 是一套提供其使用者数据分析、数据管理以及绘制专业图表的完整及整合性统计软件。它提供许多功能，包含线性混合模型、均衡重复反复及多项式普罗比模式。新版本的 Stata 采用极具亲和力的窗口接口，使用者自行建立程序时，软件能提供具有直接命令式的语法。Stata 提供完整的使用手册，包含统计样本建立、解释、模型与语法、文献等出版品。

除此之外，Stata 可以通过网络实时更新最新功能，也可以更新世界各地的使用者对 Stata 公司提出的问题与解决之道。使用者可以通过 Stata Journal 获得许多相关讯息以及书籍介绍等。另外一个获取庞大资源的渠道就是 Statalist，它是一个独立的 Listserver，每月交替给使用者提供超过 1000 个讯息以及 50 个程序。

目前最新版为 Stata 16.0 版。

4．MATLAB 数据分析工具简介

MATLAB 是由美国 MathWorks 公司推出的用于数值计算和图形处理的科学计算系统，在 MATLAB 环境下，用户可以集成地进行程序设计、数值计算、图形绘制、输入输出、文件管理等各项操作。它提供的是一个人机交互的数学系统环境，与利用 C 语言做数值计算的

程序设计相比，利用 MATLAB 可以节省大量的编程时间，并且程序设计自由度大。其最大的特点是程序开发环境直观、简洁，语言简洁紧凑，使用方便灵活，库函数与运算符极其丰富，另外还具有强大的图形功能。

在国际学术界，MATLAB 已经被确认为准确、可靠的科学计算标准软件，许多国际一流学术刊物上，都可以看到 MATLAB 的应用。

目前最新版为 R2020a 版。

5．EViews 数据分析工具简介

EViews 的前身是美国 GMS 公司于 1981 年发行的第一版 Micro TSP 的 Windows 版本，通常被称为"计量经济学软件包"。EViews 是 Econometrics Views 的缩写，它的本意是对社会经济关系与经济活动的数量规律采用计量经济学方法与技术进行"观察"。计量经济学研究的核心是设计模型、收集资料、估计模型、检验模型、预测模型、求解模型和运用模型。EViews是完成上述任务得力的工具。正是由于 EViews 等计量经济学软件包的出现，计量经济学取得了较大的进步，发展成为一门实用与严谨的经济学科。使用 EViews 软件包可以对时间序列和非时间序列的数据进行分析，建立序列（变量）间的统计关系式，并用该关系式进行预测、模拟等。虽然 EViews 是由经济学家开发的，并且主要用于经济学领域，但并不意味着该软件包只能用于处理经济方面的时间序列，EViews 处理起非时间序列数据照样得心应手。实际上，相当多大型的非时间序列（截面数据）的项目也是在 EViews 中进行处理的。

目前最新版为 2019 年 7 月 30 日发布的 EViews R 11.0 版。

6．SAS 数据分析工具简介

SAS 是美国 SAS 软件研究所研制的一套大型集成应用软件系统，具有完备的数据存取、数据管理、数据分析和数据展现功能。尤其是创业产品统计分析系统部分，由于其强大的数据分析能力，一直为业界所称道。在数据处理和统计分析领域，它被誉为"国际上的标准软件"和"权威的优秀统计软件包"，广泛应用于政府行政管理、科研、教育、生产和金融等不同领域，在这些领域发挥着重要的作用。SAS 系统中提供的主要分析功能包括统计分析、经济计量分析、时间序列分析、决策分析、财务分析和全面质量管理工具等。

目前最新版为 SAS 2019 多国语言版。

7．SPSS 数据分析工具简介

SPSS（Statistical Package for the Social Science）最初的全称为"社会科学统计软件包"，是较常用的统计分析软件之一。20 世纪 60 年代末，美国斯坦福大学的 3 位研究生研制开发了最早的统计分析软件 SPSS，同时成立了 SPSS 公司，并于 1975 年在芝加哥组建了 SPSS总部。20 世纪 80 年代以前，SPSS 统计软件主要应用于企事业单位。1984 年，SPSS 总部首先推出了第一个统计分析软件微机版本 SPSS/PC+，开创了 SPSS 微机系列产品的开发方向，从而确立了个人用户市场第一的地位。2009 年 IBM 收购 SPSS 公司后，在我国市场推出了 IBM SPSS Statistics 21.0 多国语言版。SPSS/PC＋的推出，极大地扩充了它的应用范围，使其能很快地应用于自然科学、技术科学、社会科学等各个领域。它使用 Windows 的窗口方式展示各种管理和分析数据的功能，使用对话框展示各种功能选择项，只要掌握一定的 Windows 操作

技能，粗略统计分析原理，就可以使用该软件为特定的科研工作服务。

目前最新版为 SPSS V25.0 版。

还有一些统计和计量经济学软件，如 Statistica 等，但相对来说没有上面 7 种软件那么常用。各软件网站列表如表 1-1 所示。

表 1-1　　　　　　　　　　　　常见的商业数据分析工具网站

工具名称	网址
Python	www.python.org
R	www.cran.r-project.org
Stata	www.stata.com
MATLAB	www.mathworks.com
EViews	www.eviews.com
SAS	www.sas.com
SPSS	www.spss.com

1.5　Python 的下载和安装

1. 下载安装 Python

在其官方网站可以下载全套工具包。目前，最新版是 Python3.8.3 或者 Python2.7.18，在官方网站找到这两个版本之一，即可下载相应的 Python 可执行文件，双击可执行文件，按照相应提示操作即可安装 Python。

Python 环境内置了很多函数和模块，不过这些函数和模块功能有限，Python 的强大功能更多的是通过第三方库或者其他模块来实现。如果函数库或者模块没有内置于 Python 环境中，则需要先下载安装该函数库或模块，然后才能使用。一般通过 pip 指令来安装，安装指令为：pip install name（如 Numpy）。

2. 安装 Anaconda

Python 执行文件需要安装许多库，安装起来比较复杂。如果专注于科学计算功能，可直接安装 Anaconda。Anaconda 是 Python 的科学计算环境，内置 Python 安装程序，其主要功能如下。

（1）安装简单。下载 Anaconda 的.exe 可执行文件，双击可执行文件进行安装。

（2）配置众多科学计算包。Anaconda 集合了 400 个以上的科学计算与数据分析的包，安装 Anaconda，这些包都会被成功安装。

（3）支持多种操作系统。兼容 Python 多种版本。

Anaconda 是一个用于科学计算的 Python 发行版的套装软件，支持 Unix、Linux、Mac、Windows 等操作系统，包含了众多流行的科学计算、数据分析的 Python 包。其中包括 Pandas、Numpy、Scipy、Statsmodels、Matplotlib 等一系列的程序包以及 iPython 交互环境。界面如图 1-1 所示。

图 1-1　Anaconda 安装包界面 1

单击图 1-1 所示的镜像网站，出现图 1-2 所示的界面。

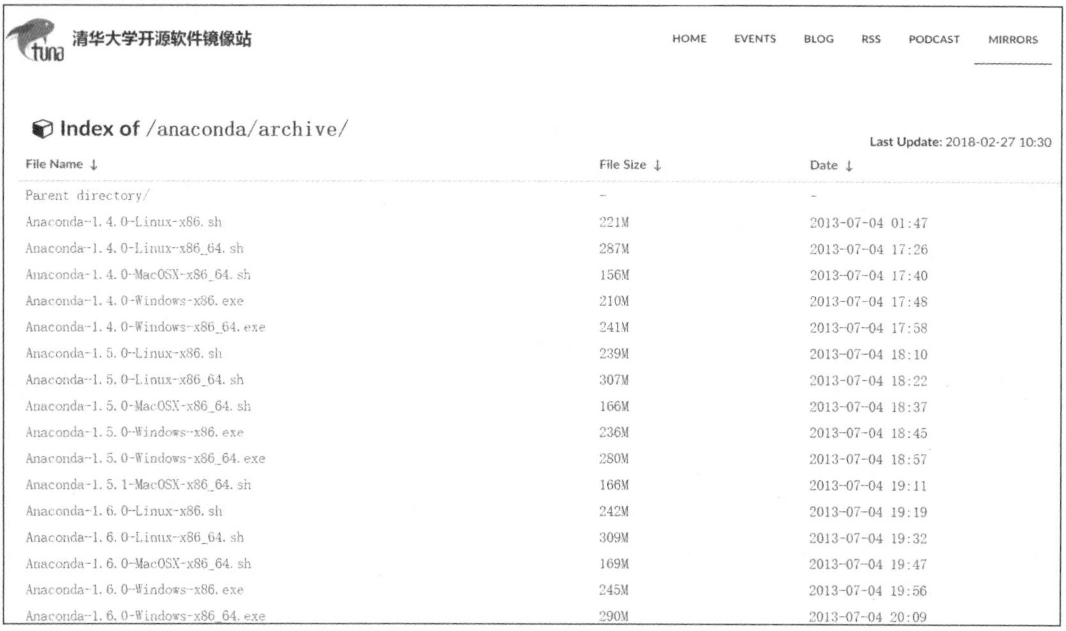

图 1-2　Anaconda 安装包界面 2

在图 1-3 所示的界面中找到 Anaconda3-5.1.0-Windows-x86_64.exe，即可得到用 Python 做商业数据分析的套装软件工具。

Anaconda-4.4.0.1-Linux-ppc64le.sh	286M	2017-07-29 03:48
Anaconda-5.0.0-Linux-ppc64le.sh	296M	2017-09-27 05:31
Anaconda-5.0.0-Linux-x86.sh	429M	2017-09-27 05:43
Anaconda-5.0.0-Linux-x86_64.sh	523M	2017-09-27 05:43
Anaconda-5.0.0-MacOSX-x86_64.pkg	567M	2017-09-27 05:31
Anaconda-5.0.0-MacOSX-x86_64.sh	490M	2017-09-27 05:34
Anaconda-5.0.0-Windows-x86.exe	416M	2017-09-27 05:34
Anaconda-5.0.0-Windows-x86_64.exe	510M	2017-09-27 06:17
Anaconda-5.0.0.1-Linux-x86.sh	430M	2017-10-03 00:33
Anaconda-5.0.0.1-Linux-x86_64.sh	524M	2017-10-03 00:34
Anaconda-5.0.1-Linux-x86.sh	431M	2017-10-26 00:41
Anaconda-5.0.1-Linux-x86_64.sh	525M	2017-10-26 00:42
Anaconda-5.0.1-MacOSX-x86_64.pkg	569M	2017-10-26 00:42
Anaconda-5.0.1-MacOSX-x86_64.sh	491M	2017-10-26 00:42
Anaconda-5.0.1-Windows-x86.exe	420M	2017-10-26 00:44
Anaconda-5.0.1-Windows-x86_64.exe	515M	2017-10-26 00:45
Anaconda-5.1.0-Linux-ppc64le.sh	286M	2018-02-15 23:22
Anaconda-5.1.0-Linux-x86.sh	450M	2018-02-15 23:23
Anaconda-5.1.0-Linux-x86_64.sh	551M	2018-02-15 23:24
Anaconda-5.1.0-MacOSX-x86_64.pkg	595M	2018-02-15 23:24
Anaconda-5.1.0-MacOSX-x86_64.sh	511M	2018-02-15 23:24
Anaconda-5.1.0-Windows-x86.exe	435M	2018-02-15 23:26
Anaconda-5.1.0-Windows-x86_64.exe	537M	2018-02-15 23:27

图 1-3 下载 Anaconda3-5.1.0-Windows-x86_64.exe 的界面

Anaconda3-5.1.0-Windows-x86_64.exe 工具中提供了 Python 做量化金融投资的丰富资源，包括 Pandas、Numpy、Scipy、Statsmodels、Matplotlib 等一系列的程序包以及 Python 用户开发工作环境。要安装 Python 的其他程序包，可登录 Anaconda 的官方网站搜索需要的程序包并进行安装。

3．商业数据分析工具 Python 的安装步骤

Python 在 Windows 环境中可安装多个版本。如 Anaconda2-2.4.1-Windows-x86（32 位）版本、Anaconda3-5.1.0-Windows-x86_64（64 位）版本。本书使用的是 Anaconda3-5.1.0-Windows-x86_64 版本。

双击已下载的 Anaconda3-5.1.0-Windows-x86_64.exe 应用程序，即可得到图 1-4 所示的界面。

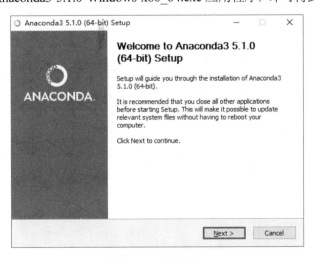

图 1-4 安装界面 1

7

在图 1-4 中单击 Next 按钮，得到图 1-5 所示的界面。

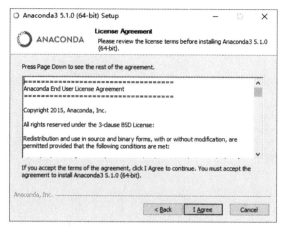

图 1-5　安装界面 2

在图 1-5 中单击 I Agree 按钮，得到图 1-6 所示的界面。

图 1-6　安装界面 3

在图 1-6 中单击 Next 按钮，得到图 1-7 所示的界面。

图 1-7　安装界面 4

在图 1-7 中单击 Next 按钮，即可完成 Python 套装软件的安装，得到图 1-8 所示的界面。

图 1-8 安装完后的界面

1.6 Python 的启动和退出

1．Python 的启动

在图 1-8 中单击 Spyder 图标，即可启动 Python 的用户界面。最后得到图 1-9 所示的界面。

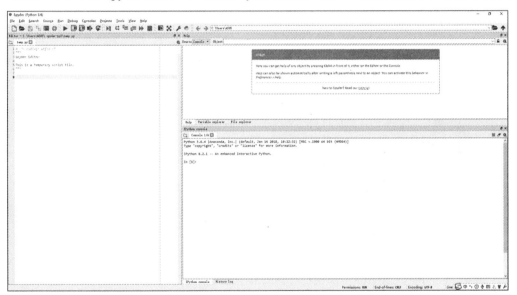

图 1-9 Python 的用户界面

2．Python 的退出

在图 1-9 中单击 Python 的用户界面中的"File"下的"Quit"命令，即可退出 Python。

1.7 Python 商业数据分析相关的程序包

Python 进行商业数据分析时，具有获取数据、整理数据、模型计算、数据图形化等功能，相关的 Python 商业数据分析程序包如表 1-2 所示。

表 1-2 Python 商业数据分析程序包

程序包名称	简介
Matplotlib	Matplotlib 是 Python 的 2D 绘图库,它能让使用者很轻松地将数据图形化,并且提供多样化的输出格式
NumPy	NumPy(Numeric Python)系统是 Python 的一种开源的数值计算扩展。NumPy 提供了许多高级的数值编程工具,如矩阵数据类型、矢量处理,以及精密的运算库,专为进行严格的数字处理而产生
SciPy	SciPy 是一款方便、易于使用、专为科学和工程设计的 Python 工具包。它包括统计、优化、整合、线性代数模块、傅里叶变换、信号和图像处理、常微分方程求解器等功能
Pandas	Pandas 是基于 NumPy 的一种工具,该工具是为了解决数据分析任务而创建的。Pandas 纳入了大量库和一些标准的数据模型,提供了高效地操作大型数据集所需的工具。Pandas 提供了大量能使用户快速便捷地处理数据的函数和方法
Seaborn	Seaborn 是一个统计数据可视化库
Scikit-Learn	Scikit-Learn 是基于 Python 的机器学习模块,基于 BSD 开源许可证。Scikit-Learn 的基本功能主要被分为 6 个部分,分别为分类、回归、聚类、数据降维、模型选择、数据预处理。Scikit-Learn 中的机器学习模型非常丰富,包括 SVM、决策树、GBDT、KNN 等,可以根据问题的类型选择合适的模型
Statsmodels	Statismodels 是一个 Python 包,提供一些与 SciPy 统计计算互补的功能,包括描述性统计、统计模型估计和推断
TA-Lib	技术分析指标库
Theano	Pyhton 深度学习库
Tensorflow	谷歌基于 DistBelief 进行研发的第二代人工智能学习系统
Keras	高阶神经网络开发库,可在 TensorFlow 或 Theano 上运行

下面简单介绍一下 Statsmodels 程序包、Scikit-Learn 程序包和 Keras 程序包。

1. Statsmodels 程序包

表 1-2 所示的 Statsmodels 程序包是 Python 统计建模和计量经济学工具,提供一些与 Scipy 统计计算互补的功能,包括描述性统计、统计模型估计和推断等。主要特性如下。

(1)线性回归模型:广义最小二乘法(Generalized Least Squares,GLS),普通最小二乘法(Ordinary Least Squares,OLS)。

(2)GLM:广义线性模型。

(3)Discrete:离散变量的回归,基于最大似然估计。

(4)RLM:稳健线性模型。

(5)TSA:时间序列分析模型。

(6)Nonparametric:非参数估计。

(7)Datasets:数据集合。

(8)Stats:常用统计检验。

（9）Iolib：读 Stata 的.dta 格式，输出 ascii、latex 和 html 格式。

2. Scikit-Learn 程序包

表 1-2 所示的 Scikit-Learn 程序包的功能如下。

（1）所有模型提供的接口：model.fit()为训练模型，对于监督模型来说是 fit(X,y)，对于非监督模型来说是 fit(X)。

（2）监督模型提供的接口：model.predict(X_new)为预测新样本；model.predict_proba(X_new)为预测概率，仅对某些监督模型有用（比如 LR）；model.score(): 得分越高，fit 越好。

（3）非监督模型提供的接口：model.transform()为从数据中学到新的"基空间"；model.fit_transform()为从数据中学到新的基并将这个数据按照这组"基"进行转换。

3. Keras 程序包

虽然 Scikit-Learn 程序包足够强大，但是它并没有包含一种强大的模型——人工神经网络，其在语言处理、图像识别等领域有着重要的作用。

值得注意的是 Windows 环境下 Keras 的速度会大打折扣，因此，要研究神经网络和深度学习方面的内容，需要在 Linux 下搭建环境。

1.8　Python 商业数据分析快速入门

1. 数据导入

为了后续的分析，首先需要导入数据，这是很关键的一步。通常来说，数据一般是 csv 格式，就算不是，至少也要可以转换成 csv 格式。在 Python 中，导入数据操作如下。

```
import pandas as pd
#读取本地数据
df = pd.read_csv('F:/2glkx/data/al2-1.csv')
#读取网上数据
import pandas as pd
data_url=
"https://raw.githubusercontent.com/alstat/Analysis-with-Programming/master/2014/
Python/Numerical-Descriptions-of-the-Data/data.csv"
df = pd.read_csv(data_url)
```

为了读取本地 csv 文件，我们需要使用 Pandas 这个数据分析库中的相应模块。其中的 read_csv 函数能够读取本地和网上数据。

2. 数据变换

有数据之后，就要进行数据变换。统计学家和科学家们通常会在这一步移除分析中的非必要数据。先看看在网上读取数据的前 5 行和后 5 行，具体操作如下。

```
#Head of the data
print (df.head())
    Abra  Apayao  Benguet  Ifugao  Kalinga
0   1243    2934      148    3300    10553
```

```
1    4158    9235    4287    8063   35257
2    1787    1922    1955    1074    4544
3   17152   14501    3536   19607   31687
4    1266    2385    2530    3315    8520
#Tail of the data
print (df.tail())
      Abra   Apayao   Benguet   Ifugao   Kalinga
74    2505    20878     3519    19737    16513
75   60303    40065     7062    19422    61808
76    6311     6756     3561    15910    23349
77   13345    38902     2583    11096    68663
78    2623    18264     3745    16787    16900
```

对 R 语言程序员来说，上述操作等价于通过 print(head(df)) 来打印数据的前 6 行，以及通过 print(tail(df)) 来打印数据的后 6 行。在 Python 中默认打印 5 行，而 R 则打印 6 行。因此 R 的代码 head(df, n = 10)，在 Python 中就是 df.head(n = 10)，打印数据尾部也是同样的道理。

在 R 语言中，数据列和行的名字通过 colnames 和 rownames 来提取。在 Python 中，则使用 columns 和 index 属性来提取，操作如下。

```
#Extracting column names
print (df.columns)
Index([u'Abra', u'Apayao', u'Benguet', u'Ifugao', u'Kalinga'], dtype='object')
#Extracting row names or the index
print (df.index)
RangeIndex(start=0, stop=79, step=1)
```

数据转置使用 T 方法，操作如下。

```
#Transpose data
print (df.T)
              0       1       2       3       4       5       6       7       8       9   \
Abra       1243    4158    1787   17152    1266    5576     927   21540    1039    5424
Apayao     2934    9235    1922   14501    2385    7452    1099   17038    1382   10588
Benguet     148    4287    1955    3536    2530     771    2796    2463    2592    1064
Ifugao     3300    8063    1074   19607    3315   13134    5134   14226    6842   13828
Kalinga   10553   35257    4544   31687    8520   28252    3106   36238    4973   40140

             69      70      71      72      73      74      75      76      77   \
Abra       ...   12763    2470   59094    6209   13316    2505   60303    6311   13345
Apayao     ...   37625   19532   35126    6335   38613   20878   40065    6756   38902
Benguet    ...    2354    4045    5987    3530    2585    3519    7062    3561    2583
Ifugao     ...    9838   17125   18940   15560    7746   19737   19422   15910   11096
Kalinga    ...   65782   15279   52437   24385   66148   16513   61808   23349   68663

               78
Abra         2623
Apayao      18264
Benguet      3745
Ifugao      16787
Kalinga     16900

[5 rows x 79 columns]
```

其他变换可以通过其他属性进行，如排序就是用 sort 属性实现。现在我们提取特定的某列数据。在 Python 中，可以使用 iloc 或者 ix 属性，一般使用 ix 属性。如提取数据第一列的前 5 行，操作如下。

```
print (df.ix[:, 0].head())
0      1243
1      4158
2      1787
3     17152
4      1266
Name: Abra, dtype: int64
```

要注意的是，Python 的索引是从 0 开始而非 1。如提取从 11 到 20 行的前 3 列数据，操作如下。

```
print (df.ix[10:20, 0:3])
      Abra   Apayao   Benguet
10     981     1311      2560
11   27366    15093      3039
12    1100     1701      2382
13    7212    11001      1088
14    1048     1427      2847
15   25679    15661      2942
16    1055     2191      2119
17    5437     6461       734
18    1029     1183      2302
19   23710    12222      2598
20    1091     2343      2654
```

上述命令相当于 df.ix[10:20, ['Abra', 'Apayao', 'Benguet']]。

为了舍弃数据中的列，如列 1（Apayao）和列 2（Benguet），可使用 drop 属性，操作如下。

```
print (df.drop(df.columns[[2, 3]], axis = 1).head())
     Abra   Ifugao   Kalinga
0    1243     3300     10553
1    4158     8063     35257
2    1787     1074      4544
3   17152    19607     31687
4    1266     3315      8520
```

axis 参数用于告诉函数是舍弃列还是行。如果 axis 等于 0，那么就舍弃行。

3. 统计描述

下一步就是通过 describe 属性对数据的统计特性进行描述。

```
print (df.describe())
                Abra         Apayao        Benguet         Ifugao        Kalinga
count      79.000000      79.000000      79.000000      79.000000      79.000000
mean    12874.379747   16860.645570    3237.392405   12414.620253   30446.417722
std     16746.466945   15448.153794    1588.536429    5034.282019   22245.707692
min       927.000000     401.000000     148.000000    1074.000000    2346.000000
25%      1524.000000    3435.500000    2328.000000    8205.000000    8601.500000
50%      5790.000000   10588.000000    3202.000000   13044.000000   24494.000000
75%     13330.500000   33289.000000    3918.500000   16099.500000   52510.500000
max     60303.000000   54625.000000    8813.000000   21031.000000   68663.000000
```

4. 假设检验

在 Python 中，有一个很好的统计推断包，就是 Scipy 里面的 stats。ttest_1samp 实现了单样本 *t* 检验。因此，如果想检验数据 **Abra** 列的稻谷产量均值，可使用零假设。这里我们假定总体稻谷产量均值为 15000，操作如下。

```
from scipy import stats as ss
#假定总体稻谷产量均值为15000
print (ss.ttest_1samp(a = df.ix[:, 'Abra'], popmean = 15000))
Ttest_1sampResult(statistic=-1.1281738488299586, pvalue=0.26270472069109496)
```

返回下述值组成的元组。

t 统计量：浮点或组类型。

prob：浮点或数组类型。

two-tailed p-value：双侧概率值。

通过上面的输出结果，可以看到 *p* 值是 0.2627，远大于 *α* 等于 0.05，因此没有充分的证据证明平均稻谷产量不是 15000。将这个检验应用到所有的变量，同样假设均值为 15000，操作如下。

```
print (ss.ttest_1samp(a = df, popmean = 15000))
Ttest_1sampResult(statistic=array([-1.12817385,1.07053437,-65.81425599,-4.564575,
6.17156198]),pvalue=array([2.62704721e-01,2.87680340e-01,4.15643528e-70,1.83764399e-
05,2.82461897e-08]))
```

上述输出结果的第一个数组是 *t* 统计量，第二个数组则是相应的 *p* 值。

5. 可视化

Python 中有许多可视化模块，最流行的是 Matpalotlib 库。可选择功能更强的 Seaborn 模块。

```
#Import the module for plotting
import matplotlib.pyplot as plt
plt.show(df.plot(kind = 'box'))
```

得到图 1-10 所示的图形。

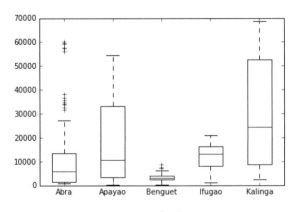

图 1-10 盒型图

下面再引入功能更强的 **Seaborn** 模块，该模块是一个统计数据可视化库，操作如下。

```
#Import the seaborn library
import seaborn as sns
#Do the boxplot
plt.show(sns.boxplot(df))
```
可得到图 1-11 所示的图形。

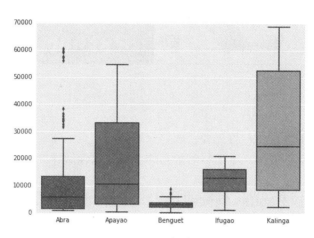

图 1-11 盒型图

6. 创建自定义函数

在 Python 中，我们使用 def 函数来创建一个自定义函数。如果我们要定义一个两数相加的函数，操作如下。

```
def add_2int(x, y):
    return x + y
print (add_2int(2, 2))
4
```

练 习 题

1. 简述商业数据的概念及其应用。
2. 简述商业数据的类型、来源。
3. 简述商业数据分析的常用工具。
4. Python 与 R、Stata、Matlab、SAS、SPSS、Eviews 等数据分析工具有何区别？
5. 下载最新的 Python 工具到指定的目录并安装，然后启动和退出 Python 软件。

第2章 Python 商业数据存取

在商业数据分析的过程中，首先要获取并保存数据，也经常需要把保存的数据加载到程序中，以达到数据互动的效果。本章将对数据的获取与保存做详细介绍。

2.1 应用 Python 的 Pandas 包读取 csv 格式的本地数据

Python-pandas 的 csv 格式数据文件的存取，可以通过 p.to_csv()和 pd.read_csv()函数来实现。操作如下。

```
import pandas as pd
import numpy as np
a=['apple','pear','watch','money']
b=[[1,2,3,4,5],[5,7,8,9,0],[1,3,5,7,9],[2,4,6,8,0]]
d=dict(zip(a,b))
d
p=pd.DataFrame(d)
p
p.to_csv('F:/2glkx/data/IBM.csv')
```

在 Excel 中打开 IBM.csv 数据文件，得到图 2-1 所示的数据。

```
pd.read_csv('F:/2glkx/data/al2-1.csv')
```

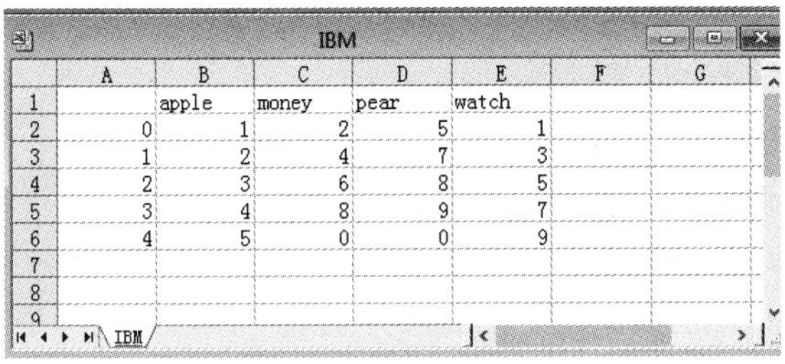

	A	B	C	D	E	F	G
1		apple	money	pear	watch		
2	0	1	2	5	1		
3	1	2	4	7	3		
4	2	3	6	8	5		
5	3	4	8	9	7		
6	4	5	0	0	9		

图 2-1　IBM.csv 中的数据

得到如下数据。

```
   Unnamed: 0  apple  money  pear  watch
0           0      1      2     5      1
1           1      2      4     7      3
2           2      3      6     8      5
3           3      4      8     9      7
4           4      5      0     0      9
```

2.2 应用 Python 的 Pandas 包读取 Excel 文件格式的本地数据

Python-pandas 的 Excel 文件格式数据文件的读取，可以通过 pd.read_excel()函数来进行。操作如下。

先在 F:/2glkx/data/目录下建立一个名为 al2-2.xls 的 Excel 文件，如图 2-2 所示。

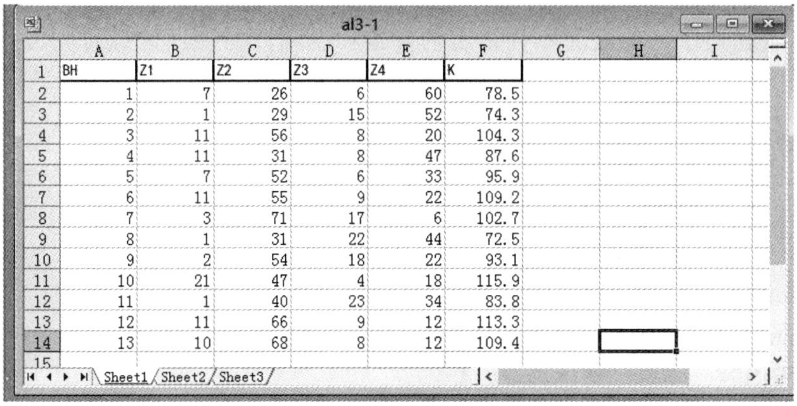

BH	Z1	Z2	Z3	Z4	K
1	7	26	6	60	78.5
2	1	29	15	52	74.3
3	11	56	8	20	104.3
4	11	31	8	47	87.6
5	7	52	6	33	95.9
6	11	55	9	22	109.2
7	3	71	17	6	102.7
8	1	31	22	44	72.5
9	2	54	18	22	93.1
10	21	47	4	18	115.9
11	1	40	23	34	83.8
12	11	66	9	12	113.3
13	10	68	8	12	109.4

图 2-2 Excel 文件

然后通过以下命令来读取 Excel 文件中的数据。

```
import pandas as pd
import numpy as np
df=pd.read_excel('F:/2glkx/data/al2-2.xls')
df.head()
```

得到如下数据。

```
   BH  Z1  Z2  Z3  Z4      K
0   1   7  26   6  60   78.5
1   2   1  29  15  52   74.3
2   3  11  56   8  20  104.3
3   4  11  31   8  47   87.6
4   5   7  52   6  33   95.9
```

下面我们使用 Z1 和 Z2 的数据。将这组数据读取到 Python 中并取名为 data。通过 head()函数查看数据表中前 5 行的内容。以下是数据读取和查看的代码和结果。

```
import pandas as pd
import numpy as np
#读取数据并创建数据表，名称为 data
data=pd.DataFrame(pd.read_excel('F:/2glkx/data/al2-2.xls'))
#查看数据表前 5 行的内容
data.head()
```

在 data 数据表中，我们将 Z1 设置为自变量 X，将 Z2 设置为因变量 Y。并通过 shape()函数查看了两个变量的行数，每个变量 13 行，这是我们完整数据表的行数。

```
#将 Z1 设置为自变量 X
X = np.array(data[['Z1']])
#将 Z2 设置为因变量 Y
```

```
Y = np.array(data[['Z2']])
#查看自变量和因变量的行数
X.shape,Y.shape
```

2.3 挖地兔 Tushare 财经网站数据存取

Tushare 提供的数据存储模块主要是引导用户将数据保存在本地磁盘或数据库服务器上，便于后期的量化分析和回测使用。以文件格式保存在计算机磁盘的方式，系统调用的是 Pandas 自带的方法，此处会罗列常用的参数和说明，另外，也会通过实例展示操作的方法。

1. 保存为 csv 格式文件

Pandas 的 DataFrame 和 Series 对象提供了直接保存 csv 格式文件的方法，通过参数设定，轻松将数据内容保存在本地磁盘。

常用参数说明如下。

path_or_buf：csv 文件存放路径或者 StringIO 对象。

sep：文件内容分隔符，默认为，（逗号）。

na_rep：在遇到 NaN 值时保存为某字符，默认为（空字符）。

float_format：float 类型的格式。

columns：需要保存的列，默认为 None。

header：是否保存 columns 名，默认为 True。

index：是否保存 index，默认为 True。

mode：创建新文件还是追加到现有文件，默认为新建。

encoding：文件编码格式。

date_format：日期格式。

注：在设定 path 时，如果目录不存在，程序会提示 IOError，所以请先确保目录已经存在于磁盘中。

调用方法如下。

```
import tushare as ts
df = ts.get_hist_data('000875') #从网上取数据
#直接保存
#df.to_csv('F:/2glkx/data/000875.csv')
#选择数据保存
df.to_csv('F:/2glkx/data/000875.csv',columns=['open','high','low','close'])
```

2. 读取 csv 数据文件

```
import pandas as pd
import numpy as np
df=pd.read_csv('F:/2glkx/data/000875.csv')
df.head()
          date  open  high   low  close
0   2019-08-09  2.83  2.87  2.78   2.79
1   2019-08-08  2.80  2.83  2.78   2.79
```

```
2    2019-08-07    2.79    2.88    2.78    2.80
3    2019-08-06    2.85    2.85    2.73    2.77
4    2019-08-05    2.91    2.94    2.90    2.90
```

追加数据的方式如下。

某些时候，可能需要将一些同类数据保存在一个大文件中，这时候就需要将数据追加在同一个文件里，操作如下。

```
import tushare as ts
import os
filename = 'F:/2glkx/data/bigfile.csv'
for code in ['000875', '600848', '000981']:
    df = ts.get_hist_data(code)
    if os.path.exists(filename):
        #df.to_csv(filename, mode='a', header=None)
        df.to_csv(filename, mode='a')
    else:
        df.to_csv(filename)
```

注：如果是不考虑 header，直接 df.to_csv(filename, mode='a') 即可，否则每次循环都会把 columns 名称也 append 进去。

3．保存为 Excel 文件

Pandas 将数据保存为 Microsoft Excel 文件。

常用参数说明如下。

excel_writer：文件路径或者 ExcelWriter 对象。

sheet_name：sheet 名称，默认为 Sheet1。

sep：文件内容分隔符，默认为，（逗号）。

na_rep：在遇到 NaN 值时保存为某字符，默认为（空字符）。

float_format：float 类型的格式。

columns：需要保存的列，默认为 None。

header：是否保存 columns 名，默认为 True。

index：是否保存 index，默认为 True。

encoding：文件编码格式。

startrow：在数据的头部留出 startrow 行的空行。

startcol：在数据的左边留出 startcol 列的空列。

调用方法如下。

```
import tushare as ts
df = ts.get_hist_data('000875')#直接保存
df.to_excel('F:/2glkx/data/000875.xls',startrow=2,startcol=5)

#设定数据位置（从第三行第六列开始插入数据）
df.to_excel('F:/2glkx/data/000875.xls', startrow=2,startcol=5)
```

4．读取 Excel 数据文件

```
import pandas as pd
import numpy as np
```

```
df=pd.read_excel('F:/2glkx/data/000875.xls')
df.head()
        date  open  high  close   low    volume  price_change  p_change  \
0  2019-08-09  2.83  2.87   2.79  2.78   76207.00         0.00      0.00
1  2019-08-08  2.80  2.83   2.79  2.78   72752.00        -0.01     -0.36
2  2019-08-07  2.79  2.88   2.80  2.78  107341.00         0.03      1.08
3  2019-08-06  2.85  2.85   2.77  2.73  178017.81        -0.13     -4.48
4  2019-08-05  2.91  2.94   2.90  2.90   67464.40        -0.02     -0.69

    ma5   ma10   ma20      v_ma5     v_ma10     v_ma20
0  2.810  2.898  2.964  100356.44   82343.78   76056.71
1  2.836  2.920  2.978  104786.87   79839.51   78000.71
2  2.874  2.943  2.994  104620.17   77869.64   87509.56
3  2.914  2.965  3.004   92296.22   72195.74   85369.11
4  2.964  2.988  3.018   67717.46   60110.26   80856.01
```

5. 读取挖地兔财经网站数据到内存

我们可以使用 Python 的 Pandas 读取挖地兔财经网站数据，代码如下。

```
import tushare as ts        #需先安装 Tushare 程序包
#此程序包的安装命令: pip install tushare
import pandas as pd
import numpy as np
data = pd.DataFrame()
data1 = ts.get_hist_data('600000')
#需要修改上面的时间
data1 = data1['close']
data1 = data1[::-1]         #按日期从远到近结束
data['600000'] = data1
data2 = ts.get_hist_data('000980')
data2 = data2['close']
data2 = data2[::-1]
data['000980'] = data2
data3 = ts.get_hist_data('000981')
data3 = data3['close']
data3 = data3[::-1]
data['000981'] = data3
data.info()                 #查看数据情况
<class 'pandas.core.frame.DataFrame'>
Index: 614 entries, 2017-02-08 to 2019-08-09
Data columns (total 3 columns):
600000    614 non-null float64
000980    607 non-null float64
000981    465 non-null float64
dtypes: float64(3)
memory usage: 19.2+ KB
```

从上可见，3 个股票数据的记录不一致，有些股票有 null 值。

```
#清理数据
data=data.dropna()
data.info()
<class 'pandas.core.frame.DataFrame'>
```

```
Index: 463 entries, 2017-06-15 to 2019-08-09
Data columns (total 3 columns):
600000    463 non-null float64
000980    463 non-null float64
000981    463 non-null float64
dtypes: float64(3)
memory usage: 14.5+ KB
```

由上可见，3 个股票数据的记录一致，null 值消除。

```
#显示前 5 条
data.head()
              600000   000980   000981
date
2017-06-15    12.38    13.00     9.81
2017-06-16    12.35    12.85     9.89
2017-06-19    12.40    12.77    10.01
2017-06-20    12.29    13.02     9.99
2017-06-21    12.34    12.90    10.06
#显示最后 5 条
data.tail()
              600000   000980   000981
date
2019-08-05    11.24     4.00     1.61
2019-08-06    11.09     3.81     1.54
2019-08-07    11.07     3.78     1.55
2019-08-08    11.26     3.79     1.63
2019-08-09    11.37     3.71     1.59
#取列数据
data= data[['600000', '000981']]
data.head()
              600000   000981
date
2017-06-15    12.38     9.81
2017-06-16    12.35     9.89
2017-06-19    12.40    10.01
2017-06-20    12.29     9.99
2017-06-21    12.34    10.06
#取第二行到第四行的数据
data.ix[1:4]
              600000   000981
date
2017-06-16    12.35     9.89
2017-06-19    12.40    10.01
2017-06-20    12.29     9.99
#取第一行到第二行及第一列到第三列的数据
data.iloc[:2, :3]
              600000   000981
date
2017-06-15    12.38     9.81
2017-06-16    12.35     9.89
```

从上面显示前 5 条和最后 5 条的记录可以发现，Pandas 读取挖地兔财经网站数据时，只能获取近两年的数据，因此需要寻找另外的工具来获取更多的数据。可以考虑使用新版的 Tushare Pro，这样数据更稳定，并且质量更好。操作如下。

```
import tushare as ts
import pandas as pd
pd.set_option('expand_frame_repr', False)    #显示所有列
ts.set_token('your token')    #获取 token 号，需要先注册
pro = ts.pro_api()
stock_data = pro.daily(ts_code='000001.SZ', start_date='20100101', end_date='20190101')
stock_data.head()
     ts_code  trade_date   open   high    low   close   pre_close   change   pct_chg       vol       amount
0   000001.SZ   20181228   9.31   9.46   9.31    9.38        9.28     0.10    1.0776   576604.00    541571.004
1   000001.SZ   20181227   9.45   9.49   9.28    9.28        9.30    -0.02   -0.2151   624593.27    586343.755
2   000001.SZ   20181226   9.35   9.42   9.27    9.30        9.34    -0.04   -0.4283   421140.60    393215.140
3   000001.SZ   20181225   9.29   9.43   9.21    9.34        9.42    -0.08   -0.8493   586615.45    545235.607
4   000001.SZ   20181224   9.40   9.45   9.31    9.42        9.45    -0.03   -0.3175   509117.67    477186.904
stock_data.tail()
        ts_code  trade_date   open    high     low   close   pre_close   change   pct_chg       vol        amount
2112   000001.SZ   20100108   22.50   22.75   22.35   22.60       22.65    -0.05     -0.22   288543.06   6.506674e+05
2113   000001.SZ   20100107   22.90   23.05   22.40   22.65       22.90    -0.25     -1.09   355336.85   8.041663e+05
2114   000001.SZ   20100106   23.25   23.25   22.72   22.90       23.30    -0.40     -1.72   412143.13   9.444537e+05
2115   000001.SZ   20100105   23.75   23.90   22.75   23.30       23.71    -0.41     -1.73   556499.82   1.293477e+06
2116   000001.SZ   20100104   24.52   24.58   23.68   23.71       24.37    -0.66     -2.71   241922.76   5.802495e+05
```

可见在新版的 Tushare Pro 中，可以获取多年的数据。但在新版的 Tushare Pro 中获取数据需要有很大的权限，因此可考虑使用 Pandas_datareader 包来获取国外财经网站数据。

2.4　应用 Pandas 的 DataReader 包获取国外财经网站数据

1．国外财经网站数据源

Python 中的 Pandas_datareader 可从不同的数据源获取各种金融数据。Pandas_datareader.data() 和 Pandas_datareader.wb() 函数能从不同的数据源获取数据，下面列出部分具体的数据源。

- Yahoo! Finance：雅虎金融数据。
- Google Finance：谷歌金融数据。
- Enigma：英格玛数据。
- Quandl：财经数据。
- St.Louis FED：圣路易斯联邦储蓄银行。
- World Bank：世界银行数据。
- OECD：经合组织数据。
- Eurostat：欧盟统计局数据。

2．DataReader 方法介绍

Pandas 库提供了专门从财经网站获取金融数据的 API 接口，可作为量化交易股票数据获取的一种途径，该接口在 urllib3 库的基础上实现了以客户端身份访问网站的股票数据。需要注意的是目前模块已经迁徙到 Pandas-datareader 包中，因此导入模块时需要将 import pandas.io.data as web 更改为 import pandas_datareader.data as web。

查看 Pandas 的操作文档可以发现，第一个参数为股票代码，苹果公司的代码为 "AAPL"，国内股市采用的输入方式为 "股票代码" + "对应股市"，上证股票在股票代码后面加上 ".SS"，深证股票在股票代码后面加上 ".SZ"。DataReader 可从多个金融网站获取到股票数据，如 "Yahoo! Finance" "Google Finance" 等，这里以前者为例。第二个参数为网站，此处为 yahoo。第三个和第四个参数为股票数据的起始时间段，返回的数据格式为 DataFrame。

3. Pandas_datareader.data 读取雅虎财经网站的数据

使用 Python 的 Pandas_datareader.data 读取 Yahoo 金融数据，代码如下。

```
import pandas_datareader.data as web
import datetime
start = datetime.datetime(2017,1,1)#获取数据的时间段（起始时间）
end = datetime.date.today()#获取数据的时间段（结束时间）
stock = web.DataReader("600797.SS", "yahoo", start, end)
#获取浙大网新 2017 年 1 月 1 日起的股票数据
stock.head() #打印 DataFrame 数据前 5 行
               High         Low        Open       Close        Volume   Adj Close
Date
2017-01-03  18.000000   18.000000   18.000000   18.000000          0.0   17.806698
2017-01-04  18.000000   18.000000   18.000000   18.000000          0.0   17.806698
2017-01-05  18.000000   18.000000   18.000000   18.000000          0.0   17.806698
2017-01-06  17.950001   16.200001   17.950001   16.200001   31539335.0   16.026030
2017-01-09  16.180000   14.900000   15.500000   15.420000   31874588.0   15.254406
```

下面我们做数据分析。

（1）打印 DataFrame 数据尾部倒数 5 行（浙大网新因重大事件停牌，2017 年 1 月 6 日复牌）

```
 print (stock.tail(5))
             High    Low    Open   Close       Volume   Adj Close
Date
2019-07-05  10.16  10.03  10.06  10.10   11947626.0   10.066146
2019-07-08  10.03   9.61  10.02   9.63   22936421.0    9.597721
2019-07-09   9.69   9.50   9.64   9.65   11928611.0    9.617654
2019-07-10   9.76   9.61   9.66   9.66    8669247.0    9.627621
2019-07-11   9.70   8.78   9.69   8.95   50201415.0    8.920000
```

（2）打印 DataFrame 数据索引和列信息，索引为时间序列，列信息为开盘价、最高价、最低价、收盘价、复权收盘价、成交量。

```
print (stock.index)
print (stock.columns)
DatetimeIndex(['2017-01-03', '2017-01-04', '2017-01-05', '2017-01-06',
               '2017-01-09', '2017-01-10', '2017-01-11', '2017-01-12',
               '2017-01-13', '2017-01-16',
               ...
               '2019-06-28', '2019-07-01', '2019-07-02', '2019-07-03',
               '2019-07-04', '2019-07-05', '2019-07-08', '2019-07-09',
               '2019-07-10', '2019-07-11'],
              dtype='datetime64[ns]', name='Date', length=610, freq=None)
Index(['High', 'Low', 'Open', 'Close', 'Volume', 'Adj Close'], dtype='object')
```

（3）打印 DataFrame 数据形状，index 长度为 610，columns 数为 6，即 610 个交易日，6 项股票数据。

```
print (stock.shape)
(610, 6)
```

（4）打印 DataFrame 数据并查看数据是否有缺失，以及每列数据的类型。

```
print (stock.info())
<class 'pandas.core.frame.DataFrame'>
DatetimeIndex: 610 entries, 2017-01-03 to 2019-07-11
Data columns (total 6 columns):
High         610 non-null float64
Low          610 non-null float64
Open         610 non-null float64
Close        610 non-null float64
Volume       610 non-null float64
Adj Close    610 non-null float64
dtypes: float64(6)
memory usage: 33.4 KB
None
```

（5）打印 DataFrame 数据每组的统计情况，如最小值、最大值、均值、标准差等。

```
print (stock.describe())
              High         Low        Open       Close        Volume    Adj Close
count   610.000000  610.000000  610.000000  610.000000  6.100000e+02  610.000000
mean     11.606869   11.159131   11.374689   11.377721  2.569379e+07   11.296112
std       2.463353    2.366731    2.414031    2.412591  2.387402e+07    2.371467
min       6.860000    6.500000    6.650000    6.650000  0.000000e+00    6.627710
25%       9.830000    9.420000    9.662500    9.612500  1.152254e+07    9.565097
50%      11.905000   11.480000   11.740000   11.755000  1.811938e+07   11.633710
75%      13.187500   12.657500   12.937500   12.922500  3.048187e+07   12.791848
max      18.000000   18.000000   18.000000   18.000000  1.467236e+08   17.806698
```

（6）DataFrame 数据中增加涨/跌幅序列，涨/跌=（当日 Close −上一日 Close）/上一日 Close×100%。

① 添加一列 change，存储当日股票价格与前一日收盘价格相比的涨跌数值，即当日 Close 价格与上一日 Close 的差值，1 月 3 日这天无上一日数据，因此出现缺失。

```
change = stock.Close.diff()
stock['Change'] = change
print (stock.head(5))
               High        Low       Open      Close     Volume   Adj Close    Change
Date
2017-01-03  18.000000  18.000000  18.000000  18.000000        0.0  17.806698       NaN
2017-01-04  18.000000  18.000000  18.000000  18.000000        0.0  17.806698  0.000000
2017-01-05  18.000000  18.000000  18.000000  18.000000        0.0  17.806698  0.000000
2017-01-06  17.950001  16.200001  17.950001  16.200001  31539335.0  16.026030 -1.799999
2017-01-09  16.180000  14.900000  15.500000  15.420000  31874588.0  15.254406 -0.780001
```

② 缺失的数据用涨跌值的均值替代。

```
change.fillna(change.mean(),inplace=True)
change.head()
Date
2017-01-03   -0.014860
```

```
2017-01-04      0.000000
2017-01-05      0.000000
2017-01-06     -1.799999
2017-01-09     -0.780001
Name: Close, dtype: float64
```

③ 计算涨跌幅度有两种方法，其中 pct_change()方法的思想是从第二项开始向前做减法后再除以第一项，计算得到涨跌幅序列。

```
stock['pct_change'] = (stock['Change'] /stock['Close'].shift(1))#
stock['pct_change1'] = stock.Close.pct_change()
stock['pct_change1'].head()
Date
2017-01-03           NaN
2017-01-04      0.000000
2017-01-05      0.000000
2017-01-06     -0.100000
2017-01-09     -0.048148
Name: pct_change1, dtype: float64
```

（7）股价数据的可视化。Matplotlib 是 Python 进行绘图时使用的非常方便的库。这里 plot 使用的数据是 Adj Close 栏的数据，即已调整收盘价。只需两行代码就可以简单地将股价以时间序列画出来。代码如下。

```
stock['Adj Close'].plot(legend=True, figsize=(10,4))
plt.show()
```

完整图形示例代码如下。

```
import pandas as pd
from pandas import Series, DataFrame
import numpy as np
import matplotlib.pyplot as plt
from pandas_datareader import data, wb
from datetime import datetime
end = datetime.now()
start = datetime(end.year - 1, end.month, end.day)
df = data.DataReader('600797.SS', 'yahoo', start, end)
df['Adj Close'].plot(legend=True, figsize=(10,4))
plt.show()
```

绘制的图形如图 2-3 所示。

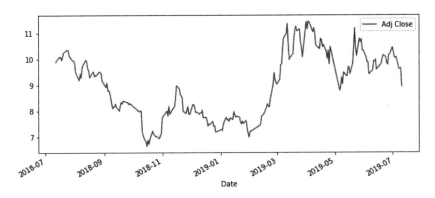

图 2-3　2017 年 1 月 1 日至 2019 年 7 月 1 日 600797.SS 的 Adj Close 数据图（部分）

（8）网上财经数据以 csv 格式存放到本地。Pandas_datareader.data 可以获取雅虎金融数据，并以 csv 格式存放在本地，命令代码如下。

```
import numpy as np
import pandas as pd
import pandas_datareader.data as web
import datetime
#获取 600018.SS 雅虎金融数据
df_csvsave =
web.DataReader("600018.SS","yahoo",datetime.datetime(2019,1,1),datetime.date.today())
print (df_csvsave)
df_csvsave.to_csv(r'F:/2glkx/data/600018.csv',columns=df_csvsave.columns,index=True)
```

2.5 应用 Python 的 Pandas 包进行商业数据分析的分组和聚合

在处理商业数据的过程中，知道如何对商业数据集进行分组、聚合操作是一项必备的技能，能够大大提升数据分析的效率。

分组是指根据一个或多个键将数据拆分为多个组的过程，这里的键可以理解为分组的条件。聚合是指任何能够从数组产生标量值的数据转换过程。分组、聚合操作一般会同时出现，用于计算分组数据的统计值或实现其他功能。

本节将介绍如何利用 Pandas 中提供的 groupby()函数，灵活高效地对数据集进行分组、聚合操作。

1．分组、聚合的基本原理

Pandas 中用 groupby 函数进行分组、聚合操作的原理可以分为 3 个阶段，即"拆分（Split）—应用（Apply）—合并（Combine）"，图 2-4 所示为一个简单的数据分组、聚合过程。

首先，数据会根据一个或多个键（key）被拆分（Split）成多组；然后，将一个函数应用（Apply）到各个组并产生一个新值；最后，这些函数的所有执行结果会被合并（Combine）到最终的结果对象中。

2．groupby()函数

用 Pandas 中提供的分组函数 groupby()能够很方便地对表格进行分组操作。我们先从 tushare.pro 上面获取一个包含 3 只股票日线行情数据的表格。

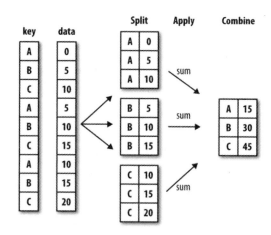

图 2-4 数据分组、聚合过程

```
import tushare as ts
import pandas as pd
pd.set_option('expand_frame_repr', False)   #显示所有列
ts.set_token('your token') #获取 token 号
pro = ts.pro_api()
```

```
code_list = ['000001.SZ', '600000.SH', '000002.SZ']
stock_data = pd.DataFrame()
for code in code_list:
    print(code)
    df = pro.daily(ts_code=code, start_date='20180101', end_date='20180104')
    stock_data = stock_data.append(df, ignore_index=True)
print(stock_data)
000001.SZ
600000.SH
000002.SZ
```

	ts_code	trade_date	open	high	low	close	pre_close	change	pct_chg	vol	amount
0	000001.SZ	20180104	13.32	13.37	13.13	13.25	13.33	-0.08	-0.60	1854509.48	2454543.516
1	000001.SZ	20180103	13.73	13.86	13.20	13.33	13.70	-0.37	-2.70	2962498.38	4006220.766
2	000001.SZ	20180102	13.35	13.93	13.32	13.70	13.30	0.40	3.01	2081592.55	2856543.822
3	600000.SH	20180104	12.70	12.73	12.62	12.66	12.66	0.00	0.00	278838.04	353205.838
4	600000.SH	20180103	12.73	12.80	12.66	12.66	12.72	-0.06	-0.47	378391.01	480954.809
5	600000.SH	20180102	12.61	12.77	12.60	12.72	12.59	0.13	1.03	313230.53	398614.966
6	000002.SZ	20180104	32.76	33.53	32.10	33.12	32.33	0.79	2.44	529085.80	1740602.533
7	000002.SZ	20180103	32.50	33.78	32.23	32.33	32.56	-0.23	-0.71	646870.20	2130249.691
8	000002.SZ	20180102	31.45	32.99	31.45	32.56	31.06	1.50	4.83	683433.50	2218502.766

接下来，我们以股票代码 "ts_code" 这一列为键，用 groupby() 函数对表格进行分组，代码如下。

```
grouped = stock_data.groupby('ts_code')
print(grouped)
<pandas.core.groupby.groupby.DataFrameGroupBy object at 0x000002B1AD25D4A8>
```

注：这里并没有打印出表格，而是一个 GroupBy 对象，因为我们还没有对分组进行计算，也就是说，目前只完成了上面提到的第一个阶段的拆分（Split）操作，需要继续调用聚合函数完成计算。

3. 聚合函数

常用的聚合函数如下，我们继续用上面的表格数据进行演示。

（1）按列 "ts_code" 分组，用 mean() 函数计算分组中收盘价列 "close" 的平均值。

	ts_code	trade_date	open	high	low	close	pre_close	change	pct_chg	vol	amount
0	000001.SZ	20180104	13.32	13.37	13.13	13.25	13.33	-0.08	-0.60	1854509.48	2454543.516
1	000001.SZ	20180103	13.73	13.86	13.20	13.33	13.70	-0.37	-2.70	2962498.38	4006220.766
2	000001.SZ	20180102	13.35	13.93	13.32	13.70	13.30	0.40	3.01	2081592.55	2856543.822
3	600000.SH	20180104	12.70	12.73	12.62	12.66	12.66	0.00	0.00	278838.04	353205.838
4	600000.SH	20180103	12.73	12.80	12.66	12.66	12.72	-0.06	-0.47	378391.01	480954.809
5	600000.SH	20180102	12.61	12.77	12.60	12.72	12.59	0.13	1.03	313230.53	398614.966
6	000002.SZ	20180104	32.76	33.53	32.10	33.12	32.33	0.79	2.44	529085.80	1740602.533
7	000002.SZ	20180103	32.50	33.78	32.23	32.33	32.56	-0.23	-0.71	646870.20	2130249.691
8	000002.SZ	20180102	31.45	32.99	31.45	32.56	31.06	1.50	4.83	683433.50	2218502.766

```
grouped = stock_data.groupby('ts_code')
print(grouped['close'].mean())
ts_code
000001.SZ    13.426667
000002.SZ    32.670000
600000.SH    12.680000
```

Name: close, dtype: float64

（2）按列"ts_code"分组，用.sum()函数计算分组中收盘价涨跌幅（%）列"pct_chg"的和。

```
print(grouped['pct_chg'].sum())
ts_code
000001.SZ   -0.29
000002.SZ    6.56
600000.SH    0.56
Name: pct_chg, dtype: float64
```

（3）按列"ts_code"分组，用 count()函数计算分组中收盘价列"close"的数量。

```
print(grouped['close'].count())
ts_code
000001.SZ   3
000002.SZ   3
600000.SH   3
Name: close, dtype: int64
```

（4）按列"ts_code"分组，用 max()和 min()函数计算分组中收盘价列"close"的最大值、最小值。

```
print(grouped['close'].max())
print(grouped['close'].min())
ts_code
000001.SZ   13.70
000002.SZ   33.12
600000.SH   12.72
Name: close, dtype: float64


ts_code
000001.SZ   13.25
000002.SZ   32.33
600000.SH   12.66
Name: close, dtype: float64
```

（5）按列"ts_code"分组，用 median()函数计算分组中收盘价列"close"的中位数。

```
print(grouped['close'].median())
ts_code
000001.SZ   13.33
000002.SZ   32.56
600000.SH   12.66
Name: close, dtype: float64
```

我们也可以用多个键进行分组、聚合。示例中以['ts_code', 'trade_date']为键，按从左到右的先后顺序进行分组，然后调用 count()函数计算分组中的数量。

```
by_mult = stock_data.groupby(['ts_code', 'trade_date'])
print(by_mult['close'].count())
ts_code    trade_date
000001.SZ  20180102    1
           20180103    1
           20180104    1
000002.SZ  20180102    1
           20180103    1
           20180104    1
```

```
600000.SH   20180102        1
            20180103        1
            20180104        1
Name: close, dtype: int64
```

如果不想把分组键设置为索引，可以向 groupby()函数传入参数 as_index=False。

```
by_mult = stock_data.groupby(['ts_code', 'trade_date'], as_index=False)
print(by_mult['close'].count())
     ts_code trade_date  close
0  000001.SZ   20180102      1
1  000001.SZ   20180103      1
2  000001.SZ   20180104      1
3  000002.SZ   20180102      1
4  000002.SZ   20180103      1
5  000002.SZ   20180104      1
6  600000.SH   20180102      1
7  600000.SH   20180103      1
8  600000.SH   20180104      1
```

如果想要一次应用多个聚合函数，可以调用 agg()[2]方法。

```
aggregated = grouped['close'].agg(['max', 'median'])
print(aggregated)
            close
             max median
ts_code
000001.SZ  13.70   13.33
000002.SZ  33.12   32.56
600000.SH  12.72   12.66
```

也可以一次对多个列应用多个聚合函数。

```
aggregated = grouped['pre_close', 'close'].agg(['max', 'median'])
print(aggregated)
          pre_close          close
             max median    max median
ts_code
000001.SZ   13.70  13.33  13.70  13.33
000002.SZ   32.56  32.33  33.12  32.56
600000.SH   12.72  12.66  12.72  12.66
```

还可以对不同列应用不同的聚合函数。这里我们先定义一个聚合函数 spread()，用于计算最大值和最小值之间的差值，再调用 agg()方法，传入一个从列名映射到函数的字典。

```
def spread(series):
    return series.max() - series.min()

aggregator = {'close': 'mean', 'vol': 'sum', 'pct_chg': spread}
aggregated = grouped.agg(aggregator)
print(aggregated)

               close         vol  pct_chg
ts_code
000001.SZ  13.426667  6898600.41     5.71
000002.SZ  32.670000  1859389.50     5.54
600000.SH  12.680000   970459.58     1.50
```

4. apply()函数应用

调用 apply()函数并传入自定义函数，可以实现更通用的"拆分—应用—合并"的操作，传入的自定义函数可以是任何用户想要实现的功能。下面举几个例子。

例 2-1：用分组平均值填充 NaN 值。

```
   ts_code trade_date        vol
0  000001.SZ   20180102  2081592.55
1  000001.SZ   20180103  2962498.38
2  000001.SZ   20180104         NaN
3  600000.SH   20180102   313230.53
4  600000.SH   20180103   378391.01
5  600000.SH   20180104         NaN
6  000002.SZ   20180102   683433.50
7  000002.SZ   20180103   646870.20
8  000002.SZ   20180104         NaN
```

```python
fill_mean = lambda g: g.fillna(g.mean())
stock_data = stock_data.groupby('ts_code', as_index=False, group_keys=False).apply(fill_mean)
print(stock_data)
```

```
   ts_code trade_date         vol
0  000001.SZ   20180102  2081592.550
1  000001.SZ   20180103  2962498.380
2  000001.SZ   20180104  2522045.465
6  000002.SZ   20180102   683433.500
7  000002.SZ   20180103   646870.200
8  000002.SZ   20180104   665151.850
3  600000.SH   20180102   313230.530
4  600000.SH   20180103   378391.010
5  600000.SH   20180104   345810.770
```

例 2-2：筛选出分组中指定列具有最大值的行。

```
   ts_code trade_date         vol
0  000001.SZ   20180104  1854509.48
1  000001.SZ   20180103  2962498.38
2  000001.SZ   20180102  2081592.55
3  600000.SH   20180104   278838.04
4  600000.SH   20180103   378391.01
5  600000.SH   20180102   313230.53
6  000002.SZ   20180104   529085.80
7  000002.SZ   20180103   646870.20
8  000002.SZ   20180102   683433.50
```

```python
def top(df, column='vol'):
    return df.sort_values(by=column)[-1:]

stock_data = stock_data.groupby('ts_code', as_index=False, group_keys=False).apply(top)
print(stock_data)
```

```
        ts_code trade_date          vol
1   000001.SZ   20180103   2962498.38
8   000002.SZ   20180102    683433.50
4   600000.SH   20180103    378391.01
```

例 2-3：分组进行数据标准化。

```
        ts_code trade_date  close
0   000001.SZ   20180102  13.70
1   000001.SZ   20180103  13.33
2   000001.SZ   20180104  13.25
3   000001.SZ   20180105  13.30
4   600000.SH   20180102  12.72
5   600000.SH   20180103  12.66
6   600000.SH   20180104  12.66
7   600000.SH   20180105  12.69
```

```python
min_max_tr = lambda x: (x - x.min()) / (x.max() - x.min())
stock_data['close_normalised'] =
stock_data.groupby(['ts_code'])['close'].apply(min_max_tr)
print(stock_data)
```

```
        ts_code trade_date  close  close_normalised
0   000001.SZ   20180102  13.70          1.000000
1   000001.SZ   20180103  13.33          0.177778
2   000001.SZ   20180104  13.25          0.000000
3   000001.SZ   20180105  13.30          0.111111
4   600000.SH   20180102  12.72          1.000000
5   600000.SH   20180103  12.66          0.000000
6   600000.SH   20180104  12.66          0.000000
7   600000.SH   20180105  12.69          0.500000
```

练　习　题

按照本章的实例，应用 Python 的 Pandas 包存取 csv、xls 格式数据。

第 **3** 章 Python 商业数据图形绘制与可视化

3.1 Python-Matplotlib 绘图基础

Python 提供了非常多样的绘图功能，可以通过 Python 提供的工具 Matplotlib 绘制二维、三维图形。Seaborn 在 Python 中用于创建信息丰富和有吸引力的统计图形库，它基于 Matplotlib，提供多种功能，如内置主题、调色板、函数和工具，来实现单因素、双因素、线性回归、数据矩阵、统计时间序列等的可视化，以便我们进一步实现更加复杂的可视化过程。

Matplotlib 库里的常用对象类的包含关系为：Figure→Axes→(Line2D, Text, etc.)。一个 Figure 对象可以包含多个子图（Axes），在 Matplotlib 中用 Axes 对象表示一个绘图区域，可以理解为子图。我们可以使用 subplot()函数快速绘制包含多个子图的图表，它的调用形式为 subplot(numRows, numCols, plotNum)。

subplot 将整个绘图区域等分为 numRows 行×numCols 列个子区域，然后按照从左到右、从上到下的顺序对每个子区域进行编号，左上的子区域的编号为 1。如果 numRows、numCols 和 plotNum 这 3 个数都小于 10 的话，可以把它们缩写为一个整数，如 subplot(323)和 subplot(3,2,3)是相同的。subplot 在 plotNum 指定的区域中创建一个轴对象。如果新创建的轴和之前创建的轴重叠的话，之前的轴将被删除。

由于篇幅所限，这里不能详细说明 Matplotlib 在制图方面的所有功能，因为其包含的每个绘图函数都有大量的选项，使得图形的绘制十分灵活多变。

Matplotlib 常用的制图功能有直方图、散点图、曲线标绘图、连线标绘图、箱图、饼图、条形图、点图等。下面通过实例来说明 Matplotlib 的几种主要图形的绘制方法。

3.2 Python 直方图的绘制

直方图又叫"柱状图"，是一种统计报告图，由一系列高度不等的纵向条纹或线段表示数据分布的情况，一般用横轴表示数据类型，用纵轴表示分布情况。通过绘制直方图，可以较为直观地表达有关数据的变化信息，使数据使用者能够较好地观察数据波动的状态，使管理者能够依据分析结果确定在什么地方需要集中力量来改进工作。

例 3-1：现有某公司 10 个雇员的销售和收入等数据，如表 3-1 所示。试通过绘制直方图来直观表示该公司雇员的销售和收入情况。

表 3-1   某公司雇员的销售和收入等情况

EMPID （雇员号）	Gender （性别）	Age （年龄）	Sales （销售）	BMI （体质指数）	Income （收入）
EM001	M	34	123	Normal	350
EM002	F	40	114	Overweight	450
EM003	F	37	135	Obesity	169
EM004	M	30	139	Overweight	189
EM005	F	44	117	Overweight	183
EM006	M	36	121	Normal	80
EM007	M	32	133	Obesity	166
EM008	F	26	140	Normal	120
EM009	M	32	133	Normal	75
EM010	M	36	133	Overweight	40

在目录 F:\2glkx\data 下建立 al3-1.xls 数据文件后，导入图形库和数据集的命令如下。

```
import matplotlib.pyplot as plt
import pandas as pd
import numpy as np
df=pd.read_excel("F:/2glkx/data/al3-1.xls")
#或者 df=pd.read_excel('F:/2glkx/data/al3-1.xls')
df.head()
```

得到如下数据。

```
Out[21]:
   EMPID Gender Age Sales        BMI  Income
0  EM001      M  34   123     Normal     350
1  EM002      F  40   114  Overweight     450
2  EM003      F  37   135     Obesity     169
3  EM004      M  30   139  Overweight     189
4  EM005      F  44   117  Overweight     183
```

绘制直方图的命令如下。

```
fig=plt.figure()
ax=fig.add_subplot(1,1,1)
ax.hist(df['Age'],bins=7)
plt.show()
```

最后得到图 3-1 所示的结果。

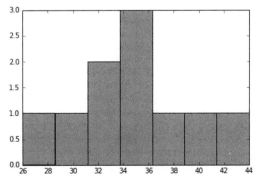

图 3-1 直方图 1

通过观察直方图，可见各雇员年龄的分布情况。

上面的命令比较简单，分析过程及结果已经达到了解决实际问题的要求。但 R 的强大之处在于，它提供了更加复杂的命令格式以满足用户更加个性化的需求。

1. 给图形增加标题

如果我们要给图形增加标题"Age distribution"，那么就应使用如下命令。

```
fig=plt.figure()
ax=fig.add_subplot(1,1,1)
ax.hist(df['Age'],bins=7)
plt.title('Age distribution')
plt.show()
```

输入上述命令后，按回车键，得到图 3-2 所示的结果。

2. 给坐标轴增加数值标签

如果我们要在图 3-2 的基础上给 x 轴、y 轴添加符号标签，那么就应使用如下命令。

```
fig=plt.figure()
ax=fig.add_subplot(1,1,1)
ax.hist(df['Age'],bins=7)
plt.title('Age distribution')
plt.xlabel('Age')
plt.ylabel('#Employee')
plt.show()
```

输入上述命令后，按回车键，得到图 3-3 所示的结果。

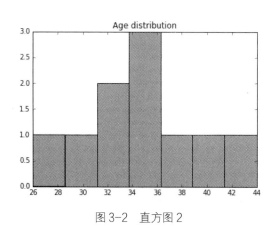

图 3-2　直方图 2

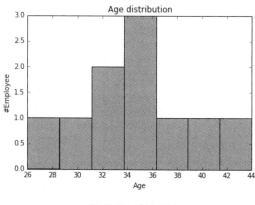

图 3-3　直方图 3

3.3　Python 散点图的绘制

散点图就是点在坐标系平面上的分布图，它对数据预处理有很重要的作用。研究者为数据制作散点图的出发点是观察某变量随另一变量变化的大致趋势，据此可以探索数据之间的关联关系，甚至可以选择合适的函数对数据点进行拟合。

例 3-2：本例沿用例 3-1 的数据。

要绘制年龄、销售的散点图，输入如下命令。

```
fig=plt.figure()
ax=fig.add_subplot(1,1,1)
ax.scatter(df['Age'],df['Sales'])
plt.title('Age & Sales Scatter of Employee')
plt.xlabel('Age')
plt.ylabel('Sales')
plt.show()
```

输入上述命令后，按回车键，得到图 3-4 所示的结果。

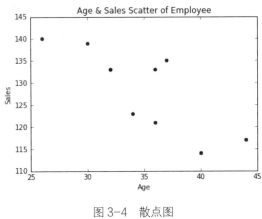

图 3-4　散点图

通过观察图 3-4 所示的散点图，可以看出这些雇员的年龄和销售等情况。

3.4　Python 气泡图的绘制

气泡图可用于展示 3 个变量之间的关系。它与散点图类似，绘制时将一个变量放在横轴，另一个变量放在纵轴，而第三个变量则用气泡的大小来表示。气泡图与散点图相似，不同之处在于气泡图允许在图表中额外加入一个表示大小的变量进行对比。

例 3-3：本例沿用例 3-1 的数据。

可以通过 scatter() 函数中的 s 参数来绘制气泡图。如在绘制年龄与销售的散点图时，通过气泡的大小来反映收入的大小，输入如下命令。

```
fig=plt.figure()
ax=fig.add_subplot(1,1,1)
ax.scatter(df['Age'],df['Sales'],s=df['Income'])
#增加了第三个收入变量 Income 作为气泡的大小
plt.xlabel('Age')
plt.ylabel('Sales')
plt.show()
```

输入上述命令后，按回车键，得到图 3-5 所示的结果。

通过观察图 3-5 所示的气泡图，可以看出这些雇员的年龄和销售等情况，还可以根据气泡的大小看出雇员的收入情况。

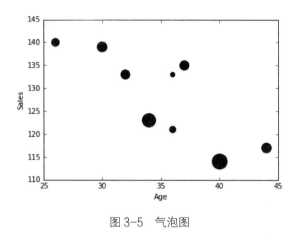

图 3-5　气泡图

3.5　Python 箱图的绘制

箱图又称为"箱线图""盒须图"，是一种用于显示一组数据分散情况的统计图。箱图很形象地分为中心、延伸以及分布状态的全部范围，它提供了一种只用 5 个点对数据集做简单总结的方式，这 5 个点包括中点、Q1、Q3、分布状态的高位和低位。数据分析者通过绘制箱图不仅可以直观明了地识别数据中的异常值，还可以判断数据的偏态、尾重以及比较几批数据的形状。

例 3-4：本例沿用例 3-1 的数据。

要绘制年龄的箱图，输入如下命令。

```
import matplotlib.pyplot as plt
import pandas as pd
fig=plt.figure()
ax=fig.add_subplot(1,1,1)
#年龄变量
ax.boxplot(df['Age'])
plt.title(' Box figure of Age')
plt.show()
```

输入上述命令后，按回车键，得到图 3-6 所示的结果。

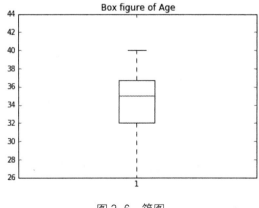

图 3-6　箱图

通过观察箱图，可以了解到很多信息。箱图把所有数据分成了 4 个部分：第一部分是从顶线到箱子的上部，这部分数据值在全体数据中排名前 25%；第二部分是从箱子的上部到箱子中间的线，这部分数据值在全体数据中排名 25%～50%；第三部分是从箱子的中间到箱子的底部，这部分数据值在全体数据中排名 50%～75%；第四部分是从箱子的底部到底线，这部分数据值在全体数据中排名 75%～100%。顶线和底线的间距在一定程度上表示了数据的离散程度，间距越大则越离散。就本例而言，可以看到年龄的中位数在 35 岁左右，年龄最高值为 40 岁。

若要绘制多个属性的箱图，可使用如下代码。

```
vars=['Age','Sales']
data=df[vars]
plt.show(data.plot(kind = 'box'))
```

输入上述命令后，按回车键，得到图 3-7 所示的结果。

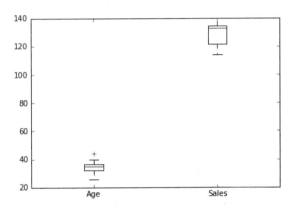

图 3-7　多属性箱图

3.6　Python 饼图的绘制

饼图是数据分析中常见的一种经典图形，因其外形类似于圆饼而得名。在数据分析中，很多时候需要分析数据总体的各个组成部分的占比，我们可以通过各个部分与总额相除来计算，但这种数学比例的表示方法相对抽象。Python 提供了饼形制图工具，能够直接以图形的方式显示各个组成部分所占比例，更为重要的是，由于采用图形的方式，数据显示更加形象直观。

1. 简单饼图的绘制

例 3-5：本例沿用例 3-1 的数据。

在目录 F:\2glkx\data 下建立 al3-1.xls 数据文件后，使用如下命令读取数据。

```
import matplotlib.pyplot as plt
import pandas as pd
import numpy as np
df=pd.read_excel("F:/2glkx/data/al3-1.xls")
df.head()
```

得到显示前 5 条记录的数据如下。

	EMPID	Gender	Age	Sales	BMI	Income
0	EM001	M	34	123	Normal	350
1	EM002	F	40	114	Overweight	450
2	EM003	F	37	135	Obesity	169
3	EM004	M	30	139	Overweight	189
4	EM005	F	44	117	Overweight	183

在 IPython console 中输入如下命令。

```
var=df.groupby(['Gender']).sum().stack()
temp=var.unstack()
x_list=temp['Sales']
label_list=temp.index
plt.axis("equal")
plt.pie(x_list)
plt.title("Pastafatianism expenses")
plt.show()
```

输入上述命令后，按回车键，得到图 3-8 所示的结果。

通过观察图 3-8，可以看出该公司的雇员销售收入情况，男雇员销售收入占 60%左右，女雇员销售收入占 40%左右。

2. 复杂饼图的绘制

下面给出一个绘制复杂饼图的程序。

```
from pylab import *
#绘制复杂饼图
figure(1, figsize=(6,6))
ax = axes([0.1, 0.1, 0.8, 0.8])
fracs = [60, 40]                    #每一块占的比例，总和为100
explode=(0, 0.08)                   #离开整体的距离，看效果
labels = 'Male', 'Female'           #对应每一块的标志
pie(fracs,explode=explode,labels=labels,autopct='%1.1f%%', shadow=True, startangle=
90, colors = ("g", "r"))
title('Rate of Male and Female')    #标题
show()
```

输入上述命令后，按回车键，得到图 3-9 所示的结果。

图 3-8　简单饼图

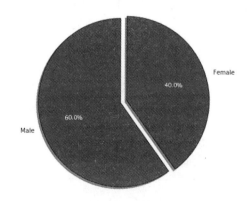

图 3-9　复杂饼图

3.7　Python 条形图的绘制

相对于前面介绍的箱图，条形图本身所包含的信息相对较少，但是它们仍然为平均数、中位数、合计数或计数等多种统计结果提供了简单而又多样化的展示，所以条形图也深受研究者的喜爱，经常出现在论文或者调查报告中。

1．简单条形图的绘制

例 3-6：本例沿用例 3-1 的数据。

在目录 F:\2glkx\data 下建立 al3-1.xls 数据文件后，使用如下命令读取数据。

```
import matplotlib.pyplot as plot
import pandas as pd
import numpy as np
df=pd.read_excel("F:/2glkx/data/al3-1.xls")
df.head()
```

得到显示前 5 条记录的数据如下。

```
   EMPID Gender  Age  Sales        BMI  Income
0  EM001      M   34    123     Normal     350
1  EM002      F   40    114 Overweight     450
2  EM003      F   37    135    Obesity     169
3  EM004      M   30    139 Overweight     189
4  EM005      F   44    117 Overweight     183
```

在 IPython console 中输入如下命令，可以制作条形图。

```
var=df.groupby('Gender').Sales.sum()
#以性别将销售总额分组
fig=plt.figure()
ax1=fig.add_subplot(1,1,1)
ax1.set_xlabel('Gender')
ax1.set_ylabel('Sum of Sales')
ax1.set_title("Gender wise Sum of Sales")
var.plot(kind='bar')
```

输入上述命令后，按回车键，得到图 3-10 所示的结果。

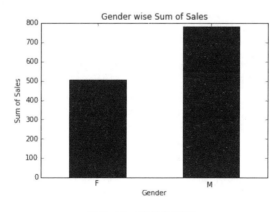

图 3-10　简单条形图

通过观察该条形图，可以看出该公司男雇员的销售总额较高，女雇员的销售总额较低。

2．复杂条形图（又叫"堆积柱形图"）的绘制

若我们先按体质指数 BMI 分类，在每一类体质指数 BMI 中按性别来展示总销售额，可以输入如下命令。

```
var=df.groupby(['BMI','Gender']).Sales.sum()
var.unstack().plot(kind='bar',stacked=True,color=['red','blue'])
```

输入上述命令后，按回车键，得到图 3-11 所示的结果。

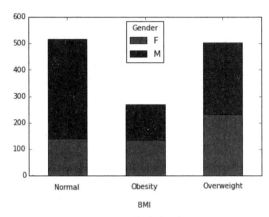

图 3-11　复杂条形图

3.8　Python 折线图的绘制

排列在工作表的列或行中的数据可以绘制到折线图中。折线图可以显示随时间（根据常用比例设置）而变化的连续数据，因此非常适用于显示在相等时间间隔下数据的趋势。

例 3-7：本例沿用例 3-1 的数据。

在目录 F:\2glkx\data 下建立 al3-1.xls 数据文件后，使用如下命令读取数据。

```
import matplotlib.pyplot as plot
import pandas as pd
import numpy as np
df=pd.read_excel("F:/2glkx/data/al3-1.xls")
df.head()
```

得到显示前 5 条记录的数据如下。

```
   EMPID Gender Age  Sales        BMI  Income
0  EM001      M   34    123     Normal     350
1  EM002      F   40    114  Overweight     450
2  EM003      F   37    135     Obesity     169
3  EM004      M   30    139  Overweight     189
4  EM005      F   44    117  Overweight     183
```

在 IPython console 中输入如下命令，可以制作折线图。

```
var=df.groupby('BMI').Sales.sum()
fig=plt.figure()
ax1=fig.add_subplot(1,1,1)
```

```
ax1.set_xlabel('BMI')
ax1.set_ylabel('Sum of Sales')
ax1.set_title("BMI wise Sum of Sales")
var.plot(kind='line')
```
输入上述命令后，按回车键，得到图 3-12 所示的结果。

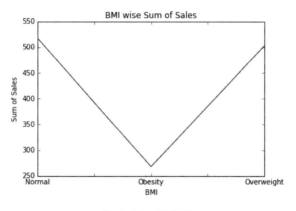

图 3-12　折线图

从图 3-12 可以看出不同体质指数的销售总额情况。体质指数显示为正常或超重的雇员销售总额差不多，在 510 左右，体质指数显示为肥胖的雇员销售总额较低，在 270 左右。

3.9　Python 曲线标绘图的绘制

从形式上看，曲线标绘图与散点图的区别就是用一条线替代散点标志，这样做可以更加清晰直观地看出数据走势，但无法观察到每个散点的准确位置。从用途上看，曲线标绘图常用于时间序列分析的数据预处理，用来观察变量随时间的变化趋势。此外，曲线标绘图可以同时反映多个变量随时间的变化情况，所以曲线标绘图的应用范围是非常广泛的。

例 3-8：某村每年进行人口普查，该村近年的人口数据如表 3-2 所示。试通过绘制曲线标绘图来分析研究该村的人口情况变化趋势以及新生儿对总人口数的影响程度。

表 3-2　　　　　　　　　　　　某村人口普查资料

年份（year）	总人数（total）	新生儿数（new）
1997	128	15
1998	138	16
1999	144	16
2000	156	17
2001	166	21
2002	175	17
2003	180	18
2004	185	17
2005	189	30
2006	192	34

年份（year）	总人数（total）	新生儿数（new）
2007	198	37
2008	201	42
2009	205	41
2010	210	39
2011	215	38
2012	219	41

在目录 F:\2glkx\data 下建立 al3-3.xls 数据文件后，使用如下命令读取数据。

```
import pandas as pd
import numpy as np
data=pd.DataFrame(pd.read_excel('F:/2glkx/data/al3-3.xls '))
data.head()
```

得到如下前 5 条记录的数据。

```
   year  total  new
0  1997   128   15
1  1998   138   16
2  1999   144   16
3  2000   156   17
4  2001   166   21
```

将上面的数据框对象的数据放入数据变量中。命令如下。

```
t = np.array(data[['year']])
x = np.array(data[['total']])
y = np.array(data[['new']])
```

再输入如下绘图命令。

```
import pylab as pl
pl.plot(t, x)
pl.plot(t, y)
pl.show()
```

输入上述命令后，按回车键，得到图 3-13 所示的结果。

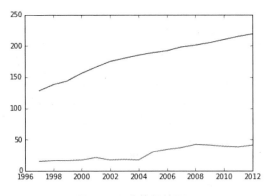

图 3-13　曲线标绘图 1

通过观察曲线标绘图，可以看出该村总人数上升的速度快，新生儿小幅上升。

上面的 Python 命令比较简单，分析过程及结果已经达到解决实际问题的要求。但 Python

软件的强大之处在于，它提供了更加复杂的命令格式以满足用户更加个性化的需求。如要给图形增加标题、给横纵坐标轴增加标签，则应使用如下命令。

```
import pylab as pl
pl.plot(t, x)
pl.plot(t, y)
pl.title('population census')
pl.xlabel('Time')
pl.ylabel('Population')
pl.show()
```

输入上述命令后，按回车键，得到图 3-14 所示的结果。

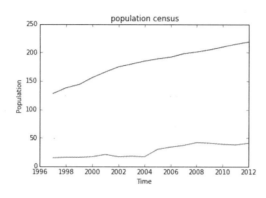

图 3-14　曲线标绘图 2

3.10　Python 连线标绘图的绘制

在前面提到的曲线标绘图是用一条线来代替散点标志，可以更加清晰直观地看出数据走势，却无法观察到每个散点的准确位置。如何做到既满足观测数据走势的需要，又实现每个散点的准确定位？Python 的连线标绘图就可以解决这个问题。

例 3-9：1998—2015 期间，我国上市公司的数量情况如表 3-3 所示。试通过绘制连线标绘图来分析研究我国上市公司数量的变化情况。

表 3-3　　　　　　　　我国上市公司的数量情况（1998—2015）

年份	上市公司数量
1998	851
1999	949
2000	1088
2001	1160
2002	1224
2003	1287
2004	1377
2005	1381
2006	1434
2007	1550

年份	上市公司数量
2008	1625
2009	1718
2010	2063
2011	2342
2012	2494
2013	2493
2014	2631
2015	2809

使用如下命令读取数据。

```
import pandas as pd
import numpy as np
data=pd.DataFrame(pd.read_excel('F:/2glkx/data/al3-4.xls'))
data.head()
```

得到如下前 5 条记录的数据。

```
   year  number
0  1998    851
1  1999    949
2  2000   1088
3  2001   1160
4  2002   1224
```

将上面的数据框对象的数据放入数据变量中。命令如下。

```
t = np.array(data[['year']])
x = np.array(data[['number']])
```

再输入如下绘图命令。

```
import pylab as pl
pl.plot(t, x)
pl.title('1998-2015 of A listed companies in china')
pl.xlabel('Time')
pl.ylabel('companies numbers')
pl.show()
```

输入上述命令后，按回车键，得到图 3-15 所示的结果。

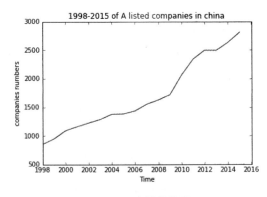

图 3-15　连线标绘图

通过观察连线标绘图，可以看出除了 2012—2013 年小幅下降外，随着年份的增加，我国上市公司数目基本逐年增加。

若要将上面的连线画成点，而非连线，则命令如下。

```
import pandas as pd
import numpy as np
import pylab as pl
data=pd.DataFrame(pd.read_excel('F:/2glkx/data/al3-4.xls'))
data.head()
t=np.array(data[['year']])
x=np.array(data[['number']])
import pylab as pl
pl.plot(t, x,'ro')
pl.title('1998-2015 of A listed companies in china')
pl.xlabel('Time')
pl.ylabel('companies numbers')
pl.show()
```

输入上述命令后，按回车键，得到图 3-16 所示的结果。

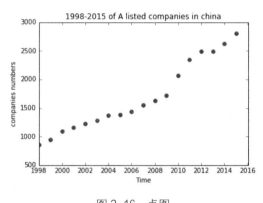

图 3-16　点图

通过观察图 3-16 所示的点图，也可以看出除了 2012—2013 年小幅下降外，随着年份的增加，我国上市公司数目基本上逐年增加。

3.11　Python 3D 图的绘制

虽然 Matplotlib 主要专注于绘图，并且主要是绘制二维的图形，但是它也有一些扩展功能，能让我们在地理图上绘图，并把 Excel 和 3D 图表结合起来。在 Matplotlib 的世界里，这些扩展叫作"工具包"（Toolkits）。比较流行的工具包有 Basemap、GTK 工具、Excel 工具、Natgrid、AxesGrid 和 Mplot3d。

本节探讨 Mplot3d 的更多功能。mpl_toolkits.mplot3 工具包提供了一些基本的 3D 绘图功能，其支持的图表类型包括散点图、曲面图、线图和网格图。虽然 mplot3d 不是最好的 3D 图形绘制库，但它是伴随着 Matplotlib 产生的。

我们现在需要创建一个图表，并把想要的坐标轴添加到上面。但不同的是，我们为图表指定的是 3D 视图，并且添加的坐标轴是 Axes3D。

现在，我们可以使用几乎相同的函数来绘图。当然，函数的参数是不同的，需要为 3 个坐标轴提供数据，如我们要为函数 mpl_toolkits.mplot3d.Axes3D.plot 指定 xs、ys、zs 和 zdir 参数。其他的参数则直接传给 matplotlib.axes.Axes.plot。

下面解释一下这些特定的参数。

（1）xs 和 ys：*x* 轴和 *y* 轴坐标。

（2）zs：这是 *z* 轴的坐标值，可以是所有点对应一个值，也可以是每个点对应一个值。

（3）zdir：决定哪个坐标轴作为 *z* 轴的维度（通常是 zs，但是也可以是 xs 或者 ys）。

要注意的是，模块 mpl_toolkits.mplot3d.art3d 包含了 3D artist 代码和将 2D artists 转化为 3D 版本的函数。在该模块中有一个 rotate_axes 方法，该方法可以被添加到 Axes3D 中来对坐标重新排序，这样坐标轴就与 zdir 一起旋转了。zdir 默认值为 z。在坐标轴前加 "-" 会进行反转转换，这样一来，zdir 的值就可以是 *x* 轴、*y* 轴、*z* 轴正方向或负方向上的值。

以下代码展示了我们所解释的内容。

```
import random
import numpy as np
import matplotlib as mpl
import matplotlib.pyplot as plt
import matplotlib.dates as mdates
from mpl_toolkits.mplot3d import Axes3D
mpl.rcParams['font.size'] = 10
fig=plt.figure()
ax=fig.add_subplot(111, projection='3d')
for z in [2011, 2012, 2013, 2014]:
    xs=range(1,13)
    ys=1000 * np.random.rand(12)
    color=plt.cm.Set2(random.choice(range(plt.cm.Set2.N)))
    ax.bar(xs, ys, zs=z, zdir='y', color=color, alpha=0.8)
ax.xaxis.set_major_locator(mpl.ticker.FixedLocator(xs))
ax.yaxis.set_major_locator(mpl.ticker.FixedLocator(ys))
ax.set_xlabel('Month')
ax.set_ylabel('Year')
ax.set_zlabel('Sales Net [usd]')
plt.show()
```

输入上述命令后，按回车键，得到图 3-17 所示的结果。

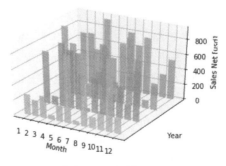

图 3-17　3D 图

下面的示例代码绘制了著名的 Pringle 函数的三翼面图，在数学上叫"双曲面抛物线"

（Hyperbolic Paraboloid）。

```
from mpl_toolkits.mplot3d import Axes3D
from matplotlib import cm
import matplotlib.pyplot as plt
import numpy as np
n_angles = 36
n_radii = 8
#半径数组
#不包括半径 r=0，这是为了清除重复点
radii = np.linspace(0.125, 1.0, n_radii)
#角数组
angles = np.linspace(0, 2 * np.pi, n_angles, endpoint=False)
#对每个半径重复所有角度
angles = np.repeat(angles[..., np.newaxis], n_radii, axis=1)
#将极坐标转换为笛卡儿坐标
#加上(0,0)，在(x,y)平面上没有重复点
x = np.append(0, (radii * np.cos(angles)).flatten())
y = np.append(0, (radii * np.sin(angles)).flatten())
#普林格尔表面
z = np.sin(-x * y)
fig = plt.figure()
ax = fig.gca(projection='3d')
ax.plot_trisurf(x, y, z, cmap=cm.jet, linewidth=0.2)
plt.show()
```

执行上面的代码，生成图 3-18 所示的图形。

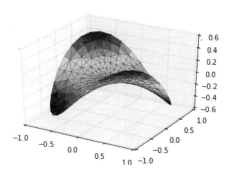

图 3-18　三翼面图（双曲面抛物线）

练　习　题

把本章例题中的数据文件，使用 Python 重新绘制一遍。

第4章 Python 描述性统计

统计就是搜集数据，让我们知道总体状况怎么样。它更重要的意义在于数据分析，即做出判断和预测。

描述性统计是对数据的性质进行描述，如均值描述了数据的中心趋势，方差描述了数据的离散程度等。

4.1 Python 描述性统计工具

Python 中的 Pandas 常用的统计方法如表 4-1 所示。

表 4-1   Pandas 常用的统计方法

函数名称	作用
count	非 NA 值的数量
describe	针对 Series 或 DF 的列计算汇总统计
min, max	最小值和最大值
argmin, argmax	最小值和最大值的索引位置（整数）
idxmin, idxmax	最小值和最大值的索引值
quantile	样本分位数（0 到 1）
sum	求和
mean	均值（一阶矩）
median	中位数
mad	根据均值计算平均绝对离差
var	方差（二阶矩）
std	标准差
skew	样本值的偏度（三阶矩）
kurt	样本值的峰度（四阶矩）
cumsum	样本值的累计和
cummin, cummax	样本值的累计最小值和累计最大值
cumprod	样本值的累计积
diff	计算一阶差分（对时间序列很有用）
pct_change	计算百分数变化

48

Python 中 Numpy 包和 Scipy 包常用的统计方法如表 4-2 所示。

表 4-2　　　　　　　　　Numpy 和 Scipy 常用的统计方法

程序包	方法	说明
numpy	array	创造一组数
numpy.random	normal	创造一组服从正态分布的定量数
numpy.random	randint	创造一组服从均匀分布的定性数
numpy	mean	计算均值
numpy	median	计算中位数
scipy.stats	mode	计算众数
numpy	ptp	计算极差
numpy	var	计算方差
numpy	std	计算标准差
numpy	cov	计算协方差
numpy	corrcoef	计算相关系数

4.2　Python 数据集中趋势的度量

1. 算术平均值

算术平均值非常频繁地用于描述一组数据，即"平均值"。它被定义为观测的总和除以观测个数。

$$\mu = \frac{1}{n}\sum_{i=1}^{n}x_i$$

$x_1, \cdots, x_n$ 是观测值。

```
#两个常用的统计包
import scipy.stats as stats
import numpy as np
#拿两个数据集来举例
x1 = [1, 2, 2, 3, 4, 5, 5, 7]
x2 = x1 + [100]
print('x1的平均值:', sum(x1), '/', len(x1), '=', np.mean(x1))
print('x2的平均值:', sum(x2), '/', len(x2), '=', np.mean(x2))
x1 的平均值: 29 / 8 = 3.625
x2 的平均值: 129 / 9 = 14.333333333333334
```

2. 加权算术平均值

我们还可以定义一个加权算术平均值，加权算术平均值的计算定义如下。

$$\sum_{i=1}^{n}w_i x_i$$

这里 $\sum\limits_{i=1}^{n} w_i = 1$。在通常的算术平均值计算中，对所有的 i 都有 $w_i = 1/n$，$\sum\limits_{i=1}^{n} w_i = 1$。

3. 中位数

顾名思义，一组数据的中位数是当以递增或递减顺序排列时出现在数据中间位置的数字。当我们有奇数 n 个数据点时，中位数就是位置 $(n+1)/2$ 的值。当我们有偶数的数据点时，数据分成两半，中间位置没有任何数据点，所以我们将中位数定义为位置 $n/2$ 和 $(n+2)/2$ 中的两个数值的平均值。

数据中位数不容易受极端数值的影响。它告诉我们处于中间位置的数据。

```
print('x1 的中位数:', np.median(x1))
print('x2 的中位数:', np.median(x2))
x1 的中位数: 3.5
x2 的中位数: 4.0
```

4. 众数

众数是数据集里出现次数最多的数据。它可以应用于非数值数据，与平均值和中位数不同。

```
#Scipy 具有内置的求众数功能，但它只返回一个值，即使两个值出现相同的次数，也只返回一个值。
print('One mode of x1:', stats.mode(x1)[0][0])

#因此我们自定义一个求众数的函数
def mode(l):
    #统计列表中每个元素出现的次数
    counts = {}
    for e in l:
        if e in counts:
            counts[e] += 1
        else:
            counts[e] = 1

    #返回出现次数最多的元素
    maxcount = 0
    modes = {}
    for (key, value) in counts.items():
        if value > maxcount:
            maxcount = value
            modes = {key}
        elif value == maxcount:
            modes.add(key)

    if maxcount > 1 or len(l) == 1:
        return list(modes)
    return 'No mode'
print('All of the modes of x1:', mode(x1))
One mode of x1: 2
All of the modes of x1: [2, 5]
```

可以看出，我们自定义的 mode 函数更加合理。

对于可能呈现不同数值的数据，比如收益率数据，也许收益率数据没有哪个数据点会出现超过一次。在这种情形下可以使用 bin 值，正如我们构建直方图一样，这个时候统计哪个 bin 中数据点出现的次数最多即可。

```
import scipy.stats as stats
import numpy as np
#获取收益率数据并计算出 mode
start = '2014-01-01'
end = '2015-01-01'
pricing = D.history_data('000002.SZA', fields=['close'], start_date=start, end_
date=end)['close']
returns = pricing.pct_change()[1:]
print('收益率众数:', stats.mode(returns))

#由于所有的收益率都是不同的，所以我们使用频率分布来变相计算 mode
hist, bins = np.histogram(returns, 20) # 将数据分成 20 个 bin
maxfreq = max(hist)
#找出哪个 bin 里面出现的数据点次数最大，这个 bin 就当作计算出来的 mode
print('Mode of bins:', [(bins[i], bins[i+1]) for i, j in enumerate(hist) if
j == maxfreq])
收益率众数: ModeResult(mode=array([ 0.], dtype=float32), count=array([7]))
Mode of bins: [(-0.0030533790588378878, 0.0055080294609069907)]
```

确实如此，在收益率数据中，很多数据点都不一样，因此计算众数的方式就显得有失公平。此时应该转化思路，不是计算众数，而是将数据分成很多个组，然后找出数据点最多的组来代替收益率数据的众数（Mode）。

5. 几何平均值

虽然算术平均值使用加法，但几何平均值使用乘法。

$$G = \sqrt[n]{x_1 \cdots x_n}$$

该式子等价于下列式子。

$$\ln G = \frac{1}{n} \sum_{i=1}^{n} \ln x_i$$

几何平均值总是小于或等于算术平均值（当使用非负观测值时），当所有观测值都相同时，两者相等。

```
#使用 Scipy 包中的 gmean 函数来计算几何平均值
print('x1 几何平均值:', stats.gmean(x1))
print('x2 几何平均值:', stats.gmean(x2))
x1 几何平均值: 3.0941040249774403
x2 几何平均值: 4.552534587620071
```

如果在计算几何平均值的时候遇到负的观测值怎么办呢？在资产收益率这个例子中其实很好解决，因为收益率最低为-1，所以我们可以+1 将其转化为正数。因此可以用下列式子来计算几何收益率。

$$R_G = \sqrt[T]{(1+R_1) \cdots (1+R_T)} - 1$$

```
#在每个元素上+1 来计算几何平均值
import scipy.stats as stats
import numpy as np
```

```
ratios = returns + np.ones(len(returns))
R_G = stats.gmean(ratios) - 1
print('收益率的几何平均值:', R_G)
收益率的几何平均值: 0.00249162454468
```

几何平均收益率是将各单个期间的收益率乘积开 *n* 次方，因此几何平均收益率使用了复利的思想，从而解决了计算算术平均收益率时可能会出现的上偏倾向问题。我们来看下面的例子。

```
T = len(returns)
init_price = pricing[0]
final_price = pricing[T]
print('最初价格:', init_price)
print('最终价格:', final_price)
print('通过几何平均收益率计算的最终价格:', init_price*(1 + R_G)**T)
最初价格: 933.813
最终价格: 1713.82
通过几何平均收益率计算的最终价格: 1713.81465868
```

从上例可以看出，几何平均收益率的优势在于体现了复利的思想，知道了初始资金和几何平均收益率，很容易计算出最终资金。

6. 调和平均值

调和平均值又称"倒数平均数"，是总体的各统计变量倒数的算术平均数的倒数。调和平均值是平均值的一种。

$$H = \frac{n}{\sum_{i=1}^{n} 1/x_i}$$

调和平均值恒小于等于算术平均值，当所有观测值相等的时候，两者相等。

调和平均值可以在距离相同但速度不同时，用于计算平均速度。如一段路程，前半段时速 60 千米，后半段时速 30 千米（两段距离相等），则其平均速度为两者的调和平均值时速 40 千米。在现实中很多例子都需要使用调和平均值。

```
#我们可以使用现成的函数来计算调和平均值
print('x1 的调和平均值:', stats.hmean(x1))
print('x2 的调和平均值:', stats.hmean(x2))
x1 的调和平均值: 2.55902513328
x2 的调和平均值: 2.86972365624
```

7. 点估计的欺骗性

平均值的计算隐藏了大量的信息，它们将整个数据分布整合成一个数字，因此常常使用"点估计"或使用一个数字的指标，往往具有欺骗性。我们应该小心地确保不会因为使用平均值而丢失数据分布的关键信息，在使用平均值的时候应该保持警惕。

4.3 Python 数据离散状况的度量

本节我们将讨论如何使用离散度来描述一组数据。

离散度能够很好地测量一个数据的分布。这在金融方面尤其重要，因为风险的主要测量方法之一是看历史上收益率的数据分布特征。如果收益率紧挨着平均值，那么就不用特别担心风险。如果收益率的很多数据点远离平均值，那风险就不小。低离散度的数据围绕平均值聚集，而高离散度的数据表明有许多相对非常大或非常小的数据点。

先生成一个随机整数进行观察。

```
import numpy as np
np.random.seed(121)
#生成20个小于100的随机整数
X = np.random.randint(100, size=20)
#对 x 排列
X = np.sort(X)
print('X: %s' %(X))
mu = np.mean(X)
print('X 的平均值:', mu)
X: [ 3  8 34 39 46 52 52 52 54 57 60 65 66 75 83 85 88 94 95 96]
X 的平均值: 60.2
```

1. 范围（Range）

Range 是数据集中最大值和最小值之间的差异，它对异常值非常敏感。下面使用 Numpy 的 ptp 函数来计算 *Range*。

```
print('Range of X: %s' %(np.ptp(X)))
Range of X: 93
```

2. 平均绝对偏差（MAD）

MAD 是数据点距离算术平均值的偏差。我们使用偏差的绝对值，这使得比平均值大 5 的数据点和比平均值小 5 的数据点对 *MAD* 均贡献 5，否则偏差总和为 0。

$$MAD = \frac{\sum_{i=1}^{n}|X_i - \mu|}{n}$$

这里 n 是数据点的个数，μ 是其平均值。

```
abs_dispersion = [np.abs(mu - x) for x in X]
MAD = np.sum(abs_dispersion)/len(abs_dispersion)
print('X 的平均绝对偏差:', MAD)
X 的平均绝对偏差: 20.52
```

3. 方差和标准差

数据离散程度的度量最常用的指标就是方差和标准差。在金融市场也是如此，诺贝尔经济学奖得主马科维茨创造性地将投资的风险定义为收益率的方差，为现代金融工程的大厦奠定了坚实的基础。量化投资更是如此，对于风险的度量大多时候是通过方差、标准差来完成的。方差 σ^2 的定义如下。

$$\sigma^2 = \frac{\sum_{i=1}^{n}(X_i - \mu)^2}{n}$$

标准差是方差的平方根 σ。标准差的运用更为广泛，因为它和观测值在同一个数据维度，可以进行加减运算。

```
print('X 的方差:', np.var(X))
print('X 的标准差:', np.std(X))
X 的方差: 670.16
X 的标准差: 25.887448696231154
```

解释标准差的一种方式是用切比雪夫不等式。它告诉我们，对于任意的值 $k^2(k^2>k>1)$，平均值的 k^2 个标准差（即在 k 倍标准偏差的距离内）的样本比例至少为 $1-1/k^2$。下面来检查一下这个定理是否正确。

```
k = 1.25 # 随便举一个 k 值
dist = k*np.std(X)
l = [x for x in X if abs(x - mu) <= dist]
print('k值', k, '在k倍标准差距离内的样本为:', l)
print('验证', float(len(l))/len(X), '>', 1 - 1/k**2)
k值1.25在k倍标准差距离内的样本为: [34, 39, 46, 52, 52, 52, 54, 57, 60, 65, 66, 75, 83, 85, 88]
验证 0.75 > 0.36
```

4. 下偏方差和下偏标准差

虽然方差和标准差能告诉我们收益率是如何波动的，但它们并不能区分向上的偏差和向下的偏差。通常情况下，在金融市场投资中，我们更加担心向下的偏差。因此下偏方差更多的是应用在金融市场上。

下偏方差是目标导向，它认为只有负的收益才是投资真正的风险。下偏方差的定义与方差类似，唯一的区别在于下偏方差仅适用于低于均值的收益率样本。下偏方差的定义如下。

$$\frac{\sum_{X_i<\mu}(X_i-\mu)^2}{n_{less}}$$

这里 n_{less} 表示小于均值的数据样本的数量。

下偏标准差就是下偏方差的平方根。

```
#没有现成的计算下偏方差的函数，因此下面手动进行计算
lows = [e for e in X if e <= mu]
semivar = np.sum( (lows - mu) ** 2 ) / len(lows)
print('X 的下偏方差:', semivar)
print('X 的下偏标准差:', np.sqrt(semivar))
```

得到如下结果。

```
X 的下偏方差: 689.5127272727273
X 的下偏标准差: 26.258574357202395
```

5. 目标下偏方差

另外一个相关的是目标下偏方差，是仅关注低于某一目标的样本，定义如下。

$$\frac{\sum_{X_i<B}(X_i-B)^2}{n_B}$$

目标下偏方差和目标下偏标准差的 Python 代码如下。

```
B = 19 #目标为 19
lows_B = [e for e in X if e <= B]
semivar_B = sum(map(lambda x: (x - B)**2,lows_B))/len(lows_B)
print('X 的目标下偏方差:', semivar_B)
print('X 的目标下偏标准差:', np.sqrt(semivar_B))
```

得到如下结果。

X 的目标下偏方差：188.5

X 的目标下偏标准差：13.729530217745982

最后，要提醒读者注意的是，所有这些计算将给出样本统计，即数据的标准差。这是否反映了目前真正的标准差呢？其实还需要做出更多的努力才能确定这一点，比如绘制出数据样本直方图、概率密度图等，这样更能全面了解数据分布状况。在金融方面更是如此，因为所有金融数据都是时间序列数据，平均值和方差可能随时间而变化。因此，金融数据方差、标准差的计算有许多不同的技巧和微妙之处。

4.4 Python 峰度、偏度与正态性检验

本节将介绍峰度和偏度，以及如何运用这两个统计指标进行数据的正态性检验。

峰度和偏度这两个统计指标，在统计学上是非常重要的指标。在金融市场上，我们并不需要对其有深入了解，本节只是科普一些相关知识，让大家明白峰度、偏度是什么，以及通过这两个指标如何进行数据的正态性检验。

金融市场上正态性检验非常重要，这是因为很多模型假设就是数据服从正态分布。我们在使用模型前必须对数据进行正态性检验，若前面假设都没有满足，模型预测结果就没有意义。

先做好如下准备工作

```
import matplotlib.pyplot as plt
import numpy as np
import scipy.stats as stats
```

有时候，平均值和方差不足以描述数据分布。当我们计算方差时，对平均值的偏差进行了平方计算。在偏差很大的情况下，我们不知道他们是积极的还是消极的。这里涉及了分布的偏斜度和对称性。如果一个分布中，均值一侧的部分是另一侧的镜像结果，则分布是对称的。如，正态分布就是对称的。平均值 μ 和标准差 σ 的正态分布定义如下。

$$f(x) = \frac{1}{\sigma\sqrt{2\pi}} e^{-\frac{(x-\mu)^2}{2\sigma^2}}$$

我们可以通过绘制图形来确认它是对称的。

```
xs = np.linspace(-6,6, 300)
normal = stats.norm.pdf(xs)
plt.plot(xs, normal);
```

得到图 4-1 所示的图形。

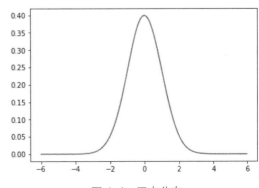

图 4-1　正态分布

1. 偏度

偏度是描述数据分布形态的一个常用统计量，其描述的是某总体取值分布的对称性。这个统计量需要与正态分布相比较：偏度为 0 表

示其数据分布形态与正态分布的偏斜程度相同；偏度大于 0 表示其数据分布形态与正态分布相比为正偏或右偏，即有一条"长尾巴"拖在右边，数据右端有较多的极端值；偏度小于 0 表示其数据分布形态与正态分布相比为负偏或左偏，即有一条"长尾巴"拖在左边，数据左端有较多的极端值。偏度的绝对值数值越大，表示其分布形态的偏斜程度越大。

分布可以具有许多小的正数和数个大的负值，这种情况是偏度为负，但仍然具有平均值 0，反之则是正偏度分布。对称分布的偏度为 0。正偏度分布中，平均值>中位数>众数。负偏度分布刚好相反，平均值<中位数<众数。在一个完全对称的分布中，即偏度为 0，此时平均值=中位数=众数。

偏度的计算公式如下。

$$S_K = \frac{n}{(n-1)(n-2)} \frac{\sum_{i=1}^{n}(X_i - \mu)^3}{\sigma^3}$$

这里 n 为观测值的个数，μ 是平均值，σ 是标准差。

偏度的正负符号描述了数据分布的偏斜方向。

我们可以绘制一个正偏度和负偏度的分布图像，看看其形状。对于单峰分布，负偏度通常表示尾部在左侧较大（"长尾巴"拖在左边），而正偏度表示尾部在右侧较大（"长尾巴"拖在右边）。

```
#产生数据
xs2 = np.linspace(stats.lognorm.ppf(0.01, .7, loc=-.1), stats.lognorm.ppf(0.99, .7,
loc=-.1), 150)

#偏度>0
lognormal = stats.lognorm.pdf(xs2, .7)
plt.plot(xs2, lognormal, label='Skew > 0')

#偏度<0
plt.plot(xs2, lognormal[::-1], label='Skew < 0')
plt.legend();
```

运行后得到图 4-2 所示的图形。

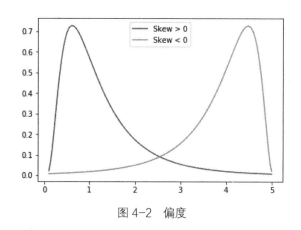

图 4-2　偏度

虽然在绘制离散数据集时，偏度不太明显，但我们仍然可以计算它。下面是 2016—2018 年沪深 300 收益率的偏度、平均值和中位数。

注：本程序在 Bigquant 环境中运行。

```
start = '2016-01-01'
end = '2018-01-01'
pricing = D.history_data('000300.SHA', start_date=start, end_date=end, fields=
'close')['close']
returns = pricing.pct_change()[1:]
print('Skew:', stats.skew(returns))
print('Mean:', np.mean(returns))
print('Median:', np.median(returns))
plt.hist(returns, 30);
```

得到如下结果。

```
Skew: -1.4877266883850098
Mean: 0.0003629975544754416
Median: 0.000798583
Skew: -1.1953194382566963
Mean: 4.799666921127558e-05
Median: 0.0006902538566803804
```

或者脱离平台用如下代码。

```
from scipy import  stats
import statsmodels.api as sm   #统计相关的库
import numpy as np
import pandas as pd
import matplotlib.pyplot as plt
import arch   #条件异方差模型相关的库
import tushare as ts    #财经数据接口包 tushare
IndexData = ts.get_k_data(code='hs300',start='2016-01-01',end='2018-08-01')
IndexData.index = pd.to_datetime(IndexData.date)
close = IndexData.close
returns = (close-close.shift(1))/close.shift(1)
from pandas.core import datetools
returns=returns.dropna()
print('Skew:', stats.skew(returns))
print('Mean:', np.mean(returns))
print('Median:', np.median(returns))
plt.hist(returns, 30)
```

运行后得到图 4-3 所示的图形。

沪深 300 收益率数据从图形上可以看出
（但不是很明显），尾巴是拖在了左侧，因此有
点左偏，这和计算的偏度值 $SK = -1.49$ 为负刚
好一致。

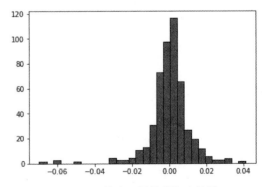

图 4-3　偏度、平均值和中位数

2. 峰度

峰度是描述总体中所有取值分布形态陡缓
程度的统计量。这个统计量需要与正态分布相
比较：峰度为 3 表示该总体数据分布与正态分
布的陡缓程度相同；峰度大于 3 表示该总体数据分布与正态分布相比较为陡峭，为尖峰；峰度
小于 3 表示该总体数据分布与正态分布相比较为平坦，为平峰。峰度的绝对值数值越大，表示

其分布形态的陡缓程度与正态分布的差异程度越大。

峰度的具体计算公式如下。

$$K = \frac{n(n+1)}{(n-1)(n-2)(n-3)} \cdot \frac{\sum_{i=1}^{n}(X_i - \mu)^4}{\sigma^4}$$

在 Scipy 中，使用峰度与正态分布峰度的差值来定义分布形态的陡缓程度——超额峰度，用 K_E 表示。

$$K_E = \frac{n(n+1)}{(n-1)(n-2)(n-3)} \cdot \frac{\sum_{i=1}^{n}(X_i - \mu)^4}{\sigma^4} - \frac{3(n-1)^2}{(n-2)(n-3)}$$

如果数据量很大，那么可以采用如下公式计算：

$$K_E \approx \frac{1}{n} \cdot \frac{\sum_{i=1}^{n}(X_i - \mu)^4}{\sigma^4} - 3$$

```python
plt.plot(xs,stats.laplace.pdf(xs), label='Leptokurtic')
print('尖峰的超额峰度:', (stats.laplace.stats(moments='k')))
plt.plot(xs, normal, label='Mesokurtic (normal)')
print('正态分布超额峰度:', (stats.norm.stats(moments='k')))
plt.plot(xs,stats.cosine.pdf(xs), label='Platykurtic')
print('平峰超额峰度:', (stats.cosine.stats(moments='k')))
plt.legend();
```

得到如下结果，如图 4-4 所示。

```
尖峰的超额峰度: 3.0
正态分布超额峰度: 0.0
平峰超额峰度: -0.5937628755982794
```

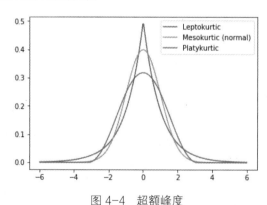

图 4-4　超额峰度

下面以沪深 300 为例，使用 Scipy 包来计算沪深 300 收益率的超额峰度。

```python
print("沪深 300 的超额峰度: ", stats.kurtosis(returns))
沪深 300 的超额峰度: 10.313874715180733
```

3. 使用 Jarque-Bera 的正态检验

Jarque-Bera 检验是一个通用的统计检验，可以比较样本数据是否具有与正态分布一样的偏度和峰度。Jarque-Bera 检验的零假设是数据服从正态分布。默认 p 值为 0.05。

接着以沪深 300 为例，检验沪深 300 收益率数据是否服从正态分布。

```
from statsmodels.stats.stattools import jarque_bera
_, pvalue, _, _ = jarque_bera(returns)

if pvalue > 0.05:
    print('沪深 300 收益率数据服从正态分布.')
else:
    print('沪深 300 收益率数据并不服从正态分布.')
```
沪深 300 收益率数据并不服从正态分布。

注：本程序在 Bigquant 环境中运行。

4.5 Python 异常数据处理

异常值问题在数据分析中经常遇到，本节将介绍多种处理数据异常值的方法。

在金融数据分析中，常常会遇到一些值过大或者过小的情况，当用这些值来构造其他特征的时候，可能使得其他的特征也是异常点，这将严重影响对金融数据的分析，或者是影响模型的训练。下面介绍一些异常点处理的常用方法。

1. 固定比例法

这种方法非常容易理解，我们把上下 2%的值重新设置。若大于 99%分位数的数值，则将其设置为 99%分位数值；若小于 1%分位数的数值，则将其设置为 1%分位数值。

2. 均值标准差法

这种方法的思路来自正态分布，假设 $X \sim N(\mu, \sigma^2)$，那么式子如下。

$$P(|X - \mu| > k \times \sigma) = \begin{cases} 0.317, k = 1 \\ 0.046, k = 2 \\ 0.003, k = 3 \end{cases}$$

通常把 3 倍标准差之外的值都视为异常值，不过要注意的是，样本均值和样本标准差都不是稳健统计量，其计算本身受极值的影响就非常大，所以可能会出现一种情况，那就是我们从数据分布图上能非常明显地看到异常点，但按照上面的计算方法，这个异常点可能仍在均值 3 倍标准差的范围内。因此按照这种方法剔除掉异常值后，需要重新观察数据的分布情况，看是否仍然存在显著异常点，若存在则继续重复上述步骤寻找异常点。

3. MAD 法

MAD 法是对均值标准差法的改进，把均值和标准差替换成稳健统计量，样本均值用样本中位数代替，样本标准差用样本（Median Absolute Deviation，MAD）代替。

$$md = \text{median}(x_i, i = 1, 2, \cdots, n)$$
$$MAD = \text{median}(|x_i - md|, i = 1, 2, \cdots, n)$$

一般将偏离中位数 3 倍以上的数据作为异常值，和均值标准差法相比，其中位数和 MAD

不受异常值的影响。

4．Boxplot 法

我们知道箱图上也会注明异常值，假设 Q_1 和 Q_3 分别为数据从小到大排列的 25% 和 75% 分位数，记 $IQR = Q_1 - Q_3$，把

$$(-\infty, Q_1 - 3 \times IQR) \bigcup (Q_3 + 3 \times IQR, +\infty)$$

区间里的数据标记为异常点。分位数也是稳健统计量，因此 Boxplot 法对极值不敏感，但如果样本数据正偏严重，并且右尾分布明显偏厚时，Boxplot 法会把过大的数据划分为异常数据，因此休伯特（Hubert）和范德维伦（Van Der Vieren）于 2007 年对原有 Boxplot 法进行了偏度调整。首先样本偏度定义采用了布里斯（Brys）2004 年提出的 MedCouple 方法。

$$md = \text{median}(x_i, i = 1, 2, \cdots, n)$$

$$mc = \text{median}\left(\frac{(x_i - md) - (md - x_j)}{x_i - x_j}, x_i \geq md, x_j \leq md \right)$$

然后给出了偏度调整 Boxplot 法上下限。

$$L = \begin{cases} Q_1 - 1.5 \times \exp(-3.5 \times mc) \times IQR, mc \geq 0 \\ Q_1 - 1.5 \times \exp(-4 \times mc) \times IQR, mc < 0 \end{cases}$$

$$U = \begin{cases} Q_3 + 1.5 \times \exp(4 \times mc) \times IQR, mc \geq 0 \\ Q_3 + 1.5 \times \exp(3.5 \times mc) \times IQR, mc < 0 \end{cases}$$

5．异常数据的影响和识别

下面以 2017 年 4 月 21 日的 A 股所有股票的净资产收益率数据为例，这是一个横截面数据。

注：本程序在 Bigquant 环境中运行。

```
fields = ['fs_roe_0']
start_date = '2017-04-21'
end_date = '2017-04-21'
instruments = D.instruments(start_date, end_date)
roe = D.features(instruments, start_date, end_date, fields=fields)['fs_roe_0']
```

描述性统计如下。

```
print('均值: ',roe.mean())
print('标准差: ',roe.std())
roe.describe()
```

得到如下结果。

```
均值:  6.318794955342129
标准差:  21.524061060590586
count    2782.000000
mean        6.318795
std        21.524061
min      -190.077896
25%         1.918450
50%         5.625300
```

```
75%            10.413725
max           949.800476
Name: fs_roe_0, dtype: float64
```

可以看出，接近 2800 家公司的股权收益率的平均值约为 6.32，标准差约为 21.52，最大值约为 949.8，最小值约为–190.08。

下面绘制直方图。

```
roe.hist(bins=100)
```

运行后得到图 4-5 所示的图形。

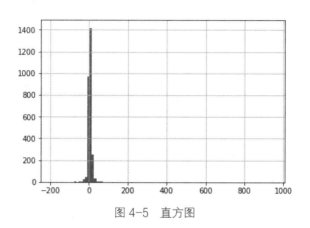

图 4-5　直方图

4 种关于异常值处理的方法如下。

（1）固定比例法。

```
roe = D.features(instruments, start_date, end_date, fields=fields)['fs_roe_0']
roe[roe >= roe.quantile(0.99)] = roe.quantile(0.99)
roe[roe <= roe.quantile(0.01)] = roe.quantile(0.01)
print('均值: ',roe.mean())
print('标准差: ',roe.std())
roe.hist(bins=100)
均值:  6.284804923675365
标准差:  8.226735672980485
```

运行后得到图 4-6 所示的图形。

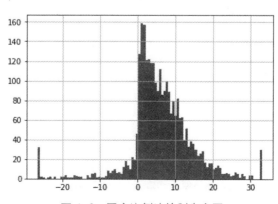

图 4-6　固定比例法绘制直方图

（2）均值标准差法。

通常把 3 倍标准差之外的值都视为异常值，然后将这些异常值重新赋值。

```
roe = D.features(instruments, start_date, end_date, fields=fields)['fs_roe_0']

roe[roe >= roe.mean() + 3*roe.std()] = roe.mean() + 3*roe.std()
roe[roe <= roe.mean() - 3*roe.std()] = roe.mean() - 3*roe.std()
print('均值: ',roe.mean())
print('标准差: ',roe.std())
roe.hist(bins=100)
均值: 6.377399763114386
标准差: 8.908700726872697
```

运行后得到图 4-7 所示的图形。

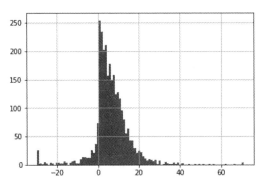

图 4-7　均值标准差法绘制直方图

（3）MAD 法。

```
roe = D.features(instruments, start_date, end_date, fields=fields)['fs_roe_0']
roe = roe.dropna()
median = np.median(list(roe))
MAD = np.mean(abs(roe) - median)
roe = roe[abs(roe-median)/MAD <=6]    #剔除偏离中位数 6 倍以上的数据
print('均值: ',roe.mean())
print('标准差: ',roe.std())
roe.hist(bins=100)
均值: 6.377008957729898
标准差: 5.919701879745745
```

运行后得到图 4-8 所示的图形。

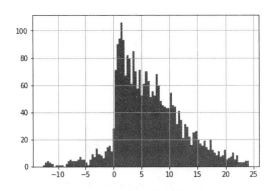

图 4-8　MAD 法绘制直方图

（4）Boxplot 法。

```
from statsmodels.stats.stattools import medcouple
roe = D.features(instruments, start_date, end_date, fields=fields)['fs_roe_0']
roe = roe.dropna()
def boxplot(data):
    #mc 可以使用 Statsmodels 包中的 medcouple 函数直接进行计算
    mc = medcouple(data)
    data.sort()
    q1 = data[int(0.25 * len(data))]
    q3 = data[int(0.75 * len(data))]
    iqr = q3-q1
    if mc >= 0:
        l = q1-1.5 * np.exp(-3.5 * mc) * iqr
        u = q3 + 1.5 * np.exp(4 * mc) * iqr
    else:
        l = q1 - 1.5 * np.exp(-4 * mc) * iqr
        u = q3 + 1.5 * np.exp(3.5 * mc) * iqr
    data = pd.Series(data)
    data[data < l] = l
    data[data > u] = u
    return data

print('均值',boxplot(list(roe)).mean())
print('标准差',boxplot(list(roe)).std())
boxplot(list(roe)).hist(bins=100)
均值 6.730327574702665
标准差 7.026104852061193
```

运行后得到图 4-9 所示的图形。

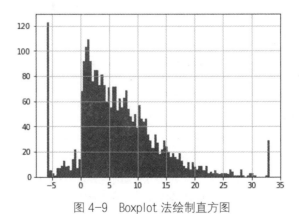

图 4-9　Boxplot 法绘制直方图

练　习　题

把本章例题中的数据，使用 Python 重新操作一遍。

第 **5** 章 Python 参数估计

根据样本推断总体的分布和分布的数字特征称为"统计推断"。本章来讨论统计推断的一个基本问题——参数估计。

5.1 参数估计与置信区间的含义

参数估计有两类：一类是点估计，就是以某个统计量的样本观察值作为未知参数的估计值；另一类是区间估计，就是用两个统计量所构成的区间来估计未知参数。我们在估计总体均值的时候，用样本均值作为总体均值的估计值，就是点估计。在做置信区间估计之前，必须先规定一个置信度，如95%。置信度用概率 $1-\alpha$ 表示，这里的 α 就是假设检验里的显著性水平。因此95%的置信度就相对于5%的显著性水平。

置信区间估计的一般公式为点估计±关键值×样本均值的标准误差，如下所示。

$$\bar{x} \pm z_{\alpha/2} \times s/\sqrt{n}$$

这里的关键值就是以显著性水平 α 做双尾检验的关键值。关键值是 z 关键值或 t 关键值。究竟选择 z 关键值还是 t 关键值，其条件如表 5-1 所示。

表 5-1   **z 关键值与 t 关键值选择**

	正态总体 $n<30$	$n \geqslant 30$
已知总体方差	z	z
未知总体方差	T	t 或 z

假设一位投资分析师从股权基金中选取了一个随机样本，并计算出了平均的夏普比率。样本的容量为 100，并且平均的夏普比率为 0.45。该样本具有的标准差为 0.30。利用一个基于标准正态分布的临界值，计算并解释所有股权基金总体均值的 90% 置信区间。这个 90% 的置信区间的临界值为 $z_{0.05}=1.65$，故置信区间为 $\bar{x} \pm z_{0.05}\dfrac{s}{\sqrt{n}}=0.45 \pm 1.65\dfrac{0.30}{\sqrt{100}}$，即 0.4005～0.4495，那么分析师可以认为这个区间有 90% 的概率包含了总体均值。

5.2 Python 点估计

由大数定律可知，如果总体 X 的 k 阶矩存在，则样本的 k 阶矩以概率收敛到总体的 k 阶矩，样本矩的连续函数收敛到总体矩的连续函数。这就启发我们可以用样本矩作为总体矩的估计量，这种用相应的样本矩去估计总体矩的估计方法称为"矩估计法"。

设 $X_1,\cdots,X_n$ 为来自某总体的一个样本，样本的 k 阶原点矩如下。

$$A_k = \frac{1}{n}\sum_{i=1}^{n} X_i^k, k = 1, 2, \cdots$$

如果总体 X 的 k 阶原点矩 $\mu_k = E(X^k)$ 存在，则按矩估计法的思想，用 A_k 去估计 μ_k：$\hat{\mu}_k = A_k$。设总体 X 的分布函数含有 k 个未知参数 $\theta = (\theta_1,\cdots,\theta_k), j = 1, 2, \cdots, k$ ，并且分布的前 k 阶矩存在，它们都是 $\theta_1,\cdots,\theta_k$ 的函数，此时求 $\theta_j (j = 1, 2, \cdots, k)$ 的矩估计的步骤如下。

（1）求出 $E(X^j) = \mu_j, j = 1, 2, \cdots, k$ ，并假定

$$\mu_j = g_j(\theta_1,\cdots,\theta_k), j = 1, 2, \cdots, k \qquad ①$$

（2）解方程组①得到

$$\theta_i = h_i(\mu_1,\cdots,\mu_k), i = 1, 2, \cdots, k \qquad ②$$

（3）在②式中用 A_j 代替 $\mu_j, j = 1, 2, \cdots, k$ ，即可得 $\theta = (\theta_1,\cdots,\theta_k)$ 的矩估计为

$$\hat{\theta}_i = h_i(A_1,\cdots,A_k), i = 1, 2, \cdots, k \qquad ③$$

若将样本观察值 $x_1,\cdots,x_n$ 代入③式，即可得到 $\theta = (\theta_1,\cdots,\theta_k)$ 的估计值。

由于函数 g_j 的表达式不同，求解上述方程或方程组会相当困难，这时需要应用迭代法进行数值求解，这需要具体问题具体分析。我们不可能有固定的 R 语言程序来直接估计 θ ，只能利用 R 的计算功能根据具体问题编写相应的 R 程序，下面看两个例子。

例 5-1： 设 $X_1,\cdots,X_n$ 为来自 $b(1,\theta)$ 的一个样本，θ 表示某事件成功的概率，通常事件的成败机会比 $g(\theta) = \theta/(1-\theta)$ 是人们感兴趣的参数，可以利用矩估计法轻松给出 $g(\theta)$ 的一个很不错的估计值。因为 θ 是总体均值，根据矩估计法，记 $\overline{X} = \frac{1}{n}\sum_{i=1}^{n} X_i$ ，则 $h(\overline{X}) = \dfrac{\overline{X}}{1-\overline{X}}$ 是 $g(\theta)$ 的一个矩估计。

例 5-2： 估计某个篮球运动员在某一次比赛中投篮命中与否，观测数据如下。
```
1 1 0 1 0 0 1 0 1 1 1 0 1 1 0 1
0 0 1 0 1 0 1 0 0 1 1 0 1 1 0 1
```
编写 Python 程序估计这个篮球运动员投篮的成败比。
```
import numpy as np
x=[1,1,0,1,0,0,1,0,1,1,1,0,1,1,0,1,0,0,1,0,1,0,1,0,0,1,1,0,1,1,0,1]
theta=np.mean(x)
h=theta/(1-theta)
print 'h=',h
h= 1.28571428571
```
得到 $g(\theta)$ 的矩估计为 1.28571428571。

5.3　Python 单正态总体均值区间估计

5.2 节讨论了点估计，由于点估计值只是估计量的一个近似值，因而点估计值本身既没有反映出这种近似值的精度（即没有指出估计值的误差范围），也没有指出这个误差范围以多大的概

率包括未知参数，而这正是区间估计要解决的问题。本节讨论单正态总体均值的区间估计问题。

1．方差 $\sigma_0 = \sigma$ 已知时 μ 的置信区间

设来自正态总体 $N(\mu, \sigma^2)$ 的随机样本和样本值记为 $X_1, X_2, \cdots, X_n$，样本均值 $\overline{X}$ 是总体均值 μ 的一个很好的估计量，利用 $\overline{X}$ 的分布，可以得出总体均值 μ 的置信度为 $1-\alpha$ 的置信区间（通常取 $\alpha = 0.05$）。

由于 $\overline{X} \sim N(\mu, \sigma^2)$，因此有：

$$Z = \frac{\overline{X} - \mu}{\sigma / \sqrt{n}} \sim N(0,1)$$

由 $P(-z_{1-\alpha/2} < Z < z_{1-\alpha/2}) = 1-\alpha$ 得：

$$P\left(\overline{X} - \frac{\sigma}{\sqrt{n}} z_{1-\alpha/2} < \mu < \overline{X} + \frac{\sigma}{\sqrt{n}} z_{1-\alpha/2} \right) = 1-\alpha$$

所以对于单个正态总体 $N(\mu, \sigma^2)$，当 $\sigma_0 = \sigma$ 已知时，μ 的置信度为 $1-\alpha$ 的置信区间为：

$$\left(\overline{X} - \frac{\sigma}{\sqrt{n}} z_{1-\alpha/2}, \overline{X} + \frac{\sigma}{\sqrt{n}} z_{1-\alpha/2} \right)$$

同理可求得，μ 的置信度为 $1-\alpha$ 的置信上限为：

$$\overline{X} + \frac{\sigma}{\sqrt{n}} z_{1-\alpha}$$

μ 的置信度为 $1-\alpha$ 的置信下限为：

$$\overline{X} - \frac{\sigma}{\sqrt{n}} z_{1-\alpha}$$

例 5-3：某车间生产的滚珠直径 X 服从正态分布 $N(\mu, 0.6)$。现从某天的产品中抽取 6 个，分别测得直径如下（单位：mm）：14.6，15.1，14.9，14.8，15.2，15.1。试求平均直径置信度为 95%的置信区间。

解：置信度 $1-\alpha = 0.95$，$\alpha = 0.05$。$\alpha/2 = 0.025$，查表可得 $Z_{0.025} = 1.96$，又由样本求值求得 $\overline{x} = 14.95$，$n=6$，$\sigma = \sqrt{0.6}$。由上式可求得

置信下限 $\overline{x} - Z_{1-\alpha/2} \dfrac{\sigma}{\sqrt{n}} = 14.95 - 1.96 \times \sqrt{\dfrac{0.6}{6}} = 14.3302$，

置信上限 $\overline{x} + Z_{1-\alpha/2} \dfrac{\sigma}{\sqrt{n}} = 14.95 + 1.96 \times \sqrt{\dfrac{0.6}{6}} = 15.5698$，

所以均值的置信区间为（14.3302,15.5698）。编写的 Python 程序如下。

```
import numpy as np
import scipy.stats as ss
n = 6; p = 0.025; sigma = np.sqrt(0.6)
x=[14.6,15.1,14.9,14.8,15.2,15.1]
xbar=np.mean(x)
low = xbar - ss.norm.ppf(q = 1 - p) * (sigma / np.sqrt(n))
up = xbar + ss.norm.ppf(q = 1 - p) * (sigma / np.sqrt(n))
print 'low=',low
```

```
print 'up=',up
low= 14.3302049677
up= 15.5697950323
```

2. 方差 σ^2 未知时 μ 的置信区间

由于 $Z = \dfrac{\overline{X} - \mu}{\sigma/\sqrt{n}} \sim N(0,1)$，$\dfrac{(n-1)S^2}{\sigma^2} \sim \chi^2(n-1)$，并且二者独立，所以有

$$T = \frac{\overline{X} - \mu}{S/\sqrt{n}} \sim t(n-1)$$

同样由 $P(-t_{1-\alpha/2}(n-1) < T < t_{1-\alpha/2}(n-1) = 1-\alpha$ 得到

$$P(\overline{X} - \frac{S}{\sqrt{n}}t_{1-\alpha/2}(n-1) < \mu < \overline{X} + \frac{S}{\sqrt{n}}t_{1-\alpha/2}(n-1)) = 1-\alpha$$

所以方差 σ^2 未知时 μ 的置信度为 $1-\alpha$ 的置信区间为：

$$(\overline{X} - \frac{S}{\sqrt{n}}t_{1-\alpha/2}(n-1), \overline{X} + \frac{S}{\sqrt{n}}t_{1-\alpha/2}(n-1))$$

其中 $t_p(n)$ 是自由度为 n 的 t 分布的下侧 p 分位数。

同理可求得，μ 的置信度为 $1-\alpha$ 的置信上限为：

$$\overline{X} + \frac{S}{\sqrt{n}}t_{1-\alpha}(n-1)$$

μ 的置信度为 $1-\alpha$ 的置信下限为

$$\overline{X} - \frac{S}{\sqrt{n}}t_{1-\alpha}(n-1)$$

则

$$S = \sqrt{\frac{1}{n-1}\sum_{i=1}^{n}(X_i - \overline{X})^2}$$

例 5-4：某糖厂使用自动包装机装糖，设备包质量服从正态分布 $N(\mu, \sigma^2)$。某日开工后测得 9 包糖质量分别为（单位 kg）：99.3, 98.7, 100.5, 101.2, 98.3, 99.7, 99.5, 102.1, 100.5，试求 μ 的置信度为 95% 的置信区间。

解：置信度 $1-\mu = 0.95$，查表得 $t_{1-\alpha/2}(n-1) = t_{0.025}(8) = 2.306$。由样本值求得 $\overline{x} = 99.978$，$s^2 = 1.47$，故

置信下限 $\overline{x} - t_{1-\alpha/2}(n-1)\dfrac{s}{\sqrt{n}} = 99.978 - 2.306 \times \sqrt{\dfrac{1.47}{9}} = 99.046$，

置信上限 $\overline{x} + t_{1-\alpha/2}(n-1)\dfrac{s}{\sqrt{n}} = 99.978 + 2.306 \times \sqrt{\dfrac{1.47}{9}} = 100.91$，

所以 μ 的置信度为 95% 的置信区间为（99.046, 100.91）。

编写的 Python 程序如下。

```
import numpy as np
import scipy.stats as ss
from scipy.stats import t
n = 9; p = 0.025; s = np.sqrt(1.47)
```

```
x=[99.3,98.7,100.5,101.2,98.3,99.7,99.5,102.1,100.5]
xbar=np.mean(x)
low = xbar - ss.t.ppf(1-p,n-1) * (s / np.sqrt(n))
up = xbar + ss.t.ppf(1-p,n-1) * (s / np.sqrt(n))
print 'low=',low
print 'up=',up
```
得到如下结果。
```
low= 99.0458173021
up= 100.909738253
```

5.4　Python 单正态总体方差区间估计

此时虽然也可以就均值是否已知分两种情况讨论方差的区间估计，但在实际中 μ 已知的情形是极为罕见的，所以只讨论在 μ 未知的情况下方差 σ^2 的置信区间。

由于 $\chi^2 = (n-1)S^2/\sigma^2 \sim \chi^2(n-1)$，

所以由 $P(\chi^2_{\alpha/2}(n-1) < \frac{(n-1)S^2}{\sigma^2} < \chi^2_{1-\alpha/2}(n-1)) = 1-\alpha$，

就可以得出 σ^2 的置信度为 $1-\alpha$ 的置信区间为 $\left(\frac{(n-1)S^2}{\chi^2_{\alpha/2}(n-1)}, \frac{(n-1)S^2}{\chi^2_{1-\alpha/2}(n-1)} \right)$。

例 5-5：从某车间加工的同类零件中抽取了 16 件，测得零件的平均长度为 12.8cm，方差为 0.0023。假设零件的长度服从正态分布，试求总体方差及标准差的置信区间（置信度为 95%）。

解：已知：n=16，$S^2 = 0.0023$，$1-\alpha$ =0.95，查表得
$\chi^2_{1-\alpha/2}(n-1) = \chi^2_{0.975}(15) = 6.262$，$\chi^2_{\alpha/2}(n-1) = \chi^2_{0.025}(15) = 27.488$。

代入数据，可算得总体方差的置信区间为（0.0013,0.0055），总体标准差的置信区间为（0.0354,0.0742）。

编写的 Python 程序如下。
```
from scipy.stats import chi2
n=16;sq=0.0023;p=0.025
low = ((n-1)*sq)/ chi2.ppf(1-p, n-1)
up = ((n-1)*sq)/ chi2.ppf(p, n-1)
print 'low=',low
print 'up=',up
```
得到如下结果。
```
low= 0.00125507519379
up= 0.00550930067801
```
由运行结果可知总体方差的区间估计为（0.00125507519379，0.00550930067801）。

5.5　Python 双正态总体均值差区间估计

本节讨论两个正态总体均值差的区间估计问题。

1．两方差已知时两均值差的置信区间

假设 σ_1^2, σ_2^2 都已知，求 $\mu_1 - \mu_2$ 的置信度为 $1-\alpha$ 的置信区间。

由于 $\bar{X} \sim N(\mu_1, \sigma_1^2)$，$\bar{Y} \sim N(\mu_2, \sigma_2^2)$，并且两者独立，得到：

$$\bar{X} - \bar{Y} \sim N(\mu_1 - \mu_2, \sigma_1^2/n_1 + \sigma_2^2/n_2)$$

因此有：

$$Z = \frac{(\bar{X} - \bar{Y}) - (\mu_1 - \mu_2)}{\sqrt{\sigma_1^2/n_1 + \sigma_2^2/n_2}} \sim N(0,1)$$

由 $P(-z_{1-\alpha/2} < Z < z_{1-\alpha/2}) = 1 - \alpha$ 即得：

$$P(\bar{X} - \bar{Y} - z_{1-\alpha/2}\sqrt{\sigma_1^2/n_1 + \sigma_2^2/n_2} < \mu_1 - \mu_2 < \bar{X} - \bar{Y} + z_{1-\alpha/2}\sqrt{\sigma_1^2/n_1 + \sigma_2^2/n_2}) = 1 - \alpha$$

所以两均值差的置信区间为：

$$(\bar{X} - \bar{Y} - z_{1-\alpha/2}\sqrt{\sigma_1^2/n_1 + \sigma_2^2/n_2}, \ \bar{X} - \bar{Y} + z_{1-\alpha/2}\sqrt{\sigma_1^2/n_1 + \sigma_2^2/n_2})$$

同理可求得，两均值差的置信度为 $1-\alpha$ 的置信上限为：

$$\bar{X} - \bar{Y} + z_{1-\alpha}\sqrt{\sigma_1^2/n_1 + \sigma_2^2/n_2}$$

两均值差的置信度为 $1-\alpha$ 的置信下限为：

$$\bar{X} - \bar{Y} - z_{1-\alpha}\sqrt{\sigma_1^2/n_1 + \sigma_2^2/n_2}$$

下面看一个例子。

例 5-6： 为比较两种农产品的产量，选择 18 块条件相似的试验田，采用相同的耕作方法做实验。播种甲品种的 8 块试验田的单位面积产量和播种乙品种的 10 块试验田的单位面积产量如表 5-2 所示。

表 5-2　　　　　　　　　　　两种农产品的产量　　　　　　　　　　（单位：kg）

名称	产量									
甲品种	628	583	510	554	612	523	530	615	—	—
乙品种	535	433	398	470	567	480	498	560	503	426

假定每个品种的单位面积产量均服从正态分布，甲品种产量的方差为 2140，乙品种产量的方差为 3250，试求这两个品种平均面积产量差的置信区间（取 $\alpha = 0.05$）。

编写的 Python 程序如下。

```
import numpy as np
import scipy.stats as ss
x=[628,583,510,554,612,523,530,615]
y=[535,433,398,470,567,480,498,560,503,426]
n1=len(x);n2=len(y)
xbar=np.mean(x);ybar=np.mean(y)
sigmaq1=2140;sigmaq2=3250;p = 0.025
low = xbar - ybar-ss.norm.ppf(q = 1 - p) * np.sqrt(sigmaq1/n1+sigmaq2/n2)
up = xbar - ybar+ss.norm.ppf(q = 1 - p) * np.sqrt(sigmaq1/n1+sigmaq2/n2)
print 'low=',low
print 'up=',up
```

得到如下结果。

```
low= 34.6870180564
up= 130.062981944
```

2. 两方差都未知时两均值差的置信区间

设两方差均未知，但 $\sigma_1^2 = \sigma_2^2 = \sigma^2$ 此时由于 $Z = \dfrac{\bar{X} - \bar{Y} - (\mu_1 - \mu_2)}{\sqrt{\sigma_1^2/n_1 + \sigma_2^2/n_2}} \sim N(0,1)$ ， $\dfrac{(n_1-1)S_1^2}{\sigma^2} \sim$

$\chi^2(n_1-1)$ ， $\dfrac{(n_2-1)S_2^2}{\sigma^2} \sim \chi^2(n_2-1)$ ，

所以 $\dfrac{(n_1-1)S_1^2}{\sigma^2} + \dfrac{(n_2-1)S_2^2}{\sigma^2} \sim \chi^2(n_1+n_2-2)$ 。

由此可得：

$$T = \frac{\bar{X} - \bar{Y} - (\mu_1 - \mu_2)}{\sqrt{(1/n_1 + 1/n_2)\ S^2}} \sim t(n_1 - n_2 - 2) ，$$

其中， $S^2 = \dfrac{(n_1-1)S_1^2 + (n_2-1)S_2^2}{(n_1-1) + (n_2-1)}$ 。

同样由 $P(-t_{1-\alpha/2}(n_1+n_2-2) < T < t_{1-\alpha/2}(n_1+n_2-2) = 1-\alpha$ ，

解不等式即得两均值差的置信度为 $1-\alpha$ 的置信区间为：

$$(\bar{X} - \bar{Y} \pm t_{1-\alpha/2}(n_1+n_2-2)\sqrt{(1/n_1+1/n_2)\ S^2})$$

同理可求得两均值差的置信度为 $1-\alpha$ 的置信上限为：

$$(\bar{X} - \bar{Y} + t_{1-\alpha/2}(n_1+n_2-2)\sqrt{(1/n_1+1/n_2)\ S^2})$$

两均值差的置信度为 $1-\alpha$ 的置信下限为：

$$(\bar{X} - \bar{Y} - t_{1-\alpha/2}(n_1+n_2-2)\sqrt{(1/n_1+1/n_2)\ S^2})$$

例 5-7：在例 5-6 中，如果不知道两种品种产量的方差，但已知两者方差相同，求置信区间。

编写的 Python 程序如下。

```
import numpy as np
import scipy.stats as ss
x=[628,583,510,554,612,523,530,615]
y=[535,433,398,470,567,480,498,560,503,426]
n1=1.0*len(x);n2=1.0*len(y)      #转为小数
s1=np.var(x);s2=np.var(y)
xbar=np.mean(x);ybar=np.mean(y)
p = 0.025
sq=((n1-1)*s1+(n2-1)*s2)/(n1-1+n2-1)
low = xbar - ybar-ss.t.ppf(1-p,n1+n2-2)*np.sqrt(sq*(1/n1+1/n2))
up = xbar - ybar+ss.t.ppf(1-p,n1+n2-2)*np.sqrt(sq*(1/n1+1/n2))
print 'low=',low
print 'up=',up
```

得到如下结果。

```
low= 32.4209278184
up= 132.329072182
```

可见，这两个品种的单位面积产量之差的置信度为 0.95 的置信区间为（32.4209278184, 132.329072182）。

5.6　Python 双正态总体方差比区间估计

此时虽然也可以就均值是否已知分两种情况讨论方差的区间估计，但在实际中 μ 已知的情形是极为罕见的，所以只讨论在 μ 未知的条件下方差 σ^2 的置信区间。

由于 $(n_1-1)S_1^2/\sigma^2 \sim \chi^2(n_1-1)$，$(n_2-1)S_2^2/\sigma^2 \sim \chi^2(n_2-1)$，并且 S_1^2 与 S_2^2 相互独立，故 $F=(S_1^2/\sigma_1^2)/(S_2^2/\sigma_2^2) \sim F(n_1-1,n_2-1)$。

所以对于给定的置信度 $1-\alpha$，由 $P(F_{\alpha/2}(n_1-1,n_2-1) < (S_1^2/\sigma_1^2)/(S_2^2/\sigma_2^2) < F_{1-\alpha/2}(n_1-1, n_2-1)) = 1-\alpha$，

就可以得出两方差比的置信度为 $1-\alpha$ 的置信区间：

$$\left(\frac{S_1^2}{S_2^2} \frac{1}{F_{1-\alpha/2}(n_1-1,n_2-1)}, \frac{S_1^2}{S_2^2} \frac{1}{F_{\alpha/2}(n_1-1,n_2-1)} \right)$$

其中 $F_p(m,n)$ 为自由度（m,n）的 F 分布的下侧 p 分位数。

例 5-8：甲、乙两台机床分别加工某种轴承，轴承的直径分别服从正态分布 $N(\mu_1,\sigma_1^2)$、$N(\mu_2,\sigma_2^2)$，从各自加工的轴承中分别抽取若干个轴承测其直径，结果如表 5-3 所示。

表 5-3　　　　　　　　　　　　　两台机床加工的轴承的直径　　　　　　　　　　（单位：mm）

名称	直径							
x（机床甲）	20.5	19.8	19.7	20.4	20.1	20.0	19.0	19.9
y（机床乙）	20.7	19.8	19.5	20.8	20.4	19.6	20.2	—

试求两台机床加工的轴承直径的方差比的 0.95 的置信区间。

```
import numpy as np
from scipy.stats import f
x=[20.5,19.8,19.7,20.4,20.1,20.0,19.0,19.9]
y=[20.7,19.8,19.5,20.8,20.4,19.6,20.2]
sq1=np.var(x);sq2=np.var(y)
n1=8;n2=7;p=0.025
f.ppf(0.025, n1-1, n2-1)
low = sq1/sq2*1/f.ppf(1-p, n1-1, n2-1)
up = sq1/sq2*1/f.ppf(p, n1-1, n2-1)
print 'low=',low
print 'up=',up
low= 0.142168867371
up= 4.14462281408
```

由运行结果可见，两台机床加工的轴承直径的方差比的 0.95 的置信区间为（0.142168867371，4.14462281408），方差比为 0.7932。

练 习 题

把本章例题中的数据，使用 Python 重新操作一遍。

第 6 章　Python 参数假设检验

推断统计是用来做判断和预测的。如参数假设检验，就是用来做判断的；回归分析和时间序列分析，是用来做预测的。

参数假设检验是指对参数的平均值、方差、比率等特征进行统计检验。参数假设检验一般假设统计总体的具体分布是已知的，而其中一些参数的取值范围不确定，分析的主要目的是估计这些未知参数的取值，或者对这些参数进行假设检验。参数假设检验不仅能够对总体的特征参数进行推断，还能够对两个或多个总体的参数进行比较。常用的参数假设检验包括单一样本 t 检验、两个总体均值差异的假设检验、总体方差的假设检验、总体比率的假设检验等。本章先介绍参数假设检验的基本理论，然后通过实例来说明 R 软件在参数假设检验中的具体应用。

6.1　参数假设检验的基本理论

1．假设检验的概念

为了推断总体的某些性质，我们会提出总体性质的各种假设。假设检验就是根据样本提供的信息，对所提出的假设做出判断的过程。

原假设是我们有怀疑，想要拒绝的假设，记为 H_0。备择假设是我们拒绝了原假设后得到的结论，记为 H_α。

假设都是关于总体参数的，如我们想知道总体均值是否等于某个常数 μ_0，那么原假设是 $H_0 : \mu = \mu_0$，备择假设是 $H_\alpha : \mu \neq \mu_0$。

上面这种假设称为"双尾检验"，因为备择假设是双边的。

下面两种假设检验称为"单尾检验"。

$$H_0 : \mu \geqslant \mu_0 \qquad\qquad H_\alpha : \mu < \mu_0$$

$$H_0 : \mu \leqslant \mu_0 \qquad\qquad H_\alpha : \mu > \mu_0$$

注：无论是单尾还是双尾检验，等号永远都在原假设那边，这是用来判断原假设的唯一标准。

2．第一类错误和第二类错误

我们在做假设检验的时候经常会犯两种错误。第一类错误，原假设是正确的，而判断它为错误的，并拒绝了原假设；第二类错误，原假设是错误的，而判断它为正确的，没有拒绝原假设。

这类似于法官判案时，如果被告是好人，却判他为坏人，这是第一类错误（冤枉好人或以真为假）。如果被告是坏人，却判他为好人，这是第二类错误（放走坏人或以假为真）。

在其他条件不变的情况下，如果要求犯第一类错误的概率越小，那么犯第二类错误的概率就会越大。通俗地理解是当我们要求冤枉好人的概率降低，那么往往就会放走坏人。

同样地，在其他情况不变的情况下，如果要求犯第二类错误的概率越小，那么犯第一类错误的概率就越大。通俗地理解是当我们要求放走坏人的概率降低，那么往往就会错杀好人。

其他条件不变主要指的是样本量 n 不变。换言之，要想减小犯第一类错误的概率和第二类错误的概率，就要增大样本量 n。

在做假设检验的时候，通常会规定一个允许犯第一类错误的概率，比如 5%，这称为"显著性水平"，记为 α。我们通常只规定犯第一类错误的概率，而不规定犯第二类错误的概率。

检验的势定义为在原假设是错误的情况下正确地拒绝了原假设的概率。检验的势等于 1 减去犯第二类错误的概率。

通常用表 6-1 来表示显著性水平和检验的势。

表 6-1　　　　　　　　　　　　显著性水平和检验的势

	原假设正确	原假设不正确
拒绝原假设	第一类错误 显著性水平（α）	判断正确 检验的势=$1-P$（犯第二类错误的概率）
没有拒绝原假设	判断正确	第二类错误

要做假设检验，我们先要计算两样东西：检验统计量和关键值。检验统计量是从样本数据中计算得来的。检验统计量的一般形式如下。

检验统计量 =（样本统计量-在 H_0 中假设的总体参数值）/样本统计量的标准误差

关键值是查表得到的，关键值的计算需要知道下面 3 点。

（1）检验统计量是什么分布，这决定要去查哪张表。

（2）显著性水平。

（3）是双尾还是单尾检验。

3．决策规则

（1）基于检验统计量和关键值的决策规则。计算检验统计量和关键值之后，怎样判断是拒绝原假设还是不拒绝原假设呢？

首先要搞清楚我们做的是双尾检验还是单尾检验。如果是双尾检验，那么拒绝域在两边。以双尾 z 检验为例，先画出 z 分布（标准正态分布），再在两边画出黑色的拒绝域，如图 6-1 所示。

拒绝域的面积应等于显著性水平。以 $\alpha = 0.05$ 为例，左右两块拒绝域的面积之和应等于 0.05，可知交界处的数值为±1.96。±1.96 即为关键值。

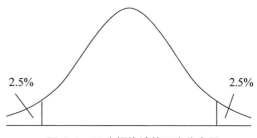

图 6-1　双边拒绝域的正态分布图

如果从样本数据中计算得出的检验统计量落在拒绝域（小于–1.96 或大于 1.96），就拒绝原假设；如果检验统计量没有落在拒绝域（在–1.96 和 1.96 之间），就不能拒绝原假设。

如果是单尾检验，那么拒绝域在一边。拒绝域在哪一边，要看备择假设在哪一边。以单尾的 z 检验为例，假设原假设为 $H_0 : \mu \leqslant \mu$，备择假设为 $H_\alpha : \mu > \mu_0$，那么拒绝域在右边，因为备择假设在右边。先画出 z 分布（标准正态分布），再在右边画出黑色的拒绝域，如图 6-2 所示。

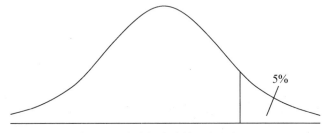

图 6-2　右边拒绝域的正态分布图

拒绝域的面积还是等于显著性水平。以 $\alpha = 0.05$ 为例，因为只有一块拒绝域，所以其面积为 0.05，可知交界处的数值为 1.65，1.65 即为关键值。

如果从样本数据中计算得出的检验统计量落在拒绝域（大于 1.65），就拒绝原假设；如果检验统计量没有落在拒绝域（小于 1.65），就不能拒绝原假设。

（2）基于 p 值和显著性水平的决策规则。在实际中，如统计软件经常给出的是 p 值，可以将 p 值与显著性水平做比较，以决定拒绝还是不拒绝原假设，这是基于 p 值和显著性水平的决策规则。

首先来看看 p 值到底是什么。对于双尾检验，有两个检验统计量，两个检验统计量两边的面积之和就是 p 值。因此，每一边的面积是 $p/2$，如图 6-3 所示。

对于单尾检验，只有一个检验统计量，检验统计量边上的面积就是 p 值，如图 6-4 所示。

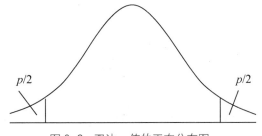

图 6-3　双边 p 值的正态分布图

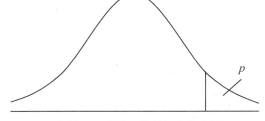

图 6-4　单边 p 值的正态分布图

计算 p 值的目的是与显著性水平做比较。如果 p 值小于显著性水平，说明检验统计量落在拒绝域，因此拒绝原假设。如果 p 值大于显著性水平，说明检验统计量没有落在拒绝域，因此不能拒绝原假设。

p 值的定义为可以拒绝原假设的最小显著性水平。

（3）结论。如果不能拒绝原假设，我们不能说接受原假设，只能说 "can not reject H_0" 或 "fail to reject H_0"。

在做出判断之后，还需要陈述结论。如果拒绝原假设，那么就说总体均值显著地不相等。

4．单个总体均值的假设检验

想知道一个总体均值是否等于（或大于等于、小于等于）某个常数 μ_0，可以使用 z 检验或 t 检验。双尾和单尾检验的原假设（H_0）和备择假设（H_α）如下。

$$H_0 : \mu = \mu_0 \qquad\qquad H_\alpha : \mu \neq \mu_0$$

$$H_0 : \mu \geqslant \mu_0 \qquad\qquad H_\alpha : \mu < \mu_0$$

$$H_0 : \mu \leqslant \mu_0 \qquad\qquad H_\alpha : \mu > \mu_0$$

表 6-2 告诉我们什么时候使用 z 检验，什么时候使用 t 检验。

表 6-2 z 检验与 t 检验比较

	正态总体，$n<30$	$N \geqslant 30$
已知总体方差	z 检验	z 检验
未知总体方差	t 检验	t 检验或 z 检验

下面计算 z 统计量和 t 统计量。如果已知总体方差，那么 z 统计量的公式如下。

$$z = \frac{\overline{x} - \mu_0}{\sigma\sqrt{n}} \text{（其中 } \overline{x} \text{ 为样本均值，} \sigma \text{ 为总体标准差，} n \text{ 为样本容量）}$$

如果未知总体方差，那么 z 统计量的公式如下。

$$z = \frac{\overline{x} - \mu_0}{s\sqrt{n}}, \left[\text{其中 } \overline{x} \text{ 为样本均值，} s \text{ 为样本标准差，} n \text{ 为样本容量}\right]$$

其中，$n > 30, s^2 = \dfrac{1}{n}\sum_{i=1}^{n}(x_i - \overline{x})^2$; $n < 30, s^2 = \dfrac{1}{n-1}\sum_{i=1}^{n}(x_i - \overline{x})^2$

t 统计量的公式如下。

$$t_{n-1} = \frac{\overline{x} - \mu_0}{s\sqrt{n}} \text{（其中 } \overline{x} \text{ 为样本均值，} s \text{ 为样本标准差，} n \text{ 为样本容量）}$$

下标 $n-1$ 是 t 分布的自由度，我们在查表找关键值时会用到自由度。

例 6-1：一个股票型共同基金的风险收益特征。这是一家已经在市场中生存了 24 个月的中等市值成长型基金。在这个区间中，该基金实现了 1.5% 的月度平均收益率，而且该月度平均收益率的样本标准差为 3.6%。给定该基金所面临的系统性风险（市场风险）水平，并根据一个定价模型，我们预期该共同基金在这个区间中应该获得 1.1% 的月度平均收益率。假定收益率服从正态分布，那么实际结果是否和 1.1% 这个理论上的月度平均收益率或者总体月度平均收益率相一致？解答思路如下。

（1）给出与该研究项目的语言描述相一致的原假设和备择假设。

（2）找出对第一问中的假设进行检验的检验统计量。

（3）求出 0.1 显著性水平下第一问中所检验的假设的拒绝点。

（4）确定是否应该在 0.1 显著性水平下拒绝原假设。

解：（1）我们有一个"不等"的备择假设，其中 μ 是该股票基金对应的平均收益率，于是我们给出如下假设。$H_0 : \mu = 1.1$ 对应于 $H_\alpha : \mu \neq 1.1$。

（2）因为总体方差是未知的，我们利用 24-1=23 自由度的 t 检验。

（3）因为这是一个双边拒绝域，拒绝点 $t_{n-1}=t_{0.05,23}$，在 t 分布表中为自由度是 23 的行和 0.05 的列，找到 1.714。双边检验的两个拒绝点是 1.714 和 -1.714。如果我们发现 $t > 1.714$ 或 $t < 1.714$，将拒绝原假设。

（4） $t_{23} = \dfrac{\overline{x} - \mu_0}{s\sqrt{n}} = \dfrac{1.5 - 1.1}{3.6\%/\sqrt{24}} = 0.544331$ 或 0.544。

5. 两个独立总体均值的假设检验

如果想知道两个相互独立的正态分布总体的均值是否相等，可以使用 t 检验来完成。相等关系就是双尾，不等关系就是单尾。双尾和单尾检验的原假设（H_0）和备择假设（H_α）如下。

$$H_0: \mu_1 = \mu_2 \qquad H_\alpha: \mu_1 \neq \mu_2$$

$$H_0: \mu_1 \geqslant \mu_2 \qquad H_\alpha: \mu_1 < \mu_2$$

$$H_0: \mu_1 \leqslant \mu_2 \qquad H_\alpha: \mu_1 > \mu_2$$

下标 1 和 2 分别表示取自第一个总体的样本和取自第二个总体的样本，这两个样本是相互独立的。在开始做假设检验之前，先要区分两种情况：第一种，两总体方差未知但假定相等；第二种，两总体方差未知且假定不等。

对于第一种情况，我们用 t 检验，其自由度为 $n_1 + n_2 - 2$。t 统计量的计算公式如下。

$$t_{n_1+n_2-2} = \frac{(\overline{x_1} - \overline{x_2}) - (\mu_1 - \mu_2)}{\sqrt{\dfrac{s_p^2}{n_1} + \dfrac{s_p^2}{n_2}}} \quad, \quad \text{其中} \ s_p^2 = \frac{(n_1-1)s_1^2 + (n_2-1)s_2^2}{n_1 + n_2 - 2}$$

s_1^2 为第一个样本的样本方差，s_2^2 为第二个样本的样本方差，n_1 为第一个样本的样本量，n_2 为第二个样本的样本量。

例 6-2：20 世纪 80 年代的标准普尔 500 指数已实现的月度平均收益率与 20 世纪 70 年代的月度平均收益率有着巨大的不同，那么这个不同是否在统计上是显著的呢？表 6-3 所给的数据表明，我们没有充足的理由拒绝这两个 10 年的收益率的总体方差是相同的假设。解答思路如下。

表 6-3　　　两个 10 年的标准普尔 500 指数的月度平均收益率及其标准差

10 年区间	月份数 n	月度平均收益率	标准差
20 世纪 70 年代	120	0.580	4.598
20 世纪 80 年代	120	1.470	4.738

（1）给出与双尾假设检验相一致的原假设和备择假设。

（2）找出检验第一问中假设的检验统计量。

（3）求出第一问中所检验的假设在 0.1、0.05、0.01 显著性水平下的拒绝点。

（4）确定在 0.1、0.05 和 0.01 显著性水平下是否应拒绝原假设。

解：（1）令 μ_1 表示 20 世纪 70 年代的总体平均收益率，令 μ_2 表示 20 世纪 80 年代的总体平均收益率，于是给出如下的假设。

$$H_0:\mu_1=\mu_2 \text{ 对应于 } H_\alpha:\mu_1\ne\mu_2$$

（2）因为两个样本分别取自不同的 10 年区间，所以它们是独立样本。总体方差是未知的，但是可以被假设为相等。给定所有这些条件，在 t 统计量的计算公式中所给出的 t 检验具有 120+120−2=238 的自由度。

（3）在 t 分布表中，最接近 238 的自由度为 200。对于一个双尾检验，$df=200$ 的 0.1、0.05、0.01 显著性水平下的拒绝点分别为 ±1.653、±1.972、±2.601。即在 0.1 显著性水平下，如果 $t<-1.653$ 或者 $t>1.653$，将拒绝原假设；在 0.05 显著性水平下，如果 $t<-1.972$ 或者 $t>1.972$，将拒绝原假设；在 0.01 显著性水平下，如果 $t<-2.601$ 或者 $t>2.601$，将拒绝原假设。

（4）计算检验统计量时，首先计算合并方差的估计值。

$$s_p^2=\frac{(n_1-1)s_1^2+(n_2-1)s_2^2}{n_1+n_2-2}=\frac{(120-1)(4.598)^2+(120-1)(4.738)^2}{120+120-2}=21.795124$$

$$t_{n_1+n_2-2}=\frac{(\overline{x}_1-\overline{x}_2)-(\mu_1-\mu_2)}{\sqrt{\frac{s_p^2}{n_1}+\frac{s_p^2}{n_2}}}=\frac{(0.580-1.470)-0}{\left(\frac{21.795124}{120}+\frac{21.795124}{120}\right)^{1/2}}=\frac{-0.89}{0.602704}=-1.477$$

t 值等于−1.477 在 0.1 显著性水平下不显著，同样在 0.05 和 0.01 显著性水平下也不显著。因此，我们无法在任意一个显著性水平下拒绝原假设。

当我们能假设两个总体服从正态分布，但是不知道总体方差，而且不能假设方差是相等的时候，基于独立随机样本的近似，给出如下检验。

$$t=\frac{(\overline{x}_1-\overline{x}_2)-(\mu_1-\mu_2)}{\sqrt{\frac{s_1^2}{n_1}+\frac{s_2^2}{n_2}}}$$

s_1^2 为第一个样本的样本方差，s_2^2 为第二个样本的样本方差，n_1 为第一个样本的样本量，n_2 为第二个样本的样本量。

其中我们使用"修正的"自由度，其计算公式为 $df=\dfrac{(s_1^2/n_1+s_2^2/n_2)^2}{(s_1^2/n_1)^2/n_1+(s_2^2/n_2)^2/n_2}$ 的数值表。

例 6-3：违约债券的回收率，一个假设检验。具有风险的公司债券的收益率是如何计算的？两个重要的考虑因素为预期违约概率和在违约发生的情况下预期能够回收的金额（即回收率）。奥特曼（Altman）和基肖尔（Kishore）在 1996 年首次记录了行业和信用等级，并用于计算分层的违约债券的平均回收率。对于他们的研究区间 1971—1995 年，奥特曼和基肖尔发现公共事业公司、化工类公司、石油公司以及塑胶制造公司的违约债券的回收率明显要高于其他行业。这一差别是否能够通过比较回收率行业中的高信用债券来解释？他们通过检验以信用等级分层的回收率来对此进行研究。这里，我们仅讨论他们研究的高信用担保债券的结果。其中 μ_1 表示公共事业公司的高信用担保债券的总体平均回收率，μ_2 表示其他行业（非公共事业）公司的高信用担保债券的总体平均回收率，假设 $H_0:\mu_1=\mu_2$ 对应于 $H_\alpha:\mu_1\ne\mu_2$。

表 6-4 摘自他们计算的部分结果。

表 6-4	高信用债券的回收率					（单位：美元）
行业	公共事业样本			非公共事业样本		
	观测数	违约时的平均价格	标准差	观测数	违约时的平均价格	标准差
公共事业高信用担保	21	64.42	14.03	64	55.75	25.17

根据他们的研究假设，总体服从正态分布，并且样本是独立的。根据上表中的数据，回答下列问题。

（1）讨论为什么奥特曼和基肖尔会选择 $t = \dfrac{(\bar{x}_1 - \bar{x}_2) - (\mu_1 - \mu_2)}{\sqrt{\dfrac{s_1^2}{n_1} + \dfrac{s_2^2}{n_2}}}$，而不是

$t_{n_1+n_2-2} = \dfrac{(\bar{x}_1 - \bar{x}_2) - (\mu_1 - \mu_2)}{\sqrt{\dfrac{s_p^2}{n_1} + \dfrac{s_p^2}{n_2}}}$ 的检验方法。

（2）计算检验上述给出的原假设的检验统计量。

（3）该检验的修正自由度的数值为多少？

（4）确定在 0.1 显著性水平下是否应该拒绝原假设。

解：（1）高信用担保的公共事业公司回收率的样本标准差 14.03 要比与之相比的非公共事业公司回收率的样本标准差 25.17 更小，故不假设它们的均值相等的选择是恰当的，所以奥特曼和基肖尔采用 $t = \dfrac{(\bar{x}_1 - \bar{x}_2) - (\mu_1 - \mu_2)}{\sqrt{\dfrac{s_1^2}{n_1} + \dfrac{s_2^2}{n_2}}}$ 检验。

（2）检验统计量为 $t = \dfrac{(\bar{x}_1 - \bar{x}_2) - (\mu_1 - \mu_2)}{\sqrt{\dfrac{s_1^2}{n_1} + \dfrac{s_2^2}{n_2}}}$。

式中，$\bar{x}_1$ 表示公共事业公司的样本平均回收率=64.42，$\bar{x}_2$ 表示非公共事业公司的样本平均回收率=55.75，s_1^2=14.03^2=196.8409，s_2^2=25.17^2=633.5289，$n_1 = 21, n_2 = 64$，

因此 $t = \dfrac{(\bar{x}_1 - \bar{x}_2) - (\mu_1 - \mu_2)}{\sqrt{\dfrac{s_1^2}{n_1} + \dfrac{s_2^2}{n_2}}} = \dfrac{64.42 - 5575}{[196.8409/21 + 633.5289/64]^{1/2}} = 1.975$。

（3）$df = \dfrac{(s_1^2/n_1 + s_2^2/n_2)^2}{(s_1^2/n_1)^2/n_1 + (s_2^2/n_2)^2/n_2}$

$= \dfrac{(196.8409/21 + 633.5289/64)^2}{(196.8409/21)^2/21 + (633.5289/64)^2/64} = 64.99$，即 65 个自由度。

（4）在 t 分布表的数值表中最接近 $df = 65$ 的一栏是 $df = 60$。对于 $\alpha = 0.1$，我们找到 $t_{\alpha/2} = 1.671$。因此，如果 $t<-1.671$ 或 $t>1.671$，就会拒绝原假设。基于所计算的值 $t = 1.975$，我们在 0.1 显著性水平下拒绝原假设。存在一些公共事业公司和非公共事业公司回收率不同的情况。为什么是这样的？奥特曼和基肖尔认为公司资产的不同性质以及不同行业的竞争水平造成了不同的回收率情况。

6．成对比较检验

上面讲的是两个相互独立的正态分布总体的均值检验，两个样本是相互独立的。如果两个样本相互不独立，做均值检验时要使用成对比较检验。成对比较检验也使用 t 检验来完成，双尾和单尾检验的原假设（ H_0 ）和备择假设（ H_α ）如下。

$$H_0 : \mu_d = \mu_0 \qquad\qquad H_\alpha : \mu_d \neq \mu_0$$

$$H_0 : \mu_d \geqslant \mu_0 \qquad\qquad H_\alpha : \mu_d < \mu_0$$

$$H_0 : \mu_d \leqslant \mu_0 \qquad\qquad H_\alpha : \mu_d > \mu_0$$

其中的 μ_d 表示两个样本均值之差，为常数， μ_0 通常等于 0。t 统计量的自由度为 $n-1$，计算公式如下。

$$t = \frac{\bar{d} - \mu_0}{s_{\bar{d}}}$$

其中，$\bar{d}$ 是样本差的均值。我们取得两个成对的样本之后，对应相减，就得到一组样本差的数据，求这一组数据的均值就是 $\bar{d}$ 。$s_{\bar{d}}$ 是 $\bar{d}$ 的标准误差，即 $s_{\bar{d}} = s_d / \sqrt{n}$ 。

下面的例子说明了竞争的投资策略对评估这个检验的应用。

例 6-4：道琼斯指数投资策略。麦奎因（Mcqueen）、谢尔德斯（Shields）和索利（Thorley）在 1997 年检验了一个流行的投资策略（该策略投资于道琼斯工业平均指数中收益率最高的 10 只股票，下称"道-10"）与一个买入并持有的策略（该策略投资于道琼斯工业平均指数中所有的 30 只股票，下称"道-30"）之间的业绩比较。他们研究的区间段是 1946—1995 年，获得的数据如表 6-5 所示。

表 6-5　　　道-10 和道-30 投资组合年度收益率汇总（1946—1995 年）（$n = 50$）

策略	平均收益率	标准差
道-10	16.77%	19.10%
道-30	13.71%	16.64%
差别	3.06%	6.62%

解答思路如下。

（1）给出与道-10 和道-30 策略间收益率差别的均值等于 0 这个双尾检验相一致的原假设和备择假设。

（2）找出对第一问中的假设进行检验的检验统计量。

（3）求出在 0.01 显著性水平下第一问中所检验的假设的拒绝点。

（4）确定在 0.01 显著性水平下是否应该拒绝原假设。

（5）讨论为什么选择成对比较检验。

解：（1）μ_d 表示道-10 和道-30 策略间收益率差别的均值，我们有

$$H_0 : \mu_d = 0 \text{ 对应于 } H_\alpha : \mu_d \neq 0 \text{ 。}$$

（2）因为总体方差未知，所以检验统计量为一个自由度 50-1=49 的 t 检验。

（3）在 t 分布表中，查阅自由度为 49 的一行，显著性水平为 0.05 的一列，从而得到 2.68。

如果发现 $t>2.68$ 或 $t<-2.68$，将拒绝原假设。

（4） $t=\dfrac{3.06}{6.62/\sqrt{50}}=3.2685$ 或 3.27，因为 $3.27>2.68$，所以拒绝原假设。

注：平均收益率的差别在统计上是显著的。

（5）道-30 包含道-10，因此，它们不是相互独立的样本。通常，道-10 和道-30 策略间收益率的相关系数为正。因为样本是相互依赖的，所以成对比较检验是恰当的。

7．单个总体方差的假设检验

首先是关于单个总体方差是否等于（或大于等于，小于等于）某个常数的假设检验。这里要使用卡方检验。

双尾和单尾检验的原假设（ H_0 ）和备择假设（ H_α ）如下。

$$H_0:\sigma^2=\sigma_0^2 \qquad\qquad H_\alpha:\sigma^2\neq\sigma_0^2$$

$$H_0:\sigma^2\geqslant\sigma_0^2 \qquad\qquad H_\alpha:\sigma^2<\sigma_0^2$$

$$H_0:\sigma^2\leqslant\sigma_0^2 \qquad\qquad H_\alpha:\sigma^2>\sigma_0^2$$

卡方统计量的自由度为 $n-1$，计算方法如下。

$$\chi^2=\frac{(n-1)s^2}{\sigma_0^2}$$

其中 s^2 为样本方差。

例 6-5：某股票的历史月收益率的标准差为 5%，这一数据是基于 2003 年以前的历史数据测定的。现在，我们选取 2004—2006 年这 36 个月的月收益率数据，来检验其标准差是否还为 5%。我们测得这 36 个月的月收益率标准差为 6%，以显著性水平为 0.05，检验其标准差是否还为 5%。

解答思路如下。

（1）写出原假设和备择假设。

$$H_0:\sigma^2=(5\%)^2 \qquad\qquad H_\alpha:\sigma^2\neq(5\%)^2$$

（2）使用卡方检验。

（3） $\chi^2=\dfrac{(n-1)s^2}{\sigma_0^2}=(36-1)\times(6\%)^2/(5\%)^2=50.4$。

（4）查表得到卡方关键值。对于显著性水平 0.05，由于是双尾检验，两边的拒绝域面积都为 0.025，自由度为 35，因此关键值为 20.569 和 53.203。

（5）由于 $50.4<53.203$，卡方统计量没有落在拒绝域，因此不能拒绝原假设。

（6）最后陈述结论：该股票的标准差没有显著不等于 5%。

8．两个总体方差的假设检验

双尾和单尾检验的原假设（ H_0 ）和备择假设（ H_α ）如下。

$$H_0:\sigma_1^2=\sigma_2^2 \qquad\qquad H_\alpha:\sigma_1^2\neq\sigma_2^2$$

$$H_0:\sigma_1^2\geqslant\sigma_2^2 \qquad\qquad H_\alpha:\sigma_1^2<\sigma_2^2$$

$$H_0 : \sigma_1^2 \leqslant \sigma_2^2 \qquad\qquad H_\alpha : \sigma_1^2 > \sigma_2^2$$

F 统计量的自由度为 n_1-1 和 n_2-1。

$$F = s_1^2 / s_2^2$$

注：永远把较大的一个样本方差放在分子上，即 F 统计量大于 1，如果这样，我们只需考虑右边的拒绝域，而不管 F 检验是单尾还是双尾检验。

例 6-6：我们想检验 IBM 股票和 HP 股票的月收益率的标准差是否相等。选取 2004—2006 年这 36 个月的月收益率数据，来检验其标准差是否还为 5%。我们测得这 36 个月的月收益率标准差分别为 5% 和 6%。以显著性水平为 0.05 进行假设检验。

解答思路如下。

（1）写出原假设（H_0）和备择假设（H_α）。

$$H_0 : \sigma_1^2 = \sigma_2^2 \qquad\qquad H_\alpha : \sigma_1^2 \neq \sigma_2^2$$

（2）使用 F 检验。

（3）计算 F 统计量 $F = s_1^2 / s_2^2 = 0.0036/0.0025 = 1.44$。

（4）查表得到 F 关键值 2.07。

（5）由于 1.44<2.07，F 统计量没有落在拒绝域，因此不能拒绝原假设。

（6）最后陈述结论：IBM 股票和 HP 股票的标准差没有显著不等。

6.2　Python 单个样本 t 检验

单个样本 t 检验是假设检验中较为基本和常用的方法。与所有的假设检验一样，其依据的基本原理也是统计学中的"小概率反证法"原理。通过单个样本 t 检验，可以实现样本均值和总体均值的比较。检验的基本步骤是首先提出原假设和备择假设，规定好检验的显著性水平；然后确定适当的检验统计量，并计算检验统计量的值；最后依据计算值和临界值的比较结果做出统计决策。

例 6-7：某电脑公司销售经理人均月销售 500 台电脑，现采取新的广告政策，半年后，随机抽取该公司 20 名销售经理的人均月销售量数据，具体数据如表 6-6 所示。问广告策略是否能够影响销售经理的人均月销售量？

表 6-6　　　　　　　　　　　　　　人均月销售量　　　　　　　　　　　　（单位：台）

编号	人均月销售量	编号	人均月销售量
1	506	11	510
2	503	12	504
3	489	13	512
4	501	14	499
5	498	15	487
6	497	16	507
7	491	17	503
8	502	18	488
9	490	19	521
10	511	20	517

在目录 F:\2glkx\data 下建立 al6-1.xls 数据文件后，使用如下命令读取数据。

```
import pandas as pd
import numpy as np
#读取数据并创建数据表，名称为data。
data=pd.DataFrame(pd.read_excel('F:/2glkx/data/al6-1.xls '))
#查看数据表前5行的内容
data.head()
```

得到前 5 条记录的数据如下。

```
    sale
0   506
1   503
2   489
3   501
4   498
#取sale数据
x = np.array(data[['sale']])
mu=np.mean(x)
from scipy import stats as ss
print mu,ss.ttest_1samp(a = x,popmean =500)
mu 501.8 Ttest_1sampResult(statistic=array([ 0.83092969]), pvalue=array([ 0.41633356]))
```

通过观察上面的分析结果，可以看出样本均值是 501.8，样本的 t 值为 0.83092969，p 值为 0.41633356，远大于 0.05，因此不能拒绝原假设（$H_0: \mu = \mu_0 = 500$）。也就是说，广告策略不能影响销售经理的人均月销售量。

6.3 Python 两个独立样本 t 检验

Python 的独立样本 t 检验是假设检验中较为基本和常用的方法。与所有的假设检验一样，其依据的基本原理也是统计学中的"小概率反证法"原理。通过独立样本 t 检验，可以实现两个独立样本的均值比较。两个独立样本 t 检验的基本步骤也是首先提出原假设和备择假设，规定好检验的显著性水平；然后确定适当的检验统计量，并计算检验统计量的值；最后依据计算值和临界值的比较结果做出统计决策。

例 6-8：表 6-7 给出了 a、b 两个基金公司各管理的 40 只基金的价格。试用独立样本 t 检验方法研究两个基金公司所管理的基金价格之间有无明显的差别（设定显著性水平为 5%）。

表 6-7　　　　　　　　　　a、b 两个基金公司各管理基金的价格　　　　　　　　（单位：元）

编号	基金公司 a 的基金价格	基金公司 b 的基金价格
1	145	101
2	147	98
3	139	87
4	138	106
5	145	101
...	...	...
38	138	105
39	144	99
40	102	108

虽然这里两只基金的样本相同，但要注意的是两个独立样本 t 检验并不需要两个检验对象的样本数相同。

在目录 F:\2glkx\data 下建立 al6-2.xls 数据文件后，读取数据的命令如下。

```
import pandas as pd
import numpy as np
#读取数据并创建数据表，名称为data。
data=pd.DataFrame(pd.read_excel('F:/2glkx/data/al6-2.xls '))
#查看数据表前 5 行的内容
data.head()
    fa    fb
0  145   101
1  147    98
2  139    87
3  138   106
4  135   105
x = np.array(data[['fa']])
y = np.array(data[['fb']])
from scipy.stats import ttest_ind
t,p=ttest_ind(x,y)
print 't=',t
print 'p=',p
```

得到如下结果。

```
t= [ 14.04978844]
p= [  4.54986161e-23]
```

通过观察上面的分析结果，可以看出 t 值为 14.04978844，p 值为 4.54986161e-23，远小于 0.05，因此拒绝原假设（$H_0 : \mu_1 = \mu_2$）。也就是说，两个基金公司被调查的基金价格之间存在明显的差别。

6.4　Python 配对样本 t 检验

Python 的配对样本 t 检验也是常用的假设检验方法之一。与所有的假设检验一样，其依据的基本原理也是统计学中的"小概率反证法"原理。通过配对样本 t 检验，可以实现对称成对数据的样本均值比较，与独立样本 t 检验的区别是：两个样本来自同一总体，而且数据的顺序不能调换。配对样本 t 检验的基本步骤也是首先提出原假设和备择假设，规定好检验的显著性水平；然后确定适当的检验统计量，并计算检验统计量的值；最后依据计算值和临界值的比较结果做出统计决策。

例 6-9：为了研究一项政策的效果，特抽取了 50 只股票进行了试验，实施政策前后股票的价格如表 6-8 所示。试用配对样本 t 检验方法判断该政策能否引起股票价格的明显变化（设定显著性水平为 5%）。

表 6-8　　　　　　　　　　　　政策实施前后的股票价格　　　　　　　　　　（单位：元）

编号	政策实施前价格	政策实施后价格
1	88.60	75.60
2	85.20	76.50

编号	政策实施前价格	政策实施后价格
3	75.20	68.20
...	...	...
48	82.70	78.10
49	82.40	75.30
50	75.60	69.90

在目录 F:\2glkx\data 下建立 al6-3.xls 数据文件后，读取数据的命令如下。

```
import pandas as pd
import numpy as np
#读取数据并创建数据表，名称为 data
data=pd.DataFrame(pd.read_excel('F:/2glkx/data/al6-3.xls '))
#查看数据表前 5 行的内容
data.head()
    qian       hou
0  88.599998  75.599998
1  85.199997  76.500000
2  75.199997  68.199997
3  78.400002  67.199997
4  76.000000  69.900002
x = np.array(data[['qian']])
y = np.array(data[['hou']])
from scipy.stats import ttest_rel
t,p=ttest_rel(x,y)
print 't=',t
print 'p=',p
```

得到如下结果。

```
t= [ 12.43054293]
p= [  9.13672682e-17]
```

通过观察上面的分析结果，可以看出 t 值为 12.43054293，p 值为 9.13672682e-17，远小于 0.05，因此拒绝原假设（$H_0: \mu_1 = \mu_2$）。也就是说，该政策能引起股票价格的明显变化。

6.5 Python 单样本方差假设检验

方差用来反映波动情况，经常用在金融市场波动等情形。单一总体方差的假设检验的基本步骤是首先提出原假设和备择假设，规定好检验的显著性水平；然后确定适当的检验统计量，并计算检验统计量的值；最后依据计算值和临界值的比较结果做出统计决策。

例 6-10：为了研究某基金的收益率波动情况，某课题组对该只基金的连续 50 天的收益率情况进行了调查研究，调查得到的数据经整理后如表 6-9 所示。试用 Python 检验该数据资料的方差是否等于 1%（设定显著性水平为 5%）。

表 6-9 某基金的收益率波动情况

编号	收益率
1	0.564409196

续表

编号	收益率
2	0.264802098
3	0.947742641
4	0.276915401
5	0.118015848
...	...
48	−0.967873454
49	0.582328379
50	0.795299947

在目录 F:\2glkx\data 下建立 al6-4.xls 数据文件后，读取数据的命令如下。

```python
import pandas as pd
import numpy as np
#读取数据并创建数据表，名称为data
data=pd.DataFrame(pd.read_excel('F:/2glkx/data/al6-4.xls '))
#查看数据表前5行的内容
data.head()
    bh       syl
0    1  0.564409
1    2  0.264802
2    3  0.947743
3    4  0.276915
4    5  0.118016
#取收益率数据
import numpy as np
x = np.array(data[['syl']])
n=len(x)
#计算方差
s2=np.var(x)
#计算卡方值
chisquare=(n-1)*s2/0.01
print chisquare
1074.95071767
```

查表 $\chi^2_{0.025} = 56$（卡方关键值），卡方统计值 1074.95071767>卡方关键值 56，卡方统计值落在拒绝域，因此拒绝原假设（$H_0: \sigma^2 = \sigma_0^2 = 1\%$），即该股票的方差显著不等于 1%。

6.6　Python 双样本方差假设检验

双样本方差假设检验是用来判断两个样本的波动情况是否相同，在金融市场领域应用相当广泛。其基本步骤也是首先提出原假设和备择假设，规定好检验的显著性水平；然后确定适当的检验统计量，并计算检验统计量的值；最后依据计算值和临界值的比较结果做出统计决策。

例 6-11：为了研究某两只基金的收益率波动情况是否相同，某课题组连续 20 天对这两只基金的收益率情况进行了调查研究，调查得到的数据经整理后如表 6-10 所示。试使用 Python 检验该数据资料的方差是否相同（设定显著性水平为 5%）。

表 6-10   某两只基金的收益率波动情况

编号	基金 A 收益率	基金 B 收益率
1	0.424156	0.261075
2	0.898346	0.165021
3	0.521925	0.760604
4	0.841409	0.37138
5	0.211008	0.379541
...	...	...
18	0.564409	0.967873
19	0.264802	0.582328
20	0.947743	0.7953

准备工作如下。

```
import pandas as pd
import numpy as np
from scipy import stats
from statsmodels.formula.api import ols
from statsmodels.stats.anova import anova_lm
```

在目录 F:\2glkx\data 下建立 al6-5.xls 数据文件后，读取数据的命令如下。

```
#读取数据并创建数据表，名称为 data
df=pd.DataFrame(pd.read_excel('F:/2glkx/data/al6-5.xls'))
#查看数据表前 5 行的内容
df.head()
     returnA    returnB
0   0.424156   0.261075
1   0.898346   0.165021
2   0.521925   0.760604
3   0.841409   0.371380
4   0.211008   0.379541
```

Python 中的 anova_lm()函数可完成两样本的 F 检验，即双样本方差的假设检验。

```
formula = 'returnA~returnB'    #隔离因变量和自变量（左边因变量，右边自变量）
model = ols(formula,df).fit()  #根据公式数据建模，拟合
results = anova_lm(model)      #计算 F 和 P
print results
```

输入上述命令后，按回车键，得到如下分析结果。

```
            df    sum_sq    mean_sq        F      PR(>F)
returnB    1.0  0.000709   0.000709  0.007744  0.93085
Residual  18.0  1.648029   0.091557       NaN      NaN
```

通过观察上面的分析结果，可以看出 F 为 0.007744，p 值为 0.93085，远大于 0.05，因此接受原假设（$H_0: \sigma_1^2 = \sigma_2^2$）。也就是说，两只基金的收益率方差（波动）显著相同。

练 习 题

把本章例题中的数据，使用 Python 重新操作一遍，并理解命令结果的统计意义。

第 **7** 章 — Python 相关分析

7.1 相关系数的概念及其相关性度量

1. 相关系数的概念

（1）变量的相关性分两种，一种是研究两个变量 X 与 Y 的相关性，另一种是研究两组变量 $X_1, X_2, \cdots, X_p$ 与 $Y_1, Y_2, \cdots, Y_q$ 之间的相关性。本书只研究前者，即两个变量之间的相关性。后者，即两组变量之间的相关性称为典型相关，不在本书研究范围之内。

（2）两个变量 X 与 Y 的相关性研究，是探讨这两个变量之间的关系密切到什么程度，能否给出一个定量的指标。这个问题的难点在于"关系"二字，从数学角度看，两个变量 X、Y 之间的关系具有无限的可能性，因此泛泛地谈"关系"不会有什么结果。一个比较现实的想法是确立一种"样板"关系，然后把 X、Y 的实际关系与"样板"关系做比较，看它们"像"到了什么程度，从而给出一个定量指标。

（3）那么取什么关系做"样板"关系呢？答案是线性关系。这是一种单调递增或递减的关系，在现实生活中广为应用。另外，现实世界中大量的变量服从正态分布，对这些变量而言，可以用线性关系或准线性关系构建它们之间的联系。

2. 相关性度量

（1）概率论中用相关系数（Correlation Coefficient）度量两个变量的相关程度。变量 X 和 Y 的相关系数定义如下。

$$\text{Corr}(X,Y) = \frac{\text{Cov}(X,Y)}{\sqrt{\text{Var}(X)}\sqrt{\text{Var}(Y)}}$$

其中 $\text{Cov}(X,Y)$ 是协方差，$\text{Var}(X)$ 和 $\text{Var}(Y)$ 分别是变量 X 和 Y 的方差。相关系数 $\text{Corr}(X,Y)$ 有如下性质。

$$\left|\text{Corr}(X,Y)\right| \leqslant 1$$

$\left|\text{Corr}(X,Y)\right| = 1$ 时，当且仅当 $P\{Y = a + bX\} = 1$ 且 $\text{Corr}(X,Y)=1$ 时，有 $b>0$，称为"正相关"；$\text{Corr}(X,Y)=-1$ 时，有 $b<0$，称为"负相关"。

注：当 $\text{Corr}(X,Y)=0$ 时，X 和 Y 没有线性关系，称为"不相关"。

为区别样本相关系数，有时也把这里定义的相关系数称为"总体相关系数"。可见相关系数是判断变量间线性关系的重要指标。

（2）样本相关系数。实际问题中，两个变量 X,Y 只能提供对应观察值。

$$(X_i, Y_i) \qquad i = 1, 2, \cdots, n$$

我们也只能根据这个容量为 n 的样本来判断变量 X 和 Y 的相关性达到怎样的程度。

由于协方差的估计量如下。

$$\hat{\sigma}_{XY} = \frac{1}{n-1} \sum_{i=1}^{n} (X_i - \overline{X})(Y_i - \overline{Y})$$

方差的估计量如下。

$$\hat{\sigma}_{XX} = \frac{1}{n-1} \sum_{i=1}^{n} (X_i - \overline{X})^2, \hat{\sigma}_{YY} = \frac{1}{n-1} \sum_{i=1}^{n} (Y_i - \overline{Y})^2$$

所以取相关系数 $\text{Corr}(X,Y)$ 的估计如下。

$$\hat{\rho}_{XY} = \frac{\hat{\sigma}_{XY}}{\sqrt{\hat{\sigma}_{XX}} \sqrt{\hat{\sigma}_{YY}}} = \frac{\sum\limits_{i=1}^{n} (X_i - \overline{X})(Y_i - \overline{Y})}{\sqrt{\sum\limits_{i=1}^{n} (X_i - \overline{X})^2} \sqrt{\sum\limits_{i=1}^{n} (Y_i - \overline{Y})^2}}$$

这个估计称为"样本相关系数"，或泊松相关系数。它能够根据样本观察值计算出两个变量相关系数的估计值。

样本相关系数也有和总体相关系数类似的性质。

$$|\hat{\rho}_{XY}| \leqslant 1$$

当 $|\hat{\rho}_{XY}| = 1$ 时，变量 X 和 Y 有线性关系：$Y = a + bX$。并且当 $\hat{\rho}_{XY} = 1$ 时，$b > 0$，称 X 和 Y "正相关"；$\hat{\rho}_{XY} = -1$ 时，$b < 0$，称 X 和 Y "负相关"。

和总体相关系数一样，如果 $\hat{\rho}_{XY} = 0$，称 X 和 Y "不相关"，这时它们没有线性关系。

多数情况下，样本相关系数取区间（-1,1）中的一个值。样本相关系数的绝对值越大，表明 X 和 Y 之间存在的关系越接近线性关系。

（3）相关性检验。两个变量 X 和 Y 之间的相关性检验是对原假设 H_0：$\text{Corr}(X,Y) = 0$ 的显著性进行检验，检验类型为 t。如果 H_0 显著，则 X 和 Y 之间没有线性关系。

7.2 使用模拟数据计算变量之间的相关系数

（1）导入包。

```
import numpy as np
import statsmodels.tsa.stattools as sts
import matplotlib.pyplot as plt
import pandas as pd
import seaborn as sns
import statsmodels.api as sm
```

（2）生成随机变量并绘制图形。

```
X = np.random.randn(1000)
Y = np.random.randn(1000)
plt.scatter(X,Y)
plt.show()
print("correlation of X and Y is ")
np.corrcoef(X,Y)[0,1]
```

运行后可以得到如下计算结果和图 7-1 所示的图形。

```
correlation of X and Y is
0.010505052938688659
```

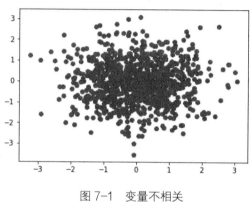

图 7-1　变量不相关

可以看出，随机变量几乎不相关。

（3）使用生成的相关序列，并加入正态分布的噪声。

```
X = np.random.randn(1000)
Y = X + np.random.normal(0,0.1,1000)

plt.scatter(X,Y)
plt.show()
print("correlation of X and Y is ")
np.corrcoef(X,Y)[0,1]
```

运行后可以得到如下计算结果和图 7-2 所示的图形。

```
correlation of X and Y is
0.9946075329656785
```

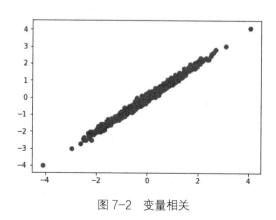

图 7-2　变量相关

7.3 使用本地数据计算变量之间的相关系数

例 7-1：在研究广告费和销售额之间的关系时，我们搜集了某厂 1 月到 12 月的广告费和销售额数据，如表 7-1 所示，试分析广告费和销售额之间的相关关系。

表 7-1 广告费和销售额数据 （单位：万元）

月份	广告费	销售额
1	35	50
2	50	100
3	56	120
4	68	180
5	70	175
6	100	203
7	130	230
8	180	300
9	200	310
10	230	325
11	240	330
12	250	340

在目录 F:/2glkx/data 下建立 al7-1.xls 数据文件后，读取数据的命令如下。

```
import pandas as pd
import numpy as np
#读取数据并创建数据表，名称为 data
data=pd.DataFrame(pd.read_excel('F:/2glkx/data/al7-1.xls'))
#查看数据表前 5 行的内容
data.head()
   time  adv  sale
0    1   35    50
1    2   50   100
2    3   56   120
3    4   68   180
4    5   70   175
#读取 adv 和 sale 数据
x = np.array(data[['adv']])
y = np.array(data[['sale']])
import scipy.stats.stats as stats
r=stats.pearsonr(x,y)[0]
print r
[ 0.96368169]
```

通过观察上面的结果，可以看到变量两两之间的相关系数，adv 和 sale 之间的相关系数为 0.96368169。也就是说，本例中变量之间的相关性很高。

7.4 使用网上数据计算变量之间的相关系数

下面探索两只股票的相关关系。在金融市场上，对价格的分析较少，而对收益率的关注较多，所以相关性也是从收益率的角度来分析。

```
#本程序需在 Bigquant 平台中运行
#计算两只股票的日收益率
#中国铁建数据
Stock1 = D.history_data(["601186.SHA"],start_date='2016-12-01',end_date='2017-
05-01',fields = ['close'])['close'].pct_change()[1:]
#中国中铁数据
Stock2 = D.history_data(["601390.SHA"],start_date='2016-12-01',end_date='2017-
05-01',fields = ['close'])['close'].pct_change()[1:]
plt.scatter(Stock1,Stock2)
plt.xlabel("601186.SHA daily return")
plt.ylabel("601390.SHA daily return")
plt.show()
print("the corrlation for two stocks is: ")
Stock2.corr(Stock1)
```

运行后可以得到如下计算结果和图 7-3 所示的图形。

```
the corrlation for two stocks is:
0.85911029840323649
```

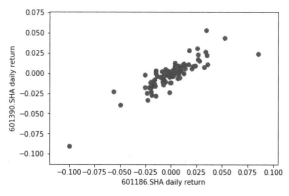

图 7-3　601390 与 601186 相关

可见两者的相关性较大。

相关关系的计算离不开时间窗口，通过时间窗口我们能看出相关性随时间的变动情况。

```
Stock1 = D.history_data(["601186.SHA"],start_date='2010-01-01',end_date='2017-
05-01',fields = ['close'])['close'].pct_change()[1:]
Stock2 = D.history_data(["601390.SHA"],start_date='2010-01-01',end_date='2017-
05-01',fields = ['close'])['close'].pct_change()[1:]
#借助 Pandas 包计算滚动相关系数
rolling_corr = pd.rolling_corr(Stock1,Stock2,60)
rolling_corr.index = D.trading_days(start_date='2010-01-01',end_date='2017-05-
01').date[1:]
plt.plot(rolling_corr)
plt.xlabel('Day')
plt.ylabel('60-day Rolling Correlation')
plt.show()
```

运行后得到图 7-4 所示的图形。

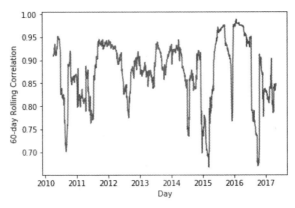

图 7-4 滚动相关

但是对于成百上千只股票，怎样才能找到高度相关的股票对呢？

```
#我们以 10 只股票举例
instruments = D.instruments()[:10]
Stock_matrix = D.history_data(instruments,start_date='2016-01-01',end_date='2016-
09-01',fields=['close'])
#不用收盘价数据，而是用收益率数据
#通过 pivot_table 函数将 Stock_matrix 整理成一个以股票日收益率为列的 df
Stock_matrix = pd.pivot_table(Stock_matrix,values='close',index=['date'],columns=
['instrument']).apply(lambda x:x.pct_change())
Stock_matrix.head()
```

instrument date	000001.SZA	000002.SZA	000004.SZA	000005.SZA	000006.SZA	000007.SZA	000008.SZA	000009.SZA	000010.SZA	000011.SZA
2016-01-04	NaN	NaN	NaN	NaN	NaN	NaN	NaN	NaN	NaN	NaN
2016-01-05	0.006178	0.0	-0.063665	-0.015487	-0.032755	0.0	0.018850	-0.047030	-0.056044	-0.042081
2016-01-06	0.011404	0.0	0.012926	0.031461	0.025897	0.0	0.013876	0.036364	0.040745	0.022364
2016-01-07	-0.051171	0.0	-0.100051	-0.099129	-0.100000	0.0	-0.088504	-0.100251	-0.099553	-0.100000
2016-01-08	0.016453	0.0	0.006239	0.003628	0.009709	0.0	-0.002002	0.009749	0.001242	0.006944

```
#相关系数矩阵
Stock_matrix.corr()
```

instrument instrument	000001.SZA	000002.SZA	000004.SZA	000005.SZA	000006.SZA	000007.SZA	000008.SZA	000009.SZA	000010.SZA	000011.SZA
000001.SZA	1.000000	0.018993	0.595322	0.600269	0.622749	0.027863	0.531736	0.657898	0.591505	0.458707
000002.SZA	0.018993	1.000000	0.000170	0.050937	0.138133	0.169131	0.026653	0.018328	0.054138	0.072238
000004.SZA	0.595322	0.000170	1.000000	0.597882	0.659429	-0.000203	0.528496	0.621535	0.642140	0.544813
000005.SZA	0.600269	0.050937	0.597882	1.000000	0.665327	0.060434	0.590306	0.681779	0.665582	0.568800
000006.SZA	0.622749	0.138133	0.659429	0.665327	1.000000	0.055961	0.507439	0.681861	0.670731	0.777092
000007.SZA	0.027863	0.169131	-0.000203	0.060434	0.055961	1.000000	0.054658	0.043501	0.032836	0.002523
000008.SZA	0.531736	0.026653	0.528496	0.590306	0.507439	0.054658	1.000000	0.554532	0.562442	0.421347
000009.SZA	0.657898	0.018328	0.621535	0.681779	0.681861	0.043501	0.554532	1.000000	0.672703	0.523347
000010.SZA	0.591505	0.054138	0.642140	0.665582	0.670731	0.032836	0.562442	0.672703	1.000000	0.591624
000011.SZA	0.458707	0.072238	0.544813	0.568800	0.777092	0.002523	0.421347	0.523347	0.591624	1.000000

7.5 通过相关系数热力图观察股票相关性

```
#绘制相关系数热力图
mask = np.zeros_like(Stock_matrix.corr(), dtype=np.bool)
mask[np.triu_indices_from(mask)] = True
cmap = sns.diverging_palette(220, 10, as_cmap=True)
sns.heatmap(Stock_matrix.corr(), mask=mask, cmap=cmap)
plt.show()
```

运行后得到图 7-5 所示的图形。

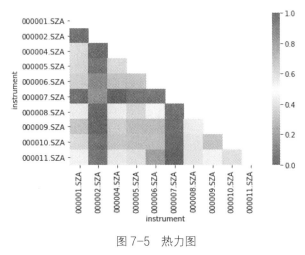

图 7-5 热力图

练 习 题

1. 把本章例题中的数据，使用 Python 重新操作一遍，并理解命令结果的相关系数的意义。

2. 以表 7-2 数据为例，检验某地能源消耗量与工业总产值之间的线性相关性是否显著（$\alpha = 0.05$）。

表 7-2 　　　　　　　　　　某地能源消耗量与工业总产值的相关数据

能源消耗量 （单位：十万吨）	工业总产值 （单位：亿元）	能源消耗量 （单位：十万吨）	工业总产值 （单位：亿元）
35	24	62	41
38	25	64	40
40	24	65	47
42	28	68	50
49	32	69	49
52	31	71	51
54	37	72	48
59	40	76	58

第 8 章 Python 一元线性回归分析

一元线性回归分析也称简单线性回归分析，是较为简单和基本的一种回归分析方法。一元线性回归分析只涉及一个自变量，它主要用来处理一个因变量与一个自变量之间的线性关系，建立变量之间的线性模型并根据模型进行评价和预测。

8.1 一元线性回归分析基本理论

1. 一元线性回归分析模型

一元线性回归分析模型如下。

$$Y_i = b_0 + b_1 X_i + \varepsilon_i \quad (X \text{ 为自变量，} Y \text{ 为因变量，} \varepsilon \text{ 为残差项或误差项})$$

给定若干的样本点（X_i, Y_i），利用最小二乘法可以找到这样一条直线，它的截距为 $\hat{b}_0$，斜率为 $\hat{b}_1$，符号上面的帽子"^"表示"估计值"。因此我们得到如下回归结果。

$$\hat{Y}_i = \hat{b}_0 + \hat{b}_1 X_i$$

截距的含义是当 $X = 0$ 时，Y 的值。斜率的含义是如果 X 增加 1 个单位，Y 能增加几个单位。

回归的目的是预测因变量 Y，已知截距和斜率的估计值，如果得到了自变量 X 的预测值，就很容易求得因变量 Y 的预测值。

例 8-1：某公司的分析师根据历史数据，做了公司销售额增长率关于 GDP 增长率的线性回归分析，得到截距为-3.2%，斜率为 2。国家统计局预测今年 GDP 增长率为 9%，问该公司今年销售额增长率预计为多少？

解：$Y = -3.2\% + 2X = -3.2\% + 2 \times 9\% = 14.8\%$。

2. 一元线性回归的假设

任何模型都有假设的前提，一元线性回归模型有以下 6 条假设前提。

（1）自变量 X 和因变量 Y 之间存在线性关系。

（2）残差项的期望值为 0。残差等于真实的 Y 值与预测的 Y 值之间的差，即预测的误差。期望值为 0 即有些点在回归直线的上方，有些点在回归直线的下方，并且均匀围绕回归直线，这也符合常理推断。

（3）自变量 X 与残差项不相关。残差项本身就是 Y 的变动中不能被 X 的变动所解释的部分。

（4）残差项的方差为常数，称为"同方差性"。如果残差项的方差不恒定，称为"异方差性"。

（5）残差项与残差项之间不相关。如果残差项与残差项之间相关，称为"自相关"或"序列相关"。

（6）残差项为正态分布的随机变量。

3．方差分析

做完了一个一元线性回归模型之后，我们通常想要知道回归模型做得好不好。方差分析可以用来评价回归模型的好坏。方差分析的结果通常是一张表，如表 8-1 所示。

表 8-1　　　　　　　　　　　　　　　　方差分析

	自由度	平方和	均方和 MS
回归	$k=1$	回归平方和 RSS	回归均方和 $MSR=RSS/k$
误差	$n-2$	误差平方和 SSE	误差均方和 $MSE=SSE/(n-2)$
总和	$n-1$	总平方和 SST	

我们可以从方差分析表里求得决定系数和估计的标准误差，用来评价回归模型的好坏。

回归的自由度为 k，k 为自变量的个数。我们在进行一元线性回归分析，所以自变量的个数为 1。误差的自由度为 $n-2$，n 是样本量。总自由度为以上两个自由度之和。

总平方和代表总的变动，回归平方和代表可以被回归方程解释（即可以被自变量解释）的变动，误差平方和代表不被回归方程解释（即被残差解释）的变动。总平方和为以上两个平方和之和，公式如下。

$$SST = RSS + SSE$$

均方和等于各自的平方和除以各自的自由度。

几乎所有的统计软件都能输出方差分析表。有了方差分析表，很容易就能求得决定系数和估计的标准误差。

4．决定系数

决定系数等于回归平方和除以总平方和，公式如下。

$$R^2 = \frac{RSS}{SST} = 1 - \frac{SSE}{SST}$$

决定系数的含义是 X 的变动可以解释多少比例的 Y 的变动。如决定系数为 0.7 的含义是 X 的变动可以解释 70%的 Y 的变动。

注：用 X 来解释 Y 的变动。

通俗地说，$R^2 = \dfrac{可以被解释的变动}{总的变动} = 1 - \dfrac{不可以被解释的变动}{总的变动}$，显然，决定系数越大，表示回归模型越好。另外，对于一元线性回归来说，决定系数还等于自变量和因变量的样本相关系数的平方，即 $R^2 = r^2$。

5．估计的标准误差

估计的标准误差 SEE 等于残差均方和的平方根，公式如下。

$$SEE = \sqrt{SSE/(n-2)} = \sqrt{MSE}$$

SSE 是残差的平方和，MSE 就相当于残差的方差，而 SEE 就相当于残差的标准差。显然，估计的标准误差越小，表示回归模型越好。

例 8-2：我们做了一个一元线性回归模型，得到表 8-2 所示的方差分析表。

表 8-2　　　　　　　　　　　　　　　　　　方差分析

	自由度	平方和	均方和
回归	1	8000	8000
误差	50	2000	40
总和	51	10000	

求决定系数和估计的标准误差分别为多少？

解：决定系数为 0.8，估计的标准误差为 6.32。

6．回归系数的假设检验

回归系数的假设检验是指检验回归系数（截距和斜率）是否等于某个常数。通常要检验斜率系数是否等于 0（$H_0: b_1 = 0$），这称为斜率系数的"显著性检验"。如果不能拒绝原假设，即斜率系数没有显著不等于 0，那就说明自变量 X 和因变量 Y 的线性相关性不大，回归是失败的。

这是一个 t 检验，t 统计量自由度为 $n-2$，计算公式如下。

$$t = \frac{\hat{b}_1}{s_{\hat{b}_1}}$$

其中 $s_{\hat{b}_1}$ 为斜率系数的标准误差。

例 8-3：我们做了一个一元线性回归模型，得到 $Y = 0.2 + 1.4X$。截距系数的标准误差为 0.4，斜率系数的标准误差为 0.2，试说明截距和斜率系数的显著性检验结果如何（设显著性水平为 5%）？

解：（1）截距系数的显著性检验。计算 t 统计量 $t = 0.2/0.4 = 0.5 < 2$（t 检验的临界点），因此不能拒绝原假设，即认为截距系数没有显著不等于 0。

（2）斜率系数的显著性检验。计算 t 统计量 $t = 1.4/0.2 = 7 > 2$（t 检验的临界点），因此拒绝原假设，即认为斜率系数显著不等于 0。这说明回归模型做得不错。

7．回归系数的置信区间

置信区间估计与假设检验本质上是一样的，一般公式如下。

$$点估计 \pm 关键值 \times 点估计的标准差$$

回归系数的置信区间也是这样的。斜率系数的置信区间公式如下。

$$\hat{b}_1 \pm t_c s_{\hat{b}_1}$$

其中 t_c 是自由度为 $n-2$ 的 t 关键值。

例 8-4：我们做了一个线性回归模型，得到 $Y=0.2+1.4X$。截距系数的标准误差为 0.4，斜率系数的标准误差为 0.2，求截距和斜率系数的置信度为 95% 的置信区间。

解：假设 n 充分大，5% 的显著性水平的 t 关键值一般近似为 2，所以我们得到截距系数的置信区间为 $0.2\pm2\times0.4$，即 $[-0.6,1.0]$。

0 包含在置信区间中，所以我们认为截距系数没有显著不等于 0。

斜率系数的置信区间为 $1.4\pm2\times0.2$，即 $[1.0,1.8]$。

0 没有包含在置信区间中，所以认为斜率系数显著不等于 0。

8.2　应用 Python 的 Statsmodels 工具进行一元线性回归分析

例 8-5：某公司为研究销售人员数量对新产品销售额的影响，从其下属多家公司中随机抽取了 10 个子公司，这 10 个子公司当年新产品销售额和销售人员数量统计数据如表 8-3 所示。试用一元线性回归分析方法研究销售人员数量对新产品销售额的影响。

表 8-3　　　　　　　　　　　新产品销售额和销售人员数量统计数据

公司	新产品销售额（单位：万元）	销售人员数量
1	385	17
2	251	10
3	701	44
4	479	30
5	433	22
6	411	15
7	355	11
8	217	5
9	581	31
10	653	36

在目录 F:\2glkx\data 下建立 al8-1.xls 数据文件后，读取数据的命令如下。

```
import pandas as pd
import numpy as np
#读取数据并创建数据表，名称为 data
data=pd.DataFrame(pd.read_excel('F:/2glkx/data/al8-1.xls'))
data.head()
 dq  xse  rs
0  1  385  17
1  2  251  10
2  3  701  44
3  4  479  30
4  5  433  22
```

1．对数据进行描述性分析

输入如下命令。

```
data.describe()
#此命令的含义是对销售额 xse、人数 rs 等变量进行描述性统计分析。
```

输入上述命令后，按回车键，得到如下的分析结果。

	dq	xse	rs
count	10.00000	10.000000	10.000000
mean	5.50000	446.600000	22.100000
std	3.02765	160.224287	12.705642
min	1.00000	217.000000	5.000000
25%	3.25000	362.500000	12.000000
50%	5.50000	422.000000	19.500000
75%	7.75000	555.500000	30.750000
max	10.00000	701.000000	44.000000

通过观察上面的结果，可以得到很多信息，包括 2 个计数、2 个平均值、2 个标准差、2 个最小值、2 个第一百分位数、2 个第二百分位数、2 个第三百分位数、2 个最大值等。

更多信息描述如下。

（1）最小值（Min）。变量 *xse* 的最小值是 217.0。变量 *rs* 的最小值是 5.00。

（2）百分位数。可以看出变量 *xse* 的第一个百分位数（25%）是 362.50。第三个百分位数（75%）是 555.50。变量 *rs* 的第一个百分位数（25%）是 12.00，第三个百分位数（75%）是 30.75。

（3）平均值（Mean）。变量 *xse* 的平均值的数据值是 446.60。变量 *rs* 的平均值是 22.10。

（4）最大值（Max）。变量 *xse* 最大值是 701.00。变量 *rs* 的最大值是 44.00。

2．对数据进行相关分析

输入如下命令。

```
x = np.array(data[['rs']])
y = np.array(data[['xse']])
import scipy.stats.stats as stats
r=stats.pearsonr(x,y)[0]
#本命令的含义是对新产品销售额、销售人员人数等变量进行相关性分析
print r
```
输入上述命令后，按回车键，得到如下的分析结果。
```
[ 0.96990621]
```
通过观察上面的结果，可以看出销售额 *xse* 和人数 *rs* 之间的相关系数为 0.96990621，这说明两个变量之间存在很强的正相关关系，所以可以做回归分析。

除了上面介绍的通过数组进行相关分析外，还可通过如下的数据框来进行相关分析，代码如下。

```
data.corr()
```
得到如下结果。

	dq	xse	rs
dq	1.000000	0.218510	0.085207
xse	0.218510	1.000000	0.969906
rs	0.085207	0.969906	1.000000

可见，*xse* 与 *rs* 的相关系数是 0.969906，它们之间高度相关，因此可进一步做回归分析。

3．一元线性回归分析的 Python 的 Statsmodels 工具应用

一元线性回归分析的 Python 的 Statsmodels 工具应用程序代码如下。

```
import statsmodels.api as sm
import pandas as pd
import numpy as np
#读取数据并创建数据表，名称为data
data=pd.DataFrame(pd.read_excel('F:/2glkx/data/al8-1.xls '))
data.head()
   dq  xse  rs
0  1  385  17
1  2  251  10
2  3  701  44
3  4  479  30
4  5  433  22
x = np.array(data[['rs']])
y = np.array(data[['xse']])
#model matrix with intercept
X = sm.add_constant(x)
#least squares fit
model = sm.OLS(y, X)
fit = model.fit()
print (fit.summary())
```

得到如下结果。

```
                            OLS Regression Results
==============================================================================
Dep. Variable:                      y   R-squared:                       0.941
Model:                            OLS   Adj. R-squared:                  0.933
Method:                 Least Squares   F-statistic:                     126.9
Date:                Mon, 05 Aug 2019   Prob (F-statistic):           3.46e-06
Time:                        08:13:27   Log-Likelihood:                -50.301
No. Observations:                  10   AIC:                             104.6
Df Residuals:                       8   BIC:                             105.2
Df Model:                           1
Covariance Type:            nonrobust
==============================================================================
                 coef    std err          t      P>|t|      [0.025      0.975]
------------------------------------------------------------------------------
const        176.2952     27.327      6.451      0.000     113.279     239.311
x1            12.2310      1.086     11.267      0.000       9.728      14.734
==============================================================================
Omnibus:                        0.718   Durbin-Watson:                   1.407
Prob(Omnibus):                  0.698   Jarque-Bera (JB):                0.588
Skew:                          -0.198   Prob(JB):                        0.745
Kurtosis:                       1.879   Cond. No.                         52.6
==============================================================================
```

通过观察上面的结果，可以看出模型的 F 值为 126.9，P 值为 0，说明该模型整体上是非常显著的。模型的决定系数 R-squared 为 0.941，修正的决定系数 Adjusted R-squared=0.933，说明模型的解释能力是很强的。

模型的回归方程如下。

$$xse = 12.2310 \times rs + 176.2952$$

变量 rs 的系数标准误差是 1.086，t 值为 11.267，P 值为 0.000，系数是非常显著的。常数项的系数标准误差是 27.327，*t* 值为 6.451，*P* 值为 0.000，系数是非常显著的。

运行如下代码，得到一元线性回归的图形如图 8-1 所示。

```
#画线性回归图
pylab.scatter(x, y)
pylab.plot(x, fit.fittedvalues)
```

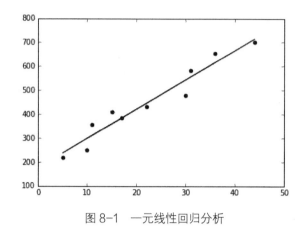

图 8-1　一元线性回归分析

8.3　应用 Python 的 Scikit-Learn 工具进行一元线性回归分析

下面应用 Scikit-Learn 工具做一元回归分析，输入如下命令。

```
from sklearn import linear_model
x = np.array(data[['rs']])
y = np.array(data[['xse']])
clf = linear_model.LinearRegression()
clf.fit (x,y)
clf.coef_
Out[5]: array([[ 12.2309863]])
clf.intercept_
Out[6]: array([ 176.2952027])
clf.score(x,y)
Out[7]: 0.9407180505879883
```

可见模型的可决系数为 0.9407180505879883，说明模型的解释能力是很强的。模型的回归方程如下。

$$xse = 12.231 \times rs + 176.295$$

若求 *rs*=40 时相应的 *xse* 预测值，代码如下。

```
#输入自变量人数预测因变量
clf.predict(40)
Out[8]: array([[ 665.53465483]])
```

练　习　题

1. 把本章例题中的数据，使用 Python 重新操作一遍。

2．现代投资分析的特征线涉及回归方程 $r_t = \beta_0 + \beta_1 r_{mt} + u_t$。其中 r_t 表示股票或债券的收益率，r_{mt} 表示有价证券的收益率（用市场指数表示，如标准普尔 500 指数），t 表示时间。在投资分析中，β 被称为债券的"安全系数"，是用来度量市场的风险程度的，即市场的发展对公司的财产有何影响。依据 1956—1976 年间 240 个月的数据，福格勒（Fogler）和甘佩西（Ganpathy）得到 IBM 股票的回归方程，市场指数是在芝加哥大学建立的市场有价证券指数。

$$\hat{r}_t = 0.7264 + 1.0598 r_{mt} \qquad r^2 = 0.4710$$
$$(0.3001)\ (0.0728)$$

要求：（1）解释回归参数的意义。

（2）解释 r^2。

（3）安全系数 $\beta > 1$ 的证券称为"不稳定证券"，建立适当的原假设及备择假设，并用 t 检验进行检验（$\alpha = 5\%$）。

3．在研究广告费和销售额之间的关系时，我们搜集了某厂 1 月到 12 月各月广告费和销售额数据，如表 8-4 所示。试分析广告费和销售额之间的相关关系。

表 8-4　　　　　　　　　广告费和销售额数据　　　　　　　　（单位：万元）

月份	广告费	销售额
1	35	50
2	50	100
3	56	120
4	68	180
5	70	175
6	100	203
7	130	230
8	180	300
9	200	310
10	230	325
11	240	330
12	250	340

4．10 家饭店的季度销售额和学生人数数据如表 8-5 所示。

表 8-5　　　　　　　10 家饭店的季度销售额和学生人数数据

序号	销售额 Y_i（单位：千元）	学生数 X_i（单位：千个）
1	58	2
2	105	6
3	88	8
4	118	8
5	117	12
6	137	16
7	157	20

序号	销售额 Y_i （单位：千元）	学生数 X_i （单位：千个）
8	169	20
9	149	22
10	202	26

5．某公司为研究销售人员数量对新产品销售额的影响，从其下属多家公司中随机抽取 10 个子公司，这 10 个子公司当年新产品销售额和销售人员数量统计数据如表 8-6 所示。试用一元线性回归分析方法研究销售人员数量对新产品销售额的影响。

表 8-6 　　　　　　　　　　新产品销售额和销售人员数量统计数据

地区	新产品销售额（单位：万元）	销售人员数量
1	385	17
2	251	10
3	701	44
4	479	30
5	433	22
6	411	15
7	355	11
8	217	5
9	581	31
10	653	36

第 9 章 Python 多元线性回归分析

9.1 多元线性回归分析基本理论

多元线性回归分析也叫作多重线性回归分析，是较为常用的回归分析方法。多元线性回归分析涉及多个自变量，它用来处理一个因变量与多个自变量之间的线性关系，建立变量之间的线性模型并根据模型进行评价和预测。

1. 多元线性回归模型

多元线性回归就是用多个自变量来解释因变量。多元线性回归模型如下。

$$Y_i = b_0 + b_1 X_{1i} + b_2 X_{2i} + \cdots + b_k X_{ki} + \varepsilon_i$$

利用最小二乘法可以找到一条满足如下条件的直线。

$$\hat{Y}_i = \hat{b}_0 + \hat{b}_1 X_1 + \hat{b}_2 X_2 + \cdots + \hat{b}_k X_k$$

如果得到 $\hat{b}_0$ 和多个 $\hat{b}_j$（$j = 1, \cdots, k$）以及所有自变量 X_j（$j = 1, \cdots, k$）的预测值，就可求得因变量 $\hat{Y}_i$ 的值。

例 9-1：某公司的分析师根据历史数据，做了公司销售额增长率关于 GDP 增长率和公司销售人员增长率的线性回归分析，得到截距为-3.2%，关于 GDP 增长率的斜率为 2，关于公司销售人员增长率的斜率为 1.2，国家统计局预测今年 GDP 增长率为 9%，公司销售部门预计公司销售人员今年将减少 20%。问该公司今年销售额增长率预计为多少？

解：$Y=-3.2\%+2X_1+1.2X_2=-3.2\%+2\times9\%+1.2\times(-20\%)=14.8\%$

2. 方差分析

与一元线性回归类似，多元线性回归的方差分析如表 9-1 所示。

表 9-1 方差分析

	自由度	平方和	均方和 MS
回归	k	回归平方和 RSS	回归均方和 $MSR=RSS/k$
误差	$n-k-1$	误差平方和 SSE	误差均方和 $MSE=SSE/(n-k-1)$
总和	$n-1$	总平方和 SST	

我们可以根据表中数据求得决定系数和估计的标准误差，用来评价回归模型的好坏。回归的自由度为 k，k 为自变量的个数。误差的自由度为 $n-k-1$，n 是样本量。总自由度为以上两个自由度之和。总平方和 SST 等于回归平方和与误差平方和之和，即 $SST=RSS+SSE$。均方和等于各自的平方和除以各自的自由度，如表 9-1 所示。

有了上面的方差分析表，很容易就能求得决定系数和估计的标准误差，以判断回归模型的好坏。

3．决定系数

决定系数等于回归平方和除以总平方和，公式如下。

$$R^2 = \frac{RSS}{SST} = 1 - \frac{SSE}{SST}$$

和一元线性回归一样，多元线性回归的决定系数的含义仍然是所有自变量 X 的变动可以解释多少比例的 Y 的变动。决定系数越大，表示回归模型越好。但是对于多元线性回归，随着自变量个数 k 的增加，决定系数总是变大，无论新增的自变量是否对因变量有解释作用。因此，我们就要调整决定系数。

$$\overline{R}^2 = 1 - \frac{n-1}{n-k-1}(1-R^2)$$

调整后的决定系数不一定随着自变量个数 k 的增加而增大，因此调整后的决定系数能有效地比较不同自变量个数的回归模型的优劣。

关于调整后的决定系数，还要注意以下两点。

（1）调整后的决定系数总是小于等于未调整的决定系数。

（2）调整后的决定系数有可能小于 0。

4．估计的标准误差

估计的标准误差 SEE 等于残差均方和的平方根，公式如下。

$$SEE = \sqrt{SSE/(n-k-1)} = \sqrt{MSE}$$

显然，估计的标准误差越小，表示回归模型越好。

5．回归系数的 t 检验和置信区间

与一元线性回归类似，回归系数的 t 检验是指检验回归系数是否等于某个常数。通常要检验斜率系数是否等于 0（$H_0: b_j = 0$），这称为斜率系数的"显著性检验"。如果不能拒绝原假设，即斜率系数没有显著不等于 0，那就说明自变量 X_j 和因变量 Y 的线性相关性不大，回归是失败的。

这是一个 t 检验，t 统计量自由度为 $n-k-1$，计算公式为 $t = \hat{b}_j/s_{\hat{b}_j}$，其中 $s_{\hat{b}_j}$ 为斜率系数的标准误差。

斜率系数的置信区间为 $\hat{b}_j \pm t_c s_{\hat{b}_j}$，其中，$t_c$ 是自由度为 $n-k-1$ 的 t 关键值。

例 9-2：我们做了一个二元线性回归模型，得到的结果如表 9-2 所示。

表 9-2		变量系数表	
变量	系数	统计量
b_0	0.5	1.28
b_1	1.2	2.4
b_2	−0.3	0.92

求斜率系数 b_1 的置信度为 95% 的置信区间为多少？

解：由于统计量=2.4=$t = \dfrac{\hat{b}_1}{s_{\hat{b}_1}} = \dfrac{1.2}{s_{\hat{b}_1}}$，$s_{\hat{b}_1}$=1.2/2.4=0.5。

置信度为 95% 的置信区间为[1.2−2×0.5,1.2+2×0.5]=[0.2,2.2]。

由于 0 没有包含在置信区间中，所以斜率系数 b_1 显著不等于 0。

6. 回归系数的 F 检验

回归系数的 F 检验就用来检验斜率系数是否全部都等于 0。其原假设是所有斜率系数都等于 0，备择假设是至少有一个斜率系数不等于 0。

$$H_0 : b_1 = b_2 = \cdots = b_k = 0 \qquad H_\alpha : 至少有一个 b_j \neq 0$$

F 统计量的分子自由度和分母自由度分别为 k 和 $n-k-1$，统计量的计算公式如下。

$$F = \frac{MSR}{MSE} = \frac{RSS / k}{SSE /(n - k - 1)}$$

注：F 检验看上去是双尾检验，但请当作单尾检验来做，其拒绝区域只在分布的右边。

回归系数的 t 检验是对单个斜率系数的检验，而回归系数的 F 检验是对全部斜率系数的检验。如果没有拒绝原假设，说明所有的斜率系数都没有显著不等于 0，即所有自变量和因变量 Y 的线性相关性都不大，这说明回归模型做得不好。如果能够拒绝原假设，说明至少有一个斜率系数显著不等于 0，即至少有一个自变量可以解释 Y，这说明回归模型做得不错。

例 9-3：我们抽取了一个样本数量为 43 的样本，做了一个三元线性回归模型，得到 RSS=4500，SSE=1500，以显著性水平为 0.05 检验是否至少有一个斜率系数显著不等于 0。假设检验的结果如何？

解：$MSR=RSS/k$=4500/3=1500。

$MSE=SSE/(n-k-1)$=1500/(43−3−1)=38.4。

$F=MSR/MSE$=1500/38.4=39。

查 F 统计表得关键值为 2.84。

由于 2.84 <39，F 统计量落在拒绝域，因此要拒绝原假设。

所以至少有一个斜率系数显著不等于 0。

7. 虚拟变量

某些回归分析中，需要定性地使用自变量，称为"虚拟变量"。使用虚拟变量的目的是检验不同类别之间是否存在显著差异。

虚拟变量的取值为 0 或 1 这两类时，只需一个虚拟变量；如果取值为 n 类时，则需 $n-1$ 个虚拟变量。

如在研究工资水平与学历以及工作年限的关系时，我们以 Y 表示工资水平，以 X_1 表示学历，以 X_2 表示工作年限，同时引进虚拟变量 D，其取值如下。

$$D = \begin{cases} 1, & 男性 \\ 0, & 女性 \end{cases}$$

则可构造如下理论回归模型。

$$Y = \beta_0 + \beta_1 X_1 + \beta_2 X_2 + \beta_3 D + \varepsilon$$

而为了模拟某商品销售量的时间序列的季节影响，我们需要引入 4-1=3 个虚拟变量。

$$Q_1 = \begin{cases} 1, & 如果为第1季度 \\ 0, & 其他情况 \end{cases}; \quad Q_2 = \begin{cases} 1, & 如果为第2季度 \\ 0, & 其他情况 \end{cases}; \quad Q_3 = \begin{cases} 1, & 如果为第3季度 \\ 0, & 其他情况 \end{cases}$$

则可构造如下理论回归模型。

$$Y = \beta_0 + \beta_1 Q_1 + \beta_2 Q_2 + \beta_3 Q_3 + \varepsilon$$

9.2 Python 多元线性回归数据分析

例 9-4：为了检验美国电力行业是否存在规模经济，纳洛夫（Nerlove）在 1963 年搜集了 1955 年 145 家美国电力企业的总成本（TC）、产量（Q）、工资率（PL）、燃料价格（PF）及资本租赁价格（PK）的数据，如表 9-3 所示。试以总成本为因变量，以产量、工资率、燃料价格和资本租赁价格为自变量，利用多元线性回归分析方法研究它们之间的关系。

表 9-3 美国电力行业数据

编号	TC（单位：百万美元）	Q（单位：千瓦·时）	PL（单位：美元/千瓦·时）	PF（单位：美元/千瓦·时）	PK（单位：美元/千瓦·时）
1	0.082	2	2.09	17.9	183
2	0.661	3	2.05	35.1	174
3	0.99	4	2.05	35.1	171
4	0.315	4	1.83	32.2	166
5	0.197	5	2.12	28.6	233
6	0.098	9	2.12	28.6	195
...	...	...	...	...	...
143	73.05	11796	2.12	28.6	148
144	139.422	14359	2.31	33.5	212
145	119.939	16719	2.3	23.6	162

在目录 F:\2glkx\data 下建立 al9-1.xls 数据文件后，读取数据的命令如下。

```
import pandas as pd
import numpy as np
#读取数据并创建数据表，名称为data
data=pd.DataFrame(pd.read_excel('F:/2glkx/data/al9-1.xls '))
data.head()
#前 5 条记录数据
```

```
      TC   Q    PL     PF    PK
0  0.082   2  2.09   17.9   183
1  0.661   3  2.05   35.1   174
2  0.990   4  2.05   35.1   171
3  0.315   4  1.83   32.2   166
4  0.197   5  2.12   28.6   233
```

1. 对数据进行描述性分析

输入如下命令。

```
data.describe()
#此命令的含义是对总成本（TC）和产量（Q）、工资率（PL）、燃料价格（PF）、资本租赁价格（PK）等变
```
量进行描述性统计分析

输入上述命令后，按回车键，得到如下的分析结果。

```
              TC             Q          PL          PF          PK
count  145.000000    145.000000  145.000000  145.000000  145.000000
mean    12.976097   2133.082759    1.972069   26.176552  174.496552
std     19.794577   2931.942131    0.236807    7.876071   18.209477
min      0.082000      2.000000    1.450000   10.300000  138.000000
25%      2.382000    279.000000    1.760000   21.300000  162.000000
50%      6.754000   1109.000000    2.040000   26.900000  170.000000
75%     14.132000   2507.000000    2.190000   32.200000  183.000000
max    139.422000  16719.000000    2.320000   42.800000  233.000000
```

通过观察上面的结果，可以得到很多信息，包括 5 个计数、5 个平均值、5 个标准差、5 个最小值、5 个第一位百分位数、5 个第二位百分位数、5 个第三位百分位数、5 个最大值等。

（1）最小值（*Min*）。变量总成本（*TC*）最小值是 0.082。变量产量（*Q*）最小值是 2.000。变量工资率（*PL*）最小值是 1.450。燃料价格（*PF*）最小值是 10.300。资本租赁价格（*PK*）最小值是 138.000。

（2）百分位数。5 个变量的第一位百分位（25%）数分别是 2.382，279.00，1.760，21.300，162.000。第二位百分位是中位数。第三位百分位（75%）数分别是 14.132，2507.000，2.190，32.200，183.000。

（3）平均值（*Mean*）。5 个变量的平均值分别是 12.976，2133.083，1.972，26.177，174.497。

（4）最大值（*Max*）。5 个变量的最大值分别是 139.422，16719.000，2.320，42.800，233.000。

（5）标准差（*Std*）。5 个变量的标准差分别是 139.422，16719.000，2.320，42.800，233.000。

2. 用数组对数据做相关分析

```
y= np.array(data[['TC']])
x1= np.array(data[['Q']])
x2= np.array(data[['PL']])
x3= np.array(data[['PF']])
x4= np.array(data[['PK']])
import scipy.stats.stats as stats
r1=stats.pearsonr(x1,y)[0]
r2=stats.pearsonr(x2,y)[0]
r3=stats.pearsonr(x3,y)[0]
r4=stats.pearsonr(x4,y)[0]
print r1;print r2;print r3;print r4
```

输入上述命令后，按回车键，得到如下的分析结果。

```
[ 0.9525037]
[ 0.25133754]
[ 0.03393519]
[ 0.027202]
```

通过观察上面的结果，可以看出总成本（*TC*）和产量（*Q*）、工资率（*PL*）、燃料价格（*PF*）、资本租赁价格（*PK*）之间的相关系数分别为 0.9525037、0.25133754、0.03393519、0.027202，这说明总成本（*TC*）变量与其他变量之间存在相关关系，所以我们可以做回归分析。

3．用数据框对数据做相关分析

用数组对数据做相关分析显得不太方便，用数据框做相关分析就方便多了。代码如下。
```
data.corr()
```
得到如下结果。

```
          TC         Q        PL        PF        PK
TC  1.000000  0.952504  0.251338  0.033935  0.027202
Q   0.952504  1.000000  0.171450 -0.077349  0.002869
PL  0.251338  0.171450  1.000000  0.313703 -0.178145
PF  0.033935 -0.077349  0.313703  1.000000  0.125428
PK  0.027202  0.002869 -0.178145  0.125428  1.000000
```

从上可见，*TC* 与 *Q* 高度相关，而与其他的变量 *PL*、*PF*、*PK* 变量的相关性要弱一些，尤其是与 *PF* 的相关性最弱。

4．多元回归分析的 Python 的 Statsmodels 工具应用

多元回归分析的 Python 的 Statsmodels 工具应用程序代码如下。

```
import statsmodels.api as sm
import pandas as pd
import numpy as np
#读取数据并创建数据表，名称为 data
data=pd.DataFrame(pd.read_excel('F:/2glkx/data/al9-1.xls '))
data.head()
       TC   Q    PL     PF    PK
0   0.082   2  2.09   17.9   183
1   0.661   3  2.05   35.1   174
2   0.990   4  2.05   35.1   171
3   0.315   4  1.83   32.2   166
4   0.197   5  2.12   28.6   233
vars = ['TC','Q','PL','PF','PK']
df=data[vars]
#显示最后 5 条记录数据
print (df.tail())
          TC      Q    PL    PF   PK
140   44.894   9956  1.68  28.8  203
141   67.120  11477  2.24  26.5  151
142   73.050  11796  2.12  28.6  148
143  139.422  14359  2.31  33.5  212
144  119.939  16719  2.30  23.6  162
```

下面生成设计矩阵。由于要建立的模型是 $y = BX$，因此需要分别求得 y 和 X 矩阵，而

dmatrices 就是做这个的，命令如下。

```
from patsy import dmatrices
y,X=dmatrices('TC~Q+PL+PF+PK',data=data,return_type='dataframe')
print (y.head())
print (X.head())
```

得到如下数据。

```
     TC
0  0.082
1  0.661
2  0.990
3  0.315
4  0.197
   Intercept    Q    PL    PF     PK
0       1.0  2.0  2.09  17.9  183.0
1       1.0  3.0  2.05  35.1  174.0
2       1.0  4.0  2.05  35.1  171.0
3       1.0  4.0  1.83  32.2  166.0
4       1.0  5.0  2.12  28.6  233.0
```

下面用 OLS 做普通最小二乘，fit 函数用于对回归方程进行估计，summary 函数用于保存计算的结果。

```
import statsmodels.api as sm
model = sm.OLS(y, X)
fit = model.fit()
print (fit.summary())
```

得到如下结果。

```
                            OLS Regression Results
==============================================================================
Dep. Variable:                     TC   R-squared:                       0.923
Model:                            OLS   Adj. R-squared:                  0.921
Method:                 Least Squares   F-statistic:                     418.1
Date:                Mon, 05 Aug 2019   Prob (F-statistic):           9.26e-77
Time:                        08:21:50   Log-Likelihood:                -452.47
No. Observations:                 145   AIC:                             914.9
Df Residuals:                     140   BIC:                             929.8
Df Model:                           4
Covariance Type:            nonrobust
==============================================================================
                 coef    std err          t      P>|t|      [0.025      0.975]
------------------------------------------------------------------------------
Intercept    -22.2210      6.587     -3.373      0.001     -35.245      -9.197
Q              0.0064      0.000     39.258      0.000       0.006       0.007
PL             5.6552      2.176      2.598      0.010       1.352       9.958
PF             0.2078      0.064      3.242      0.001       0.081       0.335
PK             0.0284      0.027      1.073      0.285      -0.024       0.081
==============================================================================
Omnibus:                      135.057   Durbin-Watson:                   1.560
Prob(Omnibus):                  0.000   Jarque-Bera (JB):             4737.912
Skew:                           2.907   Prob(JB):                         0.00
Kurtosis:                      30.394   Cond. No.                     5.29e+04
==============================================================================
```

通过观察上面的分析结果，可以看出模型的 F 值为 418.11，p 值为 0.0000，说明模型整体上是非常显著的。模型的可决系数 R-squared 为 0.923，修正的可决系数 Adj R-squared 为 0.921，说明模型的解释能力是可以的。

模型的回归方程如下。

$$TC = 0.0064 \times Q + 5.6552 \times PL + 0.2078 \times PF + 0.0284 \times PK - 22.2210$$

变量 Q 的系数标准误差是 0.000，t 值为 39.258，p 值为 0.000，系数是非常显著的。变量 PL 系数标准误差是 2.176，t 值为 2.598，p 值为 0.010，系数是非常显著的。变量 PF 系数标准误差是 0.064，t 值为 3.242，p 值为 0.001，系数是非常显著的。变量 PK 数标准误差是 0.027，t 值为 1.073，p 值为 0.285，系数是非常不显著的。常数项的系数标准误差是 6.587，t 值为 −3.373，p 值为 0.001，系数是非常显著的。

综合上面的分析结果，可以看出美国电力企业的总成本（TC）受到产量（Q）、工资率（PL）、燃料价格（PF）、资本租赁价格（PK）的影响，美国电力行业存在规模经济。

注：上面的模型中，PK 的系数是不显著的。

从前面的相关分析也可以看到，TC 与 PK 的相关性很弱，只有 0.027202。下面把该变量剔除后重新进行回归分析，命令如下。

```
from patsy import dmatrices
y,X=dmatrices('TC~Q+PL+PF',data=df,return_type='dataframe')
import statsmodels.api as sm
model = sm.OLS(y, X)
fit = model.fit()
print (fit.summary())
```

输入上述命令后，按回车键，得到如下分析结果。

```
                            OLS Regression Results
==============================================================================
Dep. Variable:                     TC   R-squared:                       0.922
Model:                            OLS   Adj. R-squared:                  0.920
Method:                 Least Squares   F-statistic:                     556.5
Date:                Mon, 05 Aug 2019   Prob (F-statistic):           6.39e-78
Time:                        08:22:58   Log-Likelihood:                -453.06
No. Observations:                 145   AIC:                             914.1
Df Residuals:                     141   BIC:                             926.0
Df Model:                           3
Covariance Type:            nonrobust
==============================================================================
                 coef    std err          t      P>|t|      [0.025      0.975]
------------------------------------------------------------------------------
Intercept    -16.5443      3.928     -4.212      0.000     -24.309      -8.780
Q              0.0064      0.000     39.384      0.000       0.006       0.007
PL             5.0978      2.115      2.411      0.017       0.917       9.278
PF             0.2217      0.063      3.528      0.001       0.097       0.346
==============================================================================
Omnibus:                      142.387   Durbin-Watson:                   1.590
Prob(Omnibus):                  0.000   Jarque-Bera (JB):             5466.347
Skew:                           3.134   Prob(JB):                         0.00
Kurtosis:                      32.419   Cond. No.                     3.42e+04
==============================================================================
```

从上面分析结果可见，模型整体依旧是非常显著的。模型的可决系数以及修正的可决系数变化不大，说明模型的解释能力几乎没有变化。其他变量的系数（含常数项的系数）都非常显著，模型接近完美。可以把回归结果作为最终的回归模型方程。

$$TC = 0.0064 \times Q + 5.0978 \times PL + 0.2217 \times PF - 16.5443$$

9.3　用 Scikit-Learn 工具进行多元回归分析

1. 使用 Pandas 来读取数据

例 9-5：使用 Pandas 读取数据，进行如下多元回归分析。

Pandas 是一个用于数据探索、数据处理、数据分析的 Python 库。

```
import pandas as pd
data.head()
Out[35]:
      TV  radio  newspaper  sales
1  230.1   37.8       69.2   22.1
2   44.5   39.3       45.1   10.4
3   17.2   45.9       69.3    9.3
4  151.5   41.3       58.5   18.5
5  180.8   10.8       58.4   12.9
```

上面显示的结果类似一个电子表格，这个结构称为 Pandas 的数据帧（Data Frame）。

Pandas 包括两个主要数据结构：Series 和 DataFrame。

（1）Series 类似于一维数组，它由一组数据以及一组与之相关的数据标签（即索引）组成。

（2）DataFrame 是一个表格型的数据结构，它含有一组有序的列，每列可以是不同的值类型。DataFrame 既有行索引也有列索引，它可以被看作由 Series 组成的字典。

```
#显示最后 5 行
data.tail()
Out[36]:
       TV  Radio  Newspaper  Sales
196  38.2    3.7       13.8    7.6
197  94.2    4.9        8.1    9.7
198 177.0    9.3        6.4   12.8
199 283.6   42.0       66.2   25.5
200 232.1    8.6        8.7   13.4
#检查 DataFrame 的形状
data.shape
Out[37]: (200, 4)
```

特征如下。

TV 是对于一个给定市场中，单一产品用于电视上的广告费用（以千为单位）。

Radio 是用于广播媒体上投资的广告费用。

Newspaper 是用于报纸媒体的广告费用。

Sales 是指产品的销量。

在这个实例中，我们通过不同的广告投入，预测产品销量。因为响应变量是一个连续的值，所以这个问题是一个回归问题。数据集一共有 200 个观测值，每一组观测值对应一个市场的情况。

```
import seaborn as sns    #Seaborn 程序包需要先安装
#安装命令: pip install seaborn
sns.pairplot(data, x_vars=['TV','Radio','Newspaper'], y_vars='Sales', size=7,
aspect=0.8)
```

运行后得到图 9-1 所示的图形。

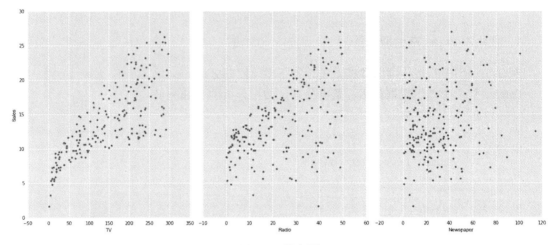

图 9-1　散点图

Seaborn 的 pairplot 函数绘制 X 的每一维度和对应 Y 的散点图。通过设置 size 和 aspect 参数来调节显示的大小和比例。从图中可以看出，TV 特征和销量是有比较强的线性关系的，而 Radio 特征和销量的线性关系弱一些，Newspaper 特征和销量的线性关系更弱。通过加入一个参数 kind='reg'，Seaborn 可以添加一条最佳拟合直线和 95%的置信区间。代码如下。

```
sns.pairplot(data, x_vars=['TV','Radio','Newspaper'], y_vars='Sales', size=7,
aspect=0.8, kind='reg')
```

运行后可以得到图 9-2 所示的图形。

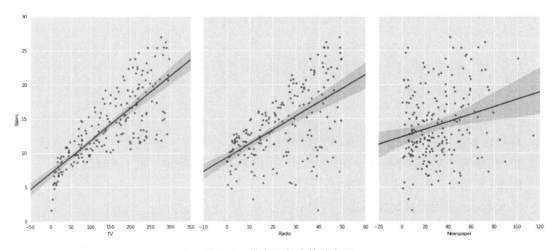

图 9-2　带有回归线的散点图

2. 线性回归模型

线性回归模型的优点是快速、没有调节参数、易解释、可理解。缺点是相比其他复杂一些的模型，其预测准确率不是太高。因为它假设特征和响应之间存在确定的线性关系，对于非线性的关系，线性回归模型显然不能很好地对这种数据建模。

线性模型表达式为 $y = \beta_0 + \beta_1 x_1 + \beta_2 x_2 + \cdots + \beta_n x_n$。

其中 y 是响应，β_0 是截距，β_1 是 x_1 的系数，依此类推。

在这个实例中 $y = \beta_0 + \beta_1 TV + \beta_2 Radio + \cdots + \beta_n Newspaper$。

（1）使用 Pandas 来构建 X 和 y。Scikit-Learn 要求 X 是一个特征矩阵，y 是一个 NumPy 向量。Pandas 构建在 NumPy 之上，因此，X 可以是 Pandas 的 DataFrame，y 可以是 Pandas 的 Series，Scikit-Learn 可以理解这种结构。

```
#创建一个特征名称的 Python 列表
feature_cols = ['TV', 'Radio', 'Newspaper']
#使用列表选择原始 DataFrame 的子集
X = data[feature_cols]
#在一行中执行此操作的等效命令
X = data[['TV', 'Radio', 'Newspaper']]

#打印前 5 行
X.head()
Out[41]:
      TV   Radio   Newspaper
1  230.1    37.8        69.2
2   44.5    39.3        45.1
3   17.2    45.9        69.3
4  151.5    41.3        58.5
5  180.8    10.8        58.4
#检查 X 的类型和形状
print type(X)
print X.shape
<class 'pandas.core.frame.DataFrame'>
(200, 3)
#从 DataFrame 中选择一个 Series
y = data['Sales']
#如果列名中没有空格，则执行下面同样效果的命令
y = data.Sales
#显示前 5 行的值
y.head()
Out[45]:
1    22.1
2    10.4
3     9.3
4    18.5
5    12.9
Name: Sales, dtype: float64
print type(y)
print y.shape
```

```
<class 'pandas.core.series.Series'>
(200,)
```

（2）构造训练集和测试集。

```
from sklearn.cross_validation import train_test_split
X_train, X_test, y_train, y_test = train_test_split(X, y, random_state=1)
#默认拆分为75%的数据样本用于训练模型，25%的数据样本用于测试
print X_train.shape
print y_train.shape
print X_test.shape
print y_test.shape
(150, 3)
(150,)
(50, 3)
(50,)
```

（3）线性回归分析的 Scikit-Learn 工具应用。

```
from sklearn.linear_model import LinearRegression
linreg = LinearRegression()
linreg.fit(X_train, y_train)
LinearRegression(copy_X=True, fit_intercept=True, n_jobs=1, normalize=False)
print linreg.intercept_
print linreg.coef_
2.87696662232
[ 0.04656457  0.17915812  0.00345046]
#将特征名称与系数配对
zip(feature_cols, linreg.coef_)
Out[49]:
[('TV', 0.046564567874150288),
 ('Radio', 0.17915812245088841),
 ('Newspaper', 0.0034504647111803788)]
```

因此回归直线方程如下。

y=2.88+0.0466TV+0.179Radio+0.00345Newspaper

如何解释各个特征对应的系数的意义？对于给定了 Radio 和 Newspaper 的广告投入，如果在 TV 广告上每多投入 1 个单位，对应销量将增加 0.0466 个单位。更明确一点说，加入其他两个媒体的投入固定，在 TV 广告上每增加 1000 美元（因为单位是 1000 美元），公司的销量将增加 46.6（因为单位是 1000）。

（4）预测。

```
y_pred = linreg.predict(X_test)
print y_pred
[ 21.70910292  16.41055243   7.60955058  17.80769552  18.6146359
  23.83573998  16.32488681  13.43225536   9.17173403  17.333853
  14.44479482   9.83511973  17.18797614  16.73086831  15.05529391
  15.61434433  12.42541574  17.17716376  11.08827566  18.00537501
   9.28438889  12.98458458   8.79950614  10.42382499  11.3846456
  14.98082512   9.78853268  19.39643187  18.18099936  17.12807566
  21.54670213  14.69809481  16.24641438  12.32114579  19.92422501
  15.32498602  13.88726522  10.03162255  20.93105915   7.44936831
   3.64695761   7.22020178   5.9962782   18.43381853   8.39408045
  14.08371047  15.02195699  20.35836418  20.57036347  19.60636679]
```

3．回归问题的评价测度

下面介绍 3 种常用的针对回归问题的评价测度。

```
#定义真实值和预测响应值
true = [100, 50, 30, 20]
pred = [90, 50, 50, 30]
```

（1）平均绝对误差（Mean Absolute Error, MAE）。

$$MAE = \frac{\sum |y_i - \hat{y}_i|}{n}$$

（2）均方误差（Mean Squared Error, MSE）。

$$MSE = \frac{\sum (y_i - \hat{y}_i)^2}{n}$$

（3）均方根误差（Root Mean Squared Error, RMSE）。

$$RMSE = \sqrt{\frac{\sum (y_i - \hat{y}_i)^2}{n}}$$

```
from sklearn import metrics
import numpy as np
#手工计算 MAE
print"MAE by hand:",(10 + 0 + 20 + 10)/4.
#使用 Scikit-Learn 计算 MAE
print "MAE:",metrics.mean_absolute_error(true, pred)
#手工计算 MSE
print "MSE by hand:",(10**2 + 0**2 + 20**2 + 10**2)/4.
#使用 Scikit-Learn 计算 MSE
print "MSE:",metrics.mean_squared_error(true, pred)
#手工计算 RMSE
print "RMSE by hand:",np.sqrt((10**2 + 0**2 + 20**2 + 10**2)/4.)
#使用 Scikit-Learn 计算 RSME
print "RMSE:",np.sqrt(metrics.mean_squared_error(true, pred))
```

得到如下结果。

```
MAE by hand: 10.0
MAE: 10.0
MSE by hand: 150.0
MSE: 150.0
RMSE by hand: 12.2474487139
RMSE: 12.2474487139
```

计算 Sales 预测的 RMSE。

```
print np.sqrt(metrics.mean_squared_error(y_test, y_pred))
1.40465142303
```

4．特征选择

在图 9-1 中，我们看到 Newspaper 特征和销量之间的线性关系比较弱，现在移除这个特征，看看线性回归预测的结果的 RMSE 如何。

```
feature_cols = ['TV', 'Radio']
```

```
X = data[feature_cols]
y = data.Sales
X_train, X_test, y_train, y_test = train_test_split(X, y, random_state=1)
linreg.fit(X_train, y_train)
y_pred = linreg.predict(X_test)
print np.sqrt(metrics.mean_squared_error(y_test, y_pred))
1.38790346994
```

将 Newspaper 这个特征移除之后，得到的 RMSE 变小了，说明 Newspaper 特征不适合作为预测销量的特征，这样可以得到新的模型。还可以通过不同的特征组合得到新的模型，看看最终的误差如何。

9.4　Python 稳健线性回归分析

例 9-6：以职业声望数据集为例，其中包括 income（收入）、education（教育）、prestige（声望），稳健线性回归分析如下。

准备工作如下。

```
from __future__ import print_function
from statsmodels.compat import lmap
import numpy as np
from scipy import stats
import matplotlib.pyplot as plt
import statsmodels.api as sm
from statsmodels.graphics.api import abline_plot
from statsmodels.formula.api import ols, rlm
#读取数据集
prestige = sm.datasets.get_rdataset("Duncan", "car", cache=True).data
#显示前 5 条
print(prestige.head(5))
```

```
            type   income   education   prestige
accountant  prof     62         86         82
pilot       prof     72         76         83
architect   prof     75         92         90
author      prof     55         90         76
chemist     prof     64         86         90
```

```
#稳健线性回归分析
rlm_model = rlm('prestige ~ income + education', prestige).fit()
print(rlm_model.summary())
```

结果如下。

```
                  Robust linear Model Regression Results
==============================================================================
Dep. Variable:             prestige   No. Observations:               45
Model:                          RLM   Df Residuals:                   42
Method:                        IRLS   Df Model:                        2
Norm:                        HuberT
Scale Est.:                     mad
Cov Type:                        H1
Date:              Fri, 28 Oct 2019
Time:                      16:24:51
```

```
No. Iterations:                    18
=================================================================
               coef    std err        z     P>|z|    [95.0% Conf. Int.]
-----------------------------------------------------------------
Intercept    -7.1107     3.879    -1.833    0.067    -14.713    0.492
income        0.7015     0.109     6.456    0.000      0.489    0.914
education     0.4854     0.089     5.441    0.000      0.311    0.660
```

9.5　Python 逻辑回归分析

1．相关理论

线性回归模型是定量分析中较常用的统计分析方法，但线性回归分析要求响应变量是连续型变量。在实际研究中，尤其是在社会、经济数据的统计分析中，经常要研究非连续型的响应变量，即分类响应变量。

在研究二元分类响应变量与诸多自变量间的相互关系时，常选用逻辑回归模型。将二元分类响应变量 Y 的一个结果记为"成功"，另一个结果记为"失败"，分别用 0 和 1 表示。对响应变量 Y 有影响的 p 个自变量（解释变量）记为 $X_1,\cdots,X_p$。在 m 个自变量的作用下出现"成功"的条件概率记为 $p(Y=1|X_1,\cdots,X_p)$，那么逻辑回归模型表示如下。

$$p = \frac{\exp(\beta_0 + \beta_1 x_1 + \cdots + \beta_p x_p)}{1 + \exp(\beta_0 + \beta_1 x_1 + \cdots + \beta_p x_p)} \qquad ①$$

β_0 称为"常熟项"，$\beta_1,\cdots,\beta_p$ 称为逻辑回归模型的"回归系数"。

从方程①可以看出，逻辑回归模型是一个非线性的回归模型，自变量 $x_j, j=1,\cdots,p$ 可以是连续变量，也可以是分类变量或哑变量。对自变量 x_j 任意取值 $\beta_0 + \beta_1 x_1 + \cdots + \beta_p x_p$，总落在 $(-\infty, \infty)$ 中，方程①的比值即 p 值，总在 0 到 1 之间变化，这就是逻辑回归模型的合理性所在。

对方程①做 logit 对数变换，逻辑回归模型可以写成下列线性形式。

$$\log it(p) = \ln\left(\frac{p}{1-p}\right) = \beta_0 + \beta_1 x_1 + \cdots + \beta_p x_p$$

这样就可以使用线性回归模型对参数 $\beta_j, j=1,\cdots,p$ 进行估计。

2．Python 应用

程序包的准备。
```
import numpy as np
import statsmodels.api as sm
```
程序包内含数据导入。
```
spector_data = sm.datasets.spector.load()
spector_data.exog = sm.add_constant(spector_data.exog, prepend=False)
```
数据展示。
```
print(spector_data.exog[:5,:])
[[  2.66 20.    0.    1.  ]
```

```
[ 2.89 22.    0.    1.  ]
[ 3.28 24.    0.    1.  ]
[ 2.92 12.    0.    1.  ]
[ 4.   21.    0.    1.  ]]
```
```
print(spector_data.endog[:5])
```
```
[ 0.  0.  0.  0.  1.]
```
逻辑回归分析代码如下。
```
logit_mod = sm.Logit(spector_data.endog, spector_data.exog)
logit_res = logit_mod.fit(disp=0)
print('Parameters: ', logit_res.params)
```
结果如下。
```
('Parameters: ', array([2.82611259, 0.09515766, 2.37868766, -13.02134686]))
```

9.6　Python 广义线性回归分析

1. 相关理论

逻辑回归模型属于广义线性模型的一种，它是通常的正态线性回归模型的推广，它要求响应变量只能通过线性形式依赖于解释变量。上述推广体现在两个方面。

（1）通过一个连续函数 $\varphi(E(Y)) = \beta_0 + \beta_1 x_1 + \cdots + \beta_p x_p$。

（2）通过一个误差函数，说明广义线性模型的最后一部分随机项。

表 9-4 给出了广义线性模型中常见的连续函数和误差函数。可见，若连续函数为恒等变换，误差函数为正态分布，则得到通常的正态线性模型。

表 9-4　　　　　　　　常见的连续函数和误差函数

变换	连续函数	回归模型	误差函数
恒等	$\varphi(x) = x$	$E(y) = X'\beta$	正态分布
logit 对数	$\varphi(x) = \mathrm{logit}(x)$	$\ln\mathrm{git}(E(y)) = X'\beta$	二项分布
ln 对数	$\varphi(x) = \ln(x)$	$\ln(E(y)) = X'\beta$	泊松分布
逆（倒数）	$\varphi(x) = 1/x$	$1/E(y) = X'\beta$	伽马分布

Python 的 Statsmodels 程序包提供了各种拟合和计算广义线性模型的函数。

正态分布拟合和计算调用格式如下。
```
import statsmodels.api as sm
gauss_log = sm.GLM(lny,X,family=sm.families.Gaussian())
res = gauss_log.fit()
print(res.summary())
```
二项分布拟合和计算调用格式如下。
```
import statsmodels.api as sm
glm_binom = sm.GLM(data.endog, data.exog, family=sm.families.Binomial())
res = glm_binom.fit()
print(res.summary())
```
泊松分布拟合和计算调用格式如下。
```
import statsmodels.api as sm
```

```
glm_poisson = sm.GLM(data.endog, data.exog, family=sm.families.Poisson())
res = glm_poisson.fit()
print(res.summary())
```

伽马分布拟合和计算调用格式如下。

```
import statsmodels.api as sm
glm_gamma = sm.GLM(data2.endog, data2.exog, family=sm.families.Gamma())
res = glm_gamma.fit()
print(res.summary())
```

下面以二项分布函数为例，来说明 Python 广义回归分析的应用。

2．Python 应用

程序包的准备，代码如下。

```
import numpy as np
import statsmodels.api as sm
from scipy import stats
from matplotlib import pyplot as plt
```

程序包内含数据导入，代码如下。

```
data = sm.datasets.star98.load()
data.exog = sm.add_constant(data.exog, prepend=False)
```

数据展示，代码如下。

```
print(spector_data.exog[:5,:])
[[ 452.   355.]
 [ 144.    40.]
 [ 337.   234.]
 [ 395.   178.]
 [   8.    57.]]
print(data.exog[:2,:])
[[ 3.43973000e+01  2.32993000e+01  1.42352800e+01  1.14111200e+01
   1.59183700e+01  1.47064600e+01  5.91573200e+01  4.44520700e+00
   2.17102500e+01  5.70327600e+01  0.00000000e+00  2.22222200e+01
   2.34102872e+02  9.41688110e+02  8.69994800e+02  9.65065600e+01
   2.53522420e+02  1.23819550e+03  1.38488985e+04  5.50403520e+03
   1.00000000e+00]
 [ 1.73650700e+01  2.93283800e+01  8.23489700e+00  9.31488400e+00
   1.36363600e+01  1.60832400e+01  5.95039700e+01  5.26759800e+00
   2.04427800e+01  6.46226400e+01  0.00000000e+00  0.00000000e+00
   2.19316851e+02  8.11417560e+02  9.57016600e+02  1.07684350e+02
   3.40406090e+02  1.32106640e+03  1.30502233e+04  6.95884680e+03
1.00000000e+00]]
```

二项分布函数的广义回归分析代码如下。

```
glm_binom = sm.GLM(data.endog, data.exog, family=sm.families.Binomial())
res = glm_binom.fit()
print(res.summary())
```

得到如下结果。

```
                 Generalized Linear Model Regression Results
==============================================================================
Dep. Variable:          ['y1', 'y2']   No. Observations:                  303
Model:                           GLM   Df Residuals:                      282
```

119

Model Family:		Binomial	Df Model:		20
Link Function:		logit	Scale:		1.0
Method:		IRLS	Log-Likelihood:		-2998.6
Date:	Tue, 21 Jun 2019		Deviance:		4078.8
Time:		13:14:17	Pearson chi2:		9.60
No. Iterations:		5			

	coef	std err	z	P>|z|	[0.025	0.975]
x1	-0.0168	0.000	-38.749	0.000	-0.018	-0.016
x2	0.0099	0.001	16.505	0.000	0.009	0.011
x3	-0.0187	0.001	-25.182	0.000	-0.020	-0.017
x4	-0.0142	0.000	-32.818	0.000	-0.015	-0.013
x5	0.2545	0.030	8.498	0.000	0.196	0.313
x6	0.2407	0.057	4.212	0.000	0.129	0.353
x7	0.0804	0.014	5.775	0.000	0.053	0.108
x8	-1.9522	0.317	-6.162	0.000	-2.573	-1.331
x9	-0.3341	0.061	-5.453	0.000	-0.454	-0.214
x10	-0.1690	0.033	-5.169	0.000	-0.233	-0.105
x11	0.0049	0.001	3.921	0.000	0.002	0.007
x12	-0.0036	0.000	-15.878	0.000	-0.004	-0.003
x13	-0.0141	0.002	-7.391	0.000	-0.018	-0.010
x14	-0.0040	0.000	-8.450	0.000	-0.005	-0.003
x15	-0.0039	0.001	-4.059	0.000	-0.006	-0.002
x16	0.0917	0.015	6.321	0.000	0.063	0.120
x17	0.0490	0.007	6.574	0.000	0.034	0.064
x18	0.0080	0.001	5.362	0.000	0.005	0.011
x19	0.0002	2.99e-05	7.428	0.000	0.000	0.000
x20	-0.0022	0.000	-6.445	0.000	-0.003	-0.002
const	2.9589	1.547	1.913	0.056	-0.073	5.990

9.7 违背回归分析假设的计量检验

1. 多元线性回归假设

多元线性回归的假设如下。

任何模型都有前提假设，多元线性回归模型有以下 6 条假设。

（1）自变量 X_j 和因变量 Y 之间存在线性关系。

（2）自变量不是随机变量，任意两个自变量之间都线性不相关。如果自变量和自变量之间线性相关，称为"多重共线性"。

（3）残差项的期望值为 0。

（4）残差项的方差为常数，称为"同方差性"。如果残差项的方差不恒定，称为"异方差性"。

（5）残差项与残差项之间不相关。如果残差项与残差项之间相关，称为"自相关"或"序列相关"。

（6）残差项为正态分布的随机变量。

如果违反第（2）、（4）、（5）条假设的话，可采用异方差性、序列相关性或多重共线性的方法纠正。

2．异方差性

异方差性是指残差项的方差不恒定。异方差性可分为无条件异方差性和条件异方差性。

无条件异方差性是指残差项的方差虽然不恒定，但其与自变量无关。虽然这违背了第（4）条假设，但是无条件异方差性对线性回归的结论影响通常不大。

条件异方差性是指残差项的方差不恒定，并且其与自变量相关。如随着 X 的增大，残差项的方差增大。条件异方差性通常对回归的结论造成影响，即我们很难通过最小二乘法找到一条残差平方和最小的直线。因此，我们需要检测条件异方差性。

检测条件异方差性的方法有两种：残差散点图和 Breusch-Pagen χ^2 检验。画出残差的散点图，我们就能够看到残差与自变量的关系。这种方法有点主观，因此我们需要借助客观的假设检验方法：Breusch-Pagen χ^2 检验。原假设为不存在条件异方差性；备择假设为存在条件异方差性。Breusch-Pagen χ^2 检验的 χ^2 统计量自由度为 k，计算公式如下。

$$BP = N \times R_{res}^2$$

其中的 R_{res}^2 不是该回归的决定系数，而是残差的平方与自变量 X 重新做回归的决定系数。

注：Breusch-Pagen χ^2 检验是单尾检验，其拒绝域只在右边。

例 9-7：我们抽取了一个样本量为 50 的样本，做了一个三元线性回归模型。残差的平方与自变量 X 回归的决定系数为 0.15。以显著性水平为 0.05 检验是否存在条件异方差性，结果如何？

解：首先，计算 $BP = N \times R_{res}^2$ =50*015=7.5。查卡方表计算卡方的关键值。显著性水平 0.05，做单尾检验，拒绝域在右边，面积为 0.05，自由度为 3，因此关键值 7.815。卡方统计量没有落在拒绝域内，不能拒绝原假设。因此结论是不存在条件异方差性。

条件异方差性通常造成回归系数的标准误差偏小，回归系数的显著性检验 t 检验统计量偏大，这就会增大犯第一类错误的概率，纠正条件异方差性的方法称为"稳健的标准误差方法"，也称为"怀特纠正标准误差方法"，此处不赘述，有兴趣的读者可以自行查阅。

3．序列相关性（自相关性）

序列相关性或自相关性是指残差项与残差项之间相关，时间序列数据常常出现序列相关问题。序列相关分为正序列相关和负序列相关：正序列相关是指如果前一个残差大于 0，那么后一个残差大于 0 的概率较大；负序列相关是指如果前一个残差大于 0，那么后一个残差小于 0 的概率较大。

通过残差的散点图能够更直观地了解正序列相关和负序列相关，如图 9-3 所示。

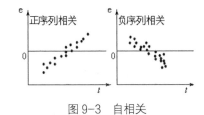

图 9-3　自相关

我们还是要借助于客观的假设检验方法来检测序列相关，这种方法称为 Durbin-Watson 检验（DW 检验）。原假设为不存在序列相关；备择假设为存在序列相关。

DW 检验的统计量计算公式如下。

$$DW = 2 \times (1 - r)$$

其中 r 为残差的相关系数。如果残差之间不相关（$r=0$），那么 DW 统计量等于 2。如果残差之间正相关（$r>0$），那么 DW 统计量小于 2。如果残差之间负相关（$r<0$），那么 DW 统计量大于 2。

我们需要查 DW 表，获得两个关键值 d_u 和 d_l，决策规则如表 9-5 所示。

表 9-5　　　　　　　　　　　　　　　　DW 决策规则

DW 统计量	决策规则	结论
$0 < DW < d_l$	拒绝 H_0	正序列相关
$d_l < DW < d_u$	不拒绝也不接受 H_0	不确定
$d_u < DW < 4 - d_u$	不能拒绝 H_0	不存在序列相关
$4 - d_u < DW < 4 - d_l$	不拒绝也不接受 H_0	不确定
$4 - d_l < DW < 4$	拒绝 H_0	负序列相关

例 9-8：我们抽取了一个样本量为 50 的样本，做了一个三元线性回归模型。残差的相关系数为 0.4，以显著性水平为 0.05 检验是否存在序列相关，结果如何？

解：首先，计算 $DW = 2 \times (1-r) = 2 \times (1-0.4) = 1.2$。接着，我们查表计算 DW 的关键值。显著性水平为 0.05，$k=3$，$n=50$ 的关键值如下。

$$d_l = 1.42 \text{ 和 } d_u = 1.67$$

由于 DW 统计量小于下关键值 1.42，根据表 9-5，我们要拒绝原假设，结论是存在正自相关。

正序列相关通常造成回归系数的标准误差偏小，回归系数的显著性检验 t 检验统计量偏大，这就会增大犯第一类错误的概率；负序列相关通常造成回归系数的标准误差偏大，回归系数的显著性检验 t 检验统计量偏小，这就会增大犯第二类错误的概率。我们可以通过调整系数的标准误差来纠正序列相关，如采用汉森（Hanson）方法等。

4．多重共线性

多重共线性是指两个或多个自变量之间线性相关。

最常用的检测多重共线性的方法是，如果回归系数的显著性检验 t 检验不能拒绝原假设（即没有一个自变量能解释 Y），但回归系数的 F 检验能拒绝原假设（即至少有一个自变量能解释 Y），并且决定系数又比较大（大于 0.7），那就说明存在多重共线性。

另一种检测多重共线性的方法是，任意两个自变量拿来计算其样本相关系数，如果样本相关系数的绝对值较大（大于 0.7）就说明存在多重共线性。

例 9-9：我们抽取了一个样本量为 50 的样本，做了一个三元线性回归模型，得到的结果如表 9-6 所示。

表 9-6　　　　　　　　　　　　　　　　三元线性回归结果

变量	系数	t 统计量
X_1	0.93	1.12
X_2	0.84	1.32
X_3	0.68	1.08
F 统计量	32.83	
拟合度	0.87	

是否存在多重共线性？

解： t 的关键值在 2 附近，以上 3 个 t 统计量都比较小，因此回归系数的显著性检验 t 检验不能拒绝原假设，即没有一个自变量能解释 Y。但 F 统计量 32.83 较大，说明回归系数的 F 检验拒绝原假设，即至少有一个自变量能解释 Y，且决定系数又比较大，说明存在多重共线性。

多重共线性通常造成回归系数的标准误差偏大，回归系数的显著性检验 t 检验统计量偏小，这就会增大犯第二类错误的概率。我们可以通过去掉一个或多个相关的自变量来纠正多重共线性，但实际中，我们很难确定哪些自变量是相关的，该去掉哪些自变量。

5. 总结

上面 3 种违反假设的情况下，我们的总结如表 9-7 所示。

表 9-7　　　　　　　　　　　　　　　3 种违反假设的情况

名称	定义	如何检测	如何纠正
异方差性	残差项的方差不恒定	BP 检验	怀特法纠正标准误差
序列相关性	残差项与残差项之间相关	DW 检验	汉森法调整系数的标准误差
多重共线性	两个或多个自变量之间线性相关	t 检验与 F 检验矛盾或相关系数大于 0.7	去掉一个或多个自变量

9.8　Python 自相关性诊断与消除

例 9-10： 某公司 1991—2005 年的开发经费和新产品利润数据如表 9-8 所示。利用线性回归分析开发经费对新产品利润的影响。

表 9-8　　　　　　　　　　　开发经费和新产品利润数据

开发费用/万元	新产品利润/万元
35	690
38	734
42	788
45	870
52	1038
65	1280
72	1434
81	1656
103	2033
113	2268
119	2451
133	2819
159	3431
198	4409
260	5885

在目录 F:\2glkx\data 下建立 al9-2.xls 数据文件后，使用如下命令读取数据。

解：

```
import statsmodels.api as sm
import pandas as pd
import numpy as np
#读取数据并创建数据表，名称为data
data=pd.DataFrame(pd.read_excel('F:/2glkx/data/al9-2.xls'))
data.head()
```

```
    data.head()
       kf    lr
    0  35   690
    1  38   734
    2  42   788
    3  45   870
    4  52  1038
```

做 OLS 一元线性回归分析，代码如下。

```
x = np.array(data[['lr']])
y = np.array(data[['kf']])
#构建有截距的矩阵
X = sm.add_constant(x)
#最小二乘拟合
model = sm.OLS(y, X)
fit = model.fit()
print (fit.summary())
```

得到如下结果。

```
                            OLS Regression Results
==============================================================================
Dep. Variable:                      y   R-squared:                       0.998
Model:                            OLS   Adj. R-squared:                  0.997
Method:                 Least Squares   F-statistic:                     5535.
Date:                Mon, 05 Aug 2019   Prob (F-statistic):           1.74e-18
Time:                        08:29:20   Log-Likelihood:                -37.996
No. Observations:                  15   AIC:                             79.99
Df Residuals:                      13   BIC:                             81.41
Df Model:                           1
Covariance Type:            nonrobust
==============================================================================
                 coef    std err          t      P>|t|      [0.025      0.975]
------------------------------------------------------------------------------
const          9.2478      1.495      6.186      0.000       6.018      12.477
x1             0.0433      0.001     74.400      0.000       0.042       0.045
==============================================================================
Omnibus:                        1.182   Durbin-Watson:                   0.474
Prob(Omnibus):                  0.554   Jarque-Bera (JB):                1.011
Skew:                           0.515   Prob(JB):                        0.603
Kurtosis:                       2.255   Cond. No.                     4.54e+03
==============================================================================
```

从上可见，DW 统计量为 0.474，所以存在自相关。

下面使用差分法来解决自相关问题。当模型存在自相关问题时，可以采用差分法来解决自相关问题。差分法的具体计算过程如下。

令 $\Delta y_i = y_i - y_{i-1}, \Delta x_{ij} = x_{ij} - x_{i-1j}, i = 1, \cdots, n, j = 1, \cdots, p$。利用 Δy_i 和 Δx_{ij} 数据，采取最小二乘法对下述回归模型的参数进行拟合，可以求出经验回归参数 $\beta_j, j = 1, \cdots, p$，

$$\Delta y_i = \beta_0 + \beta_1 \Delta x_{i1} + \cdots + \beta_p \Delta x_{ip} + \varepsilon_i, i = 1, \cdots, n$$

下面给出差分法消除自相关的 Python 代码。

```python
data=data.diff()
data=data.dropna()
x = np.array(data[['lr']])
y = np.array(data[['kf']])
X = sm.add_constant(x)
model = sm.OLS(y, X)
fit = model.fit()
print (fit.summary())
```

得到如下结果。

```
                         OLS Regression Results
==============================================================================
Dep. Variable:                      y   R-squared:                       0.985
Model:                            OLS   Adj. R-squared:                  0.984
Method:                 Least Squares   F-statistic:                     777.9
Date:                Mon, 05 Aug 2019   Prob (F-statistic):           2.79e-12
Time:                        08:30:03   Log-Likelihood:                -29.448
No. Observations:                  14   AIC:                             62.90
Df Residuals:                      12   BIC:                             64.17
Df Model:                           1
Covariance Type:            nonrobust
==============================================================================
                 coef    std err          t      P>|t|      [0.025      0.975]
------------------------------------------------------------------------------
const          0.8469      0.791      1.071      0.305      -0.876       2.570
x1             0.0410      0.001     27.890      0.000       0.038       0.044
==============================================================================
Omnibus:                       12.469   Durbin-Watson:                   2.194
Prob(Omnibus):                  0.002   Jarque-Bera (JB):                8.230
Skew:                           1.508   Prob(JB):                       0.0163
Kurtosis:                       5.239   Cond. No.                         743.
==============================================================================
```

从上可见，DW 统计量为 2.194，自相关问题消除，说明采取差分法能够解决自相关问题。

9.9　Python 异方差诊断与消除

1. Spearman 等级相关系数检验

检验模型是否存在异方差问题，除了使用残差图外，Spearman 等级相关系数检验也是常用的检验方法，Spearman 等级相关系数的检验步骤如下。

（1）使用最小二乘对回归模型进行拟合，求出残差 ε_i, $i=1,\cdots,n$。

（2）针对每个 X_i，将 X_i 的 n 个观察值和 ε_i 的绝对值按照递增或递减顺序求出相对应的秩序。

（3）针对每个 X_i，计算 Spearman 等级相关系数的 r_i^s, $i=1,\cdots,p$。

（4）检验 Spearman 等级相关系数 r_i^s 的显著性，$i=1,2,\cdots,p$。

若在 r_i^s, $i=1,\cdots,p$ 中存在一个 r_i^s 显著相关，则回归方程存在异方差。

2．怀特（White）检验

这一方法是由 H・怀特（H.White）在 1980 年提出的，其步骤如下。

（1）用 OLS 对原模型进行回归，并求得各 e_i^2。

（2）用 e_i^2 对各解释变量、它们的平方项及交叉乘积项进行一元线性回归，并检验各回归方程的显著性。

（3）若存在显著的回归方程，则认为存在异方差，并取临界显著水平最高的回归方程作为 σ_i^2 与解释变量之间的相关关系。

如设原模型为 $y_i = \beta_0 + \beta_1 x_{i1} + \beta_2 x_{i2} + \beta_3 x_{i3} + \varepsilon_i$，则用 e_i^2 分别对 $x_{i1}, x_{i2}, x_{i3}, x_{i1}^2, x_{i2}^2, x_{i3}^2, x_{i1}x_{i2}$, $x_{i1}x_{i3}, x_{i2}x_{i3}$ 进行一元回归。怀特检验适用于 σ_i^2 与两个解释变量同时相关的情况。

3．消除异方差的方法

当使用某种方法确定存在异方差后，就不能简单地采用 OLS 进行参数估计了，否则将产生严重的后果。

如果是由于模型设定不当而产生的异方差现象，则应根据问题的经济背景和有关经济学理论，重新建立更为合理的回归模型，否则即使采用了以下介绍的方法进行处理，从表面上对现有的样本数据消除了异方差，但由于模型自身存在的缺陷，所得到的回归方程仍不可能正确反映经济变量之间的关系，用它来进行预测和控制，仍会产生较大的误差。以下介绍的消除异方差的方法，是以模型设定正确为前提的。

对于多元回归模型，$Y_i = \beta_0 + \beta_1 X_{i1} + \cdots + \beta_p X_{ip} + \varepsilon_i$, $i=1,\cdots,n$。用最小二乘法寻找参数 $\beta_0,\cdots,\beta_p$ 的估计值 $\hat{\beta}_0,\cdots,\hat{\beta}_p$，使离差平方和达到最小值，以及找出 $\hat{\beta}_0,\cdots,\hat{\beta}_p$，满足 $Q(\hat{\beta}_0,\cdots,\hat{\beta}_p) = \sum_{i=1}^{n}(y_i - \hat{\beta}_0 - \hat{\beta}_1 x_{i1} - \cdots - \hat{\beta}_p x_{ip})^2 = \min$。

当模型存在异方差问题时，上述平方和中每一项的地位是不同的，随机误差 ε_i 方差较大的项在平方和中的作用较大。为了调整各平方和的作用，使其离差平方和的贡献基本相同，常采用加权的方法，即对每个样本的观察值构造一个权重 w_k, $k=1,\cdots,n$，即找出 $\hat{\beta}_{w0},\cdots,\hat{\beta}_{wp}$，满足 $Q(\hat{\beta}_{w0},\cdots,\hat{\beta}_{wp}) = \sum_{i=1}^{n} w_i(y_i - \hat{\beta}_0 - \hat{\beta}_1 x_{i1} - \cdots - \hat{\beta}_p x_{ip})^2 = \min$。

令 $\hat{\beta}_w = (\hat{\beta}_{w0},\cdots,\hat{\beta}_{wp})'$，$W = diag(w_1,\cdots,w_n)$，则 $\hat{\beta}_w = (\hat{\beta}_{w0},\cdots,\hat{\beta}_{wp})'$ 的加权最小二乘估计公式为 $\hat{\beta}_w = (x'Wx)^{-1}x'Wy$。

如何确定权重系数呢？检验异方差时，计算 Spearman 等级相关系数的 r_i^s, $i=1,\cdots,p$，选取最大 r_i^s, $i=1,\cdots,p$ 对应的变量 X_i 所对应的观察值序列 $x_{i1},\cdots,x_{in}$ 构造权重，即令 $w_k = 1/x_{ik}^m$，

其中 m 为待定参数。

4．异方差诊断的 Python 应用

例 9-11：分析 15 家企业的人力和财力投入对企业产值的影响，具体数据如表 9-9 所示。

表 9-9　　　　　　　　　　　企业产值、人力和财力投入数据

产值 y_1（单位：万元）	人力 z_1	财力 z_2（单位：万元）
244	170	287
123	136	73
51	41	61
1035	6807	169
418	3570	133
93	48	54
540	3618	232
212	510	94
52	272	70
128	1272	54
1249	5610	272
205	816	65
75	190	42
365	830	73
1291	503	287

在目录 F:\2glkx\data 下建立 al9-3.xlsx 数据文件后，使用如下命令读取数据。

```
import pandas as pd
import numpy as np
#读取数据并创建数据表，名称为 df
df=pd.DataFrame(pd.read_excel('F:/2glkx/data/al9-3.xlsx'))
#查看数据表前 5 行的内容
df.head()
```

得到如下结果。

```
     y1    z1   z2
0   244   170  287
1   123   136   73
2    51    41   61
3  1035  6807  169
4   418  3570  133
```

下面生成设计矩阵。由于要建立的模型是 $y = BX$，因此需要分别求得 y 和 X 矩阵，而 dmatrices 就是做这个的，命令如下。

```
from patsy import dmatrices
y,X=dmatrices('y1~z1+z2',data=df,return_type='dataframe')
print (y.head())
print (X.head())
```

得到如下结果。

```
        y1
0    244.0
1    123.0
2     51.0
3   1035.0
4    418.0
    Intercept      z1      z2
0         1.0   170.0   287.0
1         1.0   136.0    73.0
2         1.0    41.0    61.0
3         1.0  6807.0   169.0
4         1.0  3570.0   133.0
```

下面用 OLS 做普通最小二乘，得到残差结果。

```
import statsmodels.api as sm
y,X=dmatrices('y1~z1+z2',data=df,return_type='dataframe')
model = sm.OLS(y, X)
fit1= model.fit()
res=fit1.resid
cc=abs(res)
Df1 = pd.DataFrame()
Df1[['z1', 'z2']] = df[['z1','z2']]
Df1['cc'] = cc
print(Df1.corr())
          z1        z2        cc
z1   1.00000  0.439980  0.029810
z2   0.43998  1.000000  0.822974
cc   0.02981  0.822974  1.000000
```

根据上面的相关系数矩阵，财力投入 z_2 和残差绝对值 cc 相关系数为 0.822974，显著相关，因此该回归模型存在异方差问题。

5. 异方差消除的 Python 应用

根据相关系数，选取 z_2 构造权重矩阵，假定 $m=2.5$。在 Python 中输入如下命令。

```
from patsy import dmatrices
y,X=dmatrices('y1~z1+z2',data=df,return_type='dataframe')
import statsmodels.api as sm
wk = 1/(df[['z2']]**2.5)
wls_model = sm.WLS(y,X, weights=wk)
results = wls_model.fit()
print(results.summary())
```

得到如下结果。

```
                       WLS Regression Results
==============================================================================
Dep. Variable:                   y1   R-squared:                      0.748
Model:                          WLS   Adj. R-squared:                 0.707
Method:               Least Squares   F-statistic:                    17.85
Date:              Mon, 05 Aug 2019   Prob (F-statistic):          0.000253
Time:                      08:31:36   Log-Likelihood:                -92.359
No. Observations:                15   AIC:                            190.7
```

```
Df Residuals:                      12    BIC:                              192.8
Df Model:                           2
Covariance Type:            nonrobust
=================================================================================
                  coef     std err        t      P>|t|     [0.025     0.975]
---------------------------------------------------------------------------------
Intercept     -59.0349      53.822     -1.097    0.294    -176.302     58.232
z1              0.0815       0.030      2.706    0.019       0.016      0.147
z2              2.4887       0.931      2.672    0.020       0.459      4.518
=================================================================================
Omnibus:                        2.626    Durbin-Watson:                    1.165
Prob(Omnibus):                  0.269    Jarque-Bera (JB):                 1.438
Skew:                           0.758    Prob(JB):                         0.487
Kurtosis:                       2.969    Cond. No.                      2.64e+03
=================================================================================
```

根据上面 Python 的输出结果，变量 z_1、z_2 的系数显著，异方差问题得到解决。

9.10　Python 多重共线性的诊断与消除

1. 多重共线性的基本理论

（1）使用简单相关系数进行诊断。当模型中仅含有两个解释变量 x_1 和 x_2 时，可计算它们的简单相关系数，记为 r_{12}。

$$r_{12} = \frac{\sum (x_{i1} - \overline{x}_1)(x_{i2} - \overline{x}_2)}{\sqrt{\sum (x_{i1} - \overline{x}_1)^2} \sqrt{\sum (x_{i2} - \overline{x}_2)^2}}$$

其中 N 为样本容量，$\overline{x}_1$、$\overline{x}_2$ 分别为 x_1 和 x_2 的样本均值。简单相关系数 $|r|$ 反映了两个变量之间的线性相关程度。$|r|$ 越接近 1，说明两个变量之间的线性相关程度越高，因此可以用来判别是否存在多重共线性。但这一方法有很大的局限性，原因如下。

① 很难根据 r 的大小来判定两个变量之间的线性相关程度到底有多高。因为它还和样本容量 N 有关。不难验证，当 $N=2$ 时，总有 $|r|=1$，但这并不能说明两个变量是完全线性相关的。

② 当模型中有多个解释变量时，即使所有两两解释变量之间的简单相关系数 $|r|$ 都不大，也不能说明解释变量之间不存在多重共线性。这是因为多重共线性并不仅表现为解释变量两两间的线性相关性，还包括多个解释变量之间的线性相关性。

（2）通过对原模型回归系数的检验来判定。一种较简单的方法是通过对原模型回归系数的检验来判定是否存在多重共线性。如果回归方程检验结果是高度显著的，但各回归系数检验的 t 统计量的值都偏小，并且存在不显著的变量，而且当剔除了某个或若干个不显著变量后，其他回归系数的 t 统计量的值有很大的提高，就可以判定存在多重共线性。这是由于当某些解释变量之间高度线性相关时，其中某个解释变量就可以由其他解释变量近似线性表示。剔除该变量后，该变量在回归中的作用就转移到与它线性相关的其他解释变量上，因此会引起其他解释变量的显著性水平明显提高。但如果在剔除不显著的变量后对其余解释变量回归系数的 t 统计量并无明显影响，却并不能说明原模型中不存在多重共线性问题。此时说明被剔除的解释变量与被解释变量之间并无线性关系。

如果经检验所有回归系数都是显著的，则可以判定不存在多重共线性问题。

（3）使用方差膨胀因子的大小来判定。方差膨胀因子 VIF 是指回归系数的估计量由于自变量共线性使得方差增加的一个相对度量。对第 j 个回归系数（$j=1,2,\cdots,m$），它的方差膨胀因子定义为 VIF_j = 第j个回归系数的方差/自变量不相关时第j个回归系数的方差 = $\dfrac{1}{1-R_j^2} = \dfrac{1}{TOL_j}$。

其中 $1-R_j^2$ 是自变量 x_j 对模型中其余自变量线性回归模型的 R 平方，VIF_j 的倒数 TOL_j 也称为"容限"。一般来讲，若 $VIF_j>10$，表明模型中有很多的共线性问题。

2．消除多重共线性的方法

通常可以采用以下方法消除多重共线性问题。

由前面判定是否存在多重共线性的方法可知，当存在多重共线性时，最简单的方法就是从模型中剔除不显著的变量，但采用此方法时应结合有关经济理论知识和问题的实际经济背景进行分析。有时产生多重共线性的原因是样本数据的来源存在一定问题，因为在许多计量经济模型中，人们往往只能被动地获得已有的数据。如果处理不当，就有可能从模型中剔除了对被解释变量有重要影响的经济变量，从而会引起更为严重的模型设定错误。故从模型中剔除的应当是意义相对次要的经济变量。

3．多重共线性诊断的 Python 应用

例 9-12：企业在技术创新过程中，新产品的利润往往受到开发人力、开发财力和以往的技术水平的影响，我们将历年专利申请累计量作为技术水平，各项指标的数据如表 9-10 所示。试对自变量的共线性进行诊断。

表 9-10　　　　　　　　　各项指标的数据

利润 run（单位：万元）	开发人力 z_1	专利申请 z_2（单位：件）	开发财力 z_3（单位：万元）
1178	47	230	49
902	31	164	38
849	24	102	67
386	10	50	38
2024	74	365	63
1566	70	321	129
1756	65	407	72
1287	50	265	96
917	43	221	102
1400	61	327	268
978	39	191	41
749	26	136	32
705	20	85	56
320	8	42	32
1680	61	303	52
1300	58	266	107

续表

利润 run（单位：万元）	开发人力 z_1	专利申请 z_2（单位：件）	开发财力 z_3（单位：万元）
1457	54	338	60
1068	42	220	80
761	36	183	85
1162	51	271	222

解：在目录 F:\2glkx\data 下建立 al19-4.xls 数据文件后，使用如下命令读取数据。

```
import pandas as pd
import numpy as np
#读取数据并创建数据表，名称为 data
data = pd.DataFrame()
data=pd.DataFrame(pd.read_excel('F:/2glkx/data/al9-4.xls'))
#查看数据表前 5 行的内容
data.head()
   run  z1   z2   z3
0  1178  47  230  49
1   902  31  164  38
2   849  24  102  67
3   386  10   50  38
4  2024  74  365  63
```

下面计算相关系数矩阵。

```
vars = ['run','z1','z2','z3']
df=data[vars]
df.corr()
          run        z1        z2        z3
run  1.000000  0.959255  0.946914  0.291139
z1   0.959255  1.000000  0.968524  0.449026
z2   0.946914  0.968524  1.000000  0.429102
z3   0.291139  0.449026  0.429102  1.000000
```

从上面的相关系数矩阵可见，存在多重共线性。

下面做回归分析。

在 data 数据表中，我们将 z_1、z_2、z_3 设置为自变量 X，将 run 设置为因变量 y。

下面生成设计矩阵。由于要建立的模型是 $y = BX$，因此需要分别求得 y 和 X 矩阵，而 dmatrices 就是做这个的，命令如下。

```
from patsy import dmatrices
y,X=dmatrices('run~z1+z2+z3',data=df,return_type='dataframe')
print (y.head())
print (X.head())
```

得到如下结果。

```
     run
0  1178.0
1   902.0
2   849.0
3   386.0
4  2024.0
   Intercept    z1     z2     z3
```

```
0    1.0  47.0  230.0  49.0
1    1.0  31.0  164.0  38.0
2    1.0  24.0  102.0  67.0
3    1.0  10.0   50.0  38.0
4    1.0  74.0  365.0  63.0
```

下面用 OLS 做普通最小二乘，fit 函数对回归方程进行估计，summary 保存计算的结果。

```
import statsmodels.api as sm
model = sm.OLS(y, X)
fit = model.fit()
print (fit.summary())
```

得到如下结果。

```
                            OLS Regression Results
==============================================================================
Dep. Variable:                    run   R-squared:                       0.949
Model:                            OLS   Adj. R-squared:                  0.940
Method:                 Least Squares   F-statistic:                     99.56
Date:                Mon, 05 Aug 2019   Prob (F-statistic):           1.46e-10
Time:                        08:33:23   Log-Likelihood:                -120.12
No. Observations:                  20   AIC:                             248.2
Df Residuals:                      16   BIC:                             252.2
Df Model:                           3
Covariance Type:            nonrobust
==============================================================================
                 coef    std err          t      P>|t|      [0.025      0.975]
------------------------------------------------------------------------------
Intercept    185.3854     63.250      2.931      0.010      51.302     319.469
z1            18.0136      5.333      3.377      0.004       6.707      29.320
z2             1.1559      0.963      1.201      0.247      -0.885       3.197
z3            -1.2557      0.458     -2.739      0.015      -2.228      -0.284
==============================================================================
Omnibus:                        0.126   Durbin-Watson:                   2.447
Prob(Omnibus):                  0.939   Jarque-Bera (JB):                0.241
Skew:                           0.158   Prob(JB):                        0.887
Kurtosis:                       2.565   Cond. No.                         687.
==============================================================================
```

从上可见，在 0.05 的水平下，仅有变量 z_2 的系数是不显著的，其他变量的系数都是显著的。

下面看一下 z_1、z_2、z_3 的方差膨胀因子，Python 代码如下。

```
#计算 z1 方差膨胀因子
y,X=dmatrices('z1~z2+z3',data=df,return_type='dataframe')
model = sm.OLS(y, X)
fit1 = model.fit()
vif1= (1- fit1.rsquared)**(-1)
#计算 z2 方差膨胀因子
y,X=dmatrices('z2~z1+z3',data=df,return_type='dataframe')
model = sm.OLS(y, X)
fit2 = model.fit()
vif2= (1- fit2.rsquared)**(-1)
#计算 z3 方差膨胀因子
y,X=dmatrices('z3~z1+z2',data=df,return_type='dataframe')
model = sm.OLS(y, X)
```

```
fit3 = model.fit()
vif3= (1- fit3.rsquared)**(-1)
#输出 z₁,z₂,z₃方差膨胀因子
print (vif1,vif2,vif3)
```
得到 z_1、z_2、z_3 膨胀因子结果如下。
```
16.5039264653 16.1500076459 1.25339314669
```
从上面输出结果可见，z_1、z_2 方差膨胀因子分别 16.5039264653、16.1500076459 ，所以模型存在严重的多重共线性问题。

4. 多重共线性消除的 Python 应用

从前面的相关系数矩阵可以看到，企业利润 run 和 z_1、z_2 多个变量之间存在着较强的相关性，而 z_1 和 z_2 的相关系数则达到了 0.968524，这一点违背了多元回归中的一个假设：自变量之间无共线性。自变量共线性会导致结果不能反映真实情况。这也是在上面的回归分析模型中 z_2 的系数不显著的原因。所以，下面剔除 z_2 这个变量，重新进行回归分析，执行如下命令。
```
y,X=dmatrices('run~z1+z3',data=df,return_type='dataframe')
model = sm.OLS(y, X)
fit4 = model.fit()
print (fit4.summary())
```
得到如下结果。

```
                            OLS Regression Results
==============================================================================
Dep. Variable:                    run   R-squared:                       0.945
Model:                            OLS   Adj. R-squared:                  0.938
Method:                 Least Squares   F-statistic:                     144.9
Date:                Mon, 05 Aug 2019   Prob (F-statistic):           2.10e-11
Time:                        08:34:24   Log-Likelihood:                -120.98
No. Observations:                  20   AIC:                             248.0
Df Residuals:                      17   BIC:                             251.0
Df Model:                           2
Covariance Type:            nonrobust
==============================================================================
                 coef    std err          t      P>|t|      [0.025      0.975]
------------------------------------------------------------------------------
Intercept     178.1580     63.775      2.794      0.012      43.605     312.711
z1             24.1689      1.488     16.240      0.000      21.029      27.309
z3             -1.2700      0.464     -2.736      0.014      -2.249      -0.291
==============================================================================
Omnibus:                        1.335   Durbin-Watson:                   2.701
Prob(Omnibus):                  0.513   Jarque-Bera (JB):                0.975
Skew:                          -0.255   Prob(JB):                        0.614
Kurtosis:                       2.046   Cond. No.                         286.
==============================================================================
```
从上面的结果说明如下关系式成立。

利润 run=178.1580 + 24.1689×开发人力 z_1−1.2700×开发财力 z_3

下面计算 z_1、z_3 的方差膨胀因子，Python 代码如下。
```
y,X=dmatrices(' z1~z3',data=df,return_type='dataframe')
model = sm.OLS(y, X)
```

```
fit1 = model.fit()
vif1= (1- fit1.rsquared)**(-1)

y,X=dmatrices(' z3~z1',data=df,return_type='dataframe')
model = sm.OLS(y, X)
fit3= model.fit()
vif3= (1- fit3.rsquared)**(-1)
print (vif1,vif3)
```

得到如下 z_1、z_3 的方差膨胀因子结果。

`1.25254357511 1.25254357511`

两个变量的方差膨胀因子都小于 10。因此消除了多重共线性的影响。

练 习 题

1. 把本章例题中的数据，使用 Python-Pandas 的 OLS 工具和 Scikit-Learn 工具重新操作一遍。

2. 某家电产品的需求量与价格以及家庭年平均收入水平密切相关。表 9-11 给出了某市 10 年中该商品的年需求量与价格、家庭年平均收入的统计数据。求该商品在该市的需求量对价格和家庭年平均收入水平的线性回归方程，并进行显著性检验。

表 9-11　　　某市家电产品年需求量与价格、家庭年平均收入数据

年需求量	3.0	5.0	6.5	7.0	8.5	7.5	10.0	9.0	11	12.5
价格（单位：千元）	4.0	4.5	3.5	3.0	3.0	3.5	2.5	3.0	2.5	2.0
家庭年平均收入（单位：千元）	6.0	6.8	8.0	10.0	16.0	20	22	24	26	28

10.1 时间序列基础

时间序列分析与回归分析一样，是用来做预测的。但是，做回归分析需要有自变量来解释因变量，而时间序列分析的问题是现在我们有一组时间序列数据（因变量），缺少自变量，因此要解决自变量的问题。

1. 线性趋势模型（Linear Trend Modal）

线性趋势模型就是用时间来做自变量的一元回归模型，这就解决了缺少自变量的问题。模型方程如下。

$$Y_t = b_0 + b_1 t + \varepsilon_t$$

如已知 2000—2009 年我国的 GDP 数据，要预测 2010 在我国的 GDP 数据。

预测方法与一元线性回归相同，只是要将年份转换成自变量 t，如表 10-1 所示。

表 10-1   2000—2009 年我国 GDP 数据   （单位：万亿元人民币）

年份	GDP
2000	8.94
2001	9.59
2002	10.24
2003	11.72
2004	13.65
2005	18.23
2006	20.94
2007	24.66
2008	30.07
2009	34.05

将表 10-1 变成表 10-2。

| 表 10-2 | 1—10 我国 GDP 数据 | （单位：万亿元人民币） |

序号	GDP
1	8.94
2	9.59
3	10.24
4	11.72
5	13.65
6	18.23
7	20.94
8	24.66
9	30.07
10	34.05

回归可得方程为：$y=2.42+2.87t$。

线性趋势回归虽然解决了缺少自变量的问题，但是时间序列数据不一定与时间 t 线性相关，很可能是加速上升或加速下降。因此做线性趋势回归之后可能存在自相关。

拿到一组时间序列数据之后，我们先做线性趋势模型，然后用 Darbin-Watson 检验（后面简称 DW 检验）来检验自相关。如果 DW 检验不能拒绝原假设（没有自相关），那么就用线性趋势模型；如果 DW 检验拒绝原假设（有自相关），那么就用对数线性趋势模型。

以上例来说，做完线性趋势模型之后，我们计算 DW 统计量。如果 DW 统计量接近 2，则说明没有自相关问题，那么就用该线性趋势模型；如果 DW 统计量接近 0 或 4，则说明有自相关问题，那么就用对数线性趋势模型。

2. 对数线性趋势模型（Log-Linear Trend Modal）

很多时候时间序列数据与时间没有线性关系，而是随时间呈指数形式增长，即加速上升或加速下降。公式如下。

$$Y_t = \exp(b_0 + b_1 t + \varepsilon_t)$$

两边取对数，得到如下公式。

$$\ln(Y_t) = b_0 + b_1 t + \varepsilon_t$$

这就是对数线性趋势模型，表示因变量 Y 的自然对数与时间有线性关系，可以做一元线性回归。

仍沿用上例，设做完线性趋势模型后，计算的 DW 统计量接近 0 或 4，则说明有自相关问题，那么就要用对数线性趋势模型。如表 10-3 所示。

| 表 10-3 | 对数线性趋势模型的数据 | |

序号	GDP（万亿元人民币）	对数值
1	8.94	2.19
2	9.59	2.26
3	10.24	2.33
4	11.72	2.46

序号	GDP（万亿元人民币）	对数值
5	13.65	2.61
6	18.23	2.90
7	20.94	3.04
8	24.66	3.21
9	30.07	3.40
10	34.05	3.53

回归可得方程为 $\ln(Y)=1.91+0.16t$

对数线性趋势模型做完之后，仍然用 DW 检验来检验自相关。如果 DW 检验不能拒绝原假设，那么就用对数线性趋势模型；如果 DW 检验拒绝原假设，那么就用自回归模型。

3．自回归模型（Autoregressive Model）

自回归模型是用上一期或上几期的因变量做自变量所做的线性回归，因此也解决了缺少自变量的问题。

一阶自回归模型 AR(1)为 $Y_t = b_0 + b_1 Y_{t-1} + \varepsilon_t$。

p 阶自回归模型 AR(p)为 $Y_t = b_0 + b_1 Y_{t-1} + \cdots + b_p Y_{t-p} + \varepsilon_t$。

自回归模型预测的链式法则为：如果知道了自回归模型方程，则可以预测以后无穷多期的值。如已知自回归模型方程为 $Y_t = 2 + 0.8 Y_{t-1}$，设上期的值为 3，则本期的值为 4.4，下期的值为 5.52，再下期的值为 6.416，以此类推。

但是自回归模型是否解决了自相关的问题呢？我们做完一个自回归模型 AR(1)之后，不能用 DW 检验来检验自相关，而要用最原始的方法，计算每一个自相关系数，对每一个自相关系数做显著性检验 t 检验。原假设为不存在自相关；备择假设为存在自相关。t 自由度为 n-2。

滞后 k 阶自相关系数 $\rho(k)$ 为残差与滞后 k 期的残差的相关系数。t 统计量公式如下。

$$t = \rho(k) \times \sqrt{n}$$

如果每一个自相关系数的显著性检验 t 检验都不能拒绝原假设（没有自相关），那么就用这个 AR(1)模型；如果有一个自相关系数的显著性检验 t 检验拒绝原假设（有自相关），那么就要引入一个周期性滞后变量，然后以新的（二元）自回归模型重新回归，估计回归系数。

如上例 $Y_t = 2 + 0.8 Y_{t-1}$ 中，做完 AR(1)之后，我们分别计算滞后 1～4 阶的自相关系数，然后分别计算 t 统计量，如表 10-4 所示。

表 10-4　　　　　　　　　　自相关系数与 t 统计量[①]

滞后	自相关系数	t 统计量
1	0.394	1.246
2	0.051	0.161
3	−0.029	−0.092
4	0.227	0.718

我们发现，t 统计量的绝对值均明显小于 2，因此 4 个 t 检验统计量都不能拒绝原假设，即没有自相关问题，该 AR(1)可用。

假设计算情况如表 10-5 所示。

表 10-5 自相关系数与 t 统计量②

滞后	自相关系数	t 统计量
1	0.394	1.246
2	0.051	0.161
3	−0.029	−0.092
4	0.827	2.615

我们发现，滞后 4 阶的 t 统计量（2.615）明显大于 2，说明残差滞后 4 阶相关，我们必须在原来的 AR(1)中引入一个周期性滞后变量。

$$Y_t = b_0 + b_1 Y_{t-1} + b_2 Y_{t-4} + \varepsilon_t$$

该周期性滞后变量为滞后 4 期的因变量值，因为残差滞后 4 阶相关。

有了新的二元自回归模型之后，我们重新回归，估计回归系数（斜率和各个截距）。随后计算每一个自相关系数，对每一个自相关系数做显著性检验 t 检验。如果每一个自相关系数的显著性检验 t 检验都不能拒绝原假设（没有自相关），那么就用这个新的（二元）自回归模型；如果有一个自相关系数的显著性检验 t 检验拒绝原假设（有自相关），那么就要再引入一个周期性滞后变量，然后以新的（三元）自回归模型重新回归。这样周而复始，不断引入周期性滞后变量，最终总能使每一个自相关系数的显著性检验 t 检验都不能拒绝原假设。也就是说，自回归模型可以从根本解决自相关问题。

4. 自回归模型的问题：平稳的时间序列数据

自回归模型虽然解决了自相关问题，但带来了一个新的问题：只有协方差平稳的时间序列数据才能做自回归，这是自回归模型的前提条件。

协方差平稳的时间序列数据有 3 个条件。

（1）均值恒定。

（2）方差恒定。

（3）自协方差恒定。

这里只关注第一个条件，即均值恒定，因此时间序列数据要协方差平稳，有一个必要条件，就是必须有一个均值回复水平（Mean Reverting Level, MRL）。

均值回复水平指时间序列数据有向均值靠拢的倾向，即如果上期值低于均值，则下期值就会变大，反之亦然。

对 AR(1)模型，只要假设 $Y_t = Y_{t-1}$，即可解得均值回复水平如下。

$$Y_{MRL} = \frac{b_0}{1 - b_1}$$

仍以上例 $Y_t = 2 + 0.8Y_{t-1}$ 为例，均值回复水平为 10（=2/(1−0.8)）。

5. 随机游走模型（Rardom Walk）

AR(1)模型的均值回复水平为 $Y_{MRL} = \dfrac{b_0}{1 - b_1}$。

如果 $b_1 = 1$，则该 AR(1) 模型不存在均值回复水平，这个时间序列数据也就不满足协方差平稳的条件。因此做了一个 AR(1) 模型之后，我们要检验斜率系数 b_1 是否显著不等于 1，该假设检验称为"DF 检验"（Dickey-Fuller 检验）。

如果斜率系数 b_1 等于 1，即该时间序列数据有单位根，因此 DF 检验用来检验该时间序列数据是否有单位根。原假设为 b_1 等于 1（即有单位根），备择假设为 b_1 显著不等于 1（即没有单位根）。

如果 DF 检验可以拒绝原假设，那么就没有单位根，可以用这个 AR(1) 模型；如果 DF 检验不能拒绝原假设，那么就有单位根，此时这个 AR(1) 模型称为"随机游走模型"。

一般的（无漂移的）随机游走模型为 $b_0 = 0$、$b_1 = 1$ 的自回归模型，如下所示。

$$Y_t = Y_{t-1} + \varepsilon_t$$

由上式可知，要根据上一期值预测这一期值的。汇率是典型的无漂移随机游走时间序列模型。

若 $b_0 \neq 0$，则称为"有漂移的随机游走模型"，如下所示。

$$Y_t = b_0 + Y_{t-1} + \varepsilon_t$$

随机游走模型有单位根 $b_1 = 1$，因此不满足协方差平稳的前提条件，所以不适用普通最小二乘法回归，即自回归模型不能直接用于随机游走时间序列。要解决此问题必须做一阶差分（First Differencing）。

我们主要考虑无漂移的随机游走模型。定义一阶差分 $Z_t = Y_t - Y_{t-1} = \varepsilon_t$，因此一阶差分 $Z_t = \varepsilon_t$ 相对于是一个 $b_0 = b_1 = 0$ 的 AR(1) 模型。此模型有均值回复水平 $Z_{MRL} = \dfrac{b_0}{1 - b_1} = \dfrac{0}{1 - 0} = 0$，因此满足协方差平稳的必要条件。因此，一阶差分最终能解决单位根问题。

6. 自回归条件异方差模型

以上终于解决了自相关和单位根（协方差平稳）的问题。最后，我们还要检测异方差问题。正如前面所述，异方差是指残差的方差不恒定。我们用自回归条件异方差模型能检测异方差的问题。模型如下。

$$\varepsilon_t^2 = a_0 + a_1 \varepsilon_{t-1}^2 + \mu_t$$

以上为 AR(1) 模型，即将残差的平方滞后一期做回归。如该模型的斜率系数 a_1 显著不等于 0，则说明残差的方差相关，即存在异方差的问题。

7. 时间序列分析的逻辑关系

下面我们总结一下时间序列分析的逻辑关系，希望能对读者有所帮助。

（1）时间序列分析只有一组时间序列数据，要预测下一期的数据。回归可以用来预测，但是由于时间序列分析只有一组数据（因变量），缺少自变量，因此要解决自变量的问题。

（2）线性趋势模型就是用时间 t 来做自变量的一元回归模型，这就解决了缺少自变量的问题。但是时间序列数据不一定与时间 t 线性相关，很有可能是加速上升或者加速下降的。因此，做线性趋势回归之后可能存在自相关。

（3）拿到一组时间序列数据，我们先做线性趋势模型，然后用 DW 检验来检验自相关。

如果 DW 检验不能拒绝原假设（没有自相关），那么就用线性趋势模型；如果 DW 检验拒绝原假设（有自相关），那么就用对数线性趋势模型。

（4）对数线性趋势模型做完之后，仍然用 DW 检验来检验自相关。如果 DW 检验不能拒绝原假设，那么就用对数线性趋势模型；如果 DW 检验拒绝原假设，那么就用自回归模型。

（5）自回归模型是用上一期或上几期的因变量来做自变量，因此也解决了缺少自变量的问题。

（6）自回归模型是否解决了自相关的问题呢？我们做完一个自回归模型 AR(1)之后，不能用 DW 检验来检验自相关，而要用最原始的方法，计算每一个自相关系数，对每一个自相关系数做显著性检验 t 检验。如果每一个自相关系数的显著性检验 t 检验都不能拒绝原假设（没有自相关），那么就用这个 AR(1)模型；如果有一个自相关系数的显著性检验 t 检验拒绝原假设（有自相关），那么就要引入一个周期性滞后变量，然后以新的（二元）自回归模型重新回归，估计回归系数。

（7）新的（二元）自回归模型重新回归之后，我们仍然计算每一个自相关系数，对每一个自相关系数做显著性检验 t 检验。如果每一个自相关系数的显著性检验 t 检验都不能拒绝原假设（没有自相关），那么就用这个新的（二元）自回归模型；如果有一个自相关系数的显著性检验 t 检验拒绝原假设（有自相关），那么就要再引入一个周期性滞后变量，然后以新的（三元）自回归模型重新回归。这样周而复始，不断引入周期性滞后变量，最终总能使每一个自相关系数的显著性检验 t 检验都不能拒绝原假设。也就是说，自回归模型可以从根本解决自相关的问题。

（8）自回归模型虽然解决了自相关的问题，但是带来了一个新的问题：只有平稳的时间序列数据才能做自回归，这是自回归模型的前提条件。CFA 称平稳的时间序列数据为协方差恒定的时间序列数据（Covariance-stationary Series）。

（9）时间序列数据要协方差恒定，有一个必要条件，就是必须有一个均值回复水平。对 AR(1)模型，均值回复水平 $Y_{MRL} = b_0/(1-b_1)$。如果 $b_1=1$，则该 AR(1)模型不存在均值回复水平，这个时间序列数据也就不满足协方差恒定的条件。因此，做了一个 AR(1)模型之后，我们要用 DF 检验来检验斜率系数 b_1 是否显著不等于 1（b_1 等于 1 称为"单位根"）。如果 DF 检验可以拒绝原假设，那么就没有单位根，可以用这个 AR(1)模型；如果 DF 检验不能拒绝原假设，那么就有单位根，不可以用这个 AR(1)模型，此时这个 AR(1)模型称为"随机游走模型"。

（10）随机游走模型有单位根 b_1 等于 1，因此不满足协方差恒定的前提条件，必须做一阶差分。一阶差分最终能解决单位根的问题。

（11）以上终于解决了自相关和单位根（协方差恒定）的问题。最后用自回归条件异方差模型检测异方差的问题。

8．回归中的时间序列问题

在做线性回归分析时，如果所采用的变量数据中有时间序列数据，那么这些时间序列数据必须是协方差平稳的时间序列数据。如果所采用的时间序列数据不满足协方差平稳的条件，那么就不一定可以用来做回归分析，即普通最小二乘法不一定适用。

在做回归分析之前，我们可以用 DF 检验来对每组时间序列数据检验单位根。其结果不外以下 3 种。

（1）所有 DF 检验都拒绝原假设，即每组时间序列数据都没有单位根。那么可以用来做回归分析。

（2）有的 DF 检验拒绝原假设，而有的不能拒绝，即一些时间序列数据没有单位根，而另一些有单位根。那么不可以用它们来做回归分析。

（3）所有 DF 检验都不能拒绝原假设，即每组时间序列数据都有单位根。那么是否可以用它们来做回归分析要看它们是否协整。如果协整，则可以用来做回归分析；如果不协整，则不可以用来做回归分析。

协整是指两组时间序列数据之间存在长期稳定的关系。DF-EG 检验可以用来检验两组时间序列数据是否协整。原假设为两组数据没有协整，备择假设为两组数据有协整。如果 DF-EG 检验可以拒绝原假设，那么两组数据协整，可以用来做回归分析；如果 DF-EG 检验不能拒绝原假设，那么两组数据没有协整，不可以用来做回归分析。

10.2　时间序列的相关概念及其 Python 应用

1．时间序列的概念及其特征

对某一个或者一组变量 $x_{(t)}$ 进行观察测量，将在一系列时刻 $t_1,t_2,\cdots,t_n$ 所得到的离散数字组成的序列集合称为"时间序列"。如某股票 A 从 2015 年 6 月 1 日到 2016 年 6 月 1 日之间各个交易日的收盘价可以构成一个时间序列，某地每天的最高气温可以构成一个时间序列。

2．时间序列的特征

时间序列具有以下特征。

（1）趋势。在长时期内呈现出持续向上或持续向下的变动。

（2）季节变动。在一年内重复出现的周期性变动。如受气候条件、生产条件、节假日或人们的风俗习惯等各种因素影响的结果。

（3）循环变动。呈现非固定长度的周期性变动。循环变动的周期可能会持续一段时间，但与趋势不同，它不是朝着单一方向的持续变动，而是涨落相同的交替波动。

（4）不规则变动。除去趋势、季节变动和周期波动之外的随机波动的时间序列。不规则变动通常夹杂在时间序列中，致使时间序列产生一种波浪形或震荡式的变动。只含有随机变动的序列也称为平稳序列。

3．平稳性

如果一个时间序列，其均值没有系统的变化（无趋势）、方差没有系统变化，并且严格消除了周期性变化，它就是平稳的。

我们先通过如下代码来看图 10-1～图 10-4。

```
import tushare as ts     #财经数据接口包 Tushare
import matplotlib.pyplot as plt
```

```
import pandas as pd
IndexData = ts.get_k_data(code='sh',start='2013-01-01',end='2014-08-01')
IndexData.index = pd.to_datetime(IndexData.date)
close = IndexData.close
closeDiff_1 = close.diff(1)     #close 的 1 阶差分处理
closeDiff_2 = close.diff(2)     #close 的 2 阶差分处理
rate = (close-close.shift(1))/close.shift(1)
data = pd.DataFrame()
data['close'] = close
data['closeDiff_1'] = closeDiff_1
data['closeDiff_2'] = closeDiff_2
data['rate']=rate
data = data.dropna()
fig = plt.figure(1,figsize=(16,4))
data['close'].plot()
plt.title('close')
fig = plt.figure(2,figsize=(16,4))
data['rate'].plot(color='b')
plt.title('rate')
fig = plt.figure(3,figsize=(16,4))
data['closeDiff_1'].plot(color='r')
plt.title('closeDiff_1')
fig = plt.figure(4,figsize=(16,4))
data['closeDiff_2'].plot(color='y')
plt.title('closeDiff_2')
```

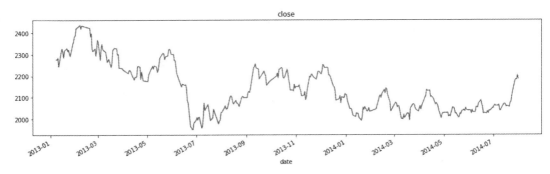

图 10-1 close 非平稳序列

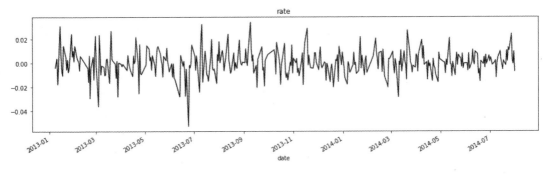

图 10-2 rate 平稳序列

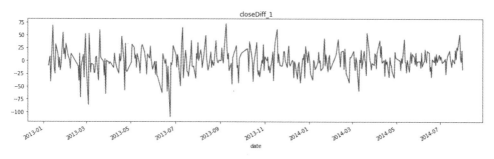

图 10-3　closeDiff_1 平稳序列

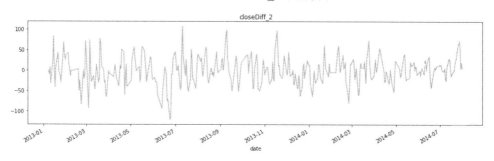

图 10-4　closeDiff_2 平稳序列

图 10-1 所示为上证指数部分年份的收盘指数，是一个非平稳时间序列，而下面的 3 幅图为平稳时间序列。

我们发现，图 10-3 和图 10-4 实际上是对第一个序列做了差分处理，方差和均值基本平稳，成了平稳时间序列，后面我们会讲这种处理。

下面给出平稳性的定义。

（1）严平稳。如果对所有的时刻 t、任意正整数 k 和任意 k 个正整数 $(t_1, t_2, \cdots, t_k)$, $(r_{t_1}, r_{t_2}, \cdots, r_{t_k})$ 的联合分布与 $(r_{t_1}+t, r_{t_2}+t, \cdots, r_{t_k+t})$ 的联合分布相同，我们称时间序列 $\{r_t\}$ 是严平稳的。

也就是说，$(r_{t_1}, r_{t_2}, \cdots, r_{t_k})$ 的联合分布在时间的平移变换下保持不变，这是个很强的条件。而我们经常假定的是平稳性较弱的条件。

（2）弱平稳。若时间序列 $\{r_t\}$ 满足下面两个条件：$E(r_t) = \mu$，μ 是常数，$Cov(r_t, r_{t-l}) = \gamma_l$，$\gamma_l$ 只依赖于 1，则时间序列 $\{r_t\}$ 是弱平稳的。即该序列的均值和 r_t 与 r_{t-l} 的协方差不随时间而改变，1 为任意整数。

在金融数据中，通常我们所说的平稳序列是弱平稳的。

差分就是求时间序列 $\{r_t\}$ 在 t 时刻的值 r_t 与 $t-1$ 时刻的值 $r_{(t-1)}$ 的差，记作 d_t，则得到了一个新序列 $\{d_t\}$，为一阶差分。对新序列 $\{d_t\}$ 再做同样的操作，则为二阶差分。通常非平稳序列可以经过 d 次差分，处理成弱平稳或者近似弱平稳时间序列。如图 10-3 和图 10-4 所示，我们发现二阶差分比一阶差分效果更好。

4．相关系数

对于两个向量，我们希望能定义它们是不是相关。一个很自然的想法，就是用向量与向量的夹角来作为距离的定义。夹角小，距离就小；夹角大，距离就大。

在中学数学中，我们就经常使用余弦公式来计算角度。

$$\cos<\vec{a},\vec{b}> = \frac{\vec{a} \cdot \vec{b}}{|\vec{a}||\vec{b}|}$$

对于 $\vec{a} \cdot \vec{b}$，我们叫作"内积"，如 $(x_1,y_1) \cdot (x_2,y_2) = x_1x_2 + y_1y_2$。

下面再来看相关系数的定义公式，X 和 Y 的相关系数如下。

$$\rho_{xy} = \frac{Cov(X,Y)}{\sqrt{Var(X)Var(Y)}}$$

而根据样本的估计计算公式如下。

$$\rho_{xy} = \frac{\sum_{t=1}^{T}(x_t - \overline{x})(y_t - \overline{y})}{\sqrt{\sum_{t=1}^{T}(x_t - \overline{x})^2 \sum_{t=1}^{T}(y_t - \overline{y})^2}} = \frac{\overline{(X - \overline{x})} \cdot \overline{(Y - \overline{y})}}{\left|\overline{(X - \overline{x})}\right|\left|\overline{(Y - \overline{y})}\right|}$$

我们发现，相关系数实际上就是计算了向量空间中两个向量的夹角。协方差是去均值后两个向量的内积。

如果两个向量平行，相关系数等于 1 或者 -1，同向的时候是 1，反向的时候就是 -1。如果两个向量垂直，则夹角的余弦就等于 0，说明二者不相关。两个向量夹角越小，相关系数绝对值越接近 1，相关性越高。只不过这里计算的时候对向量做了去均值处理，即中心化操作。而不是直接用向量 X、Y 计算。对于去均值操作，并不影响角度计算，是一种"平移"效果，我们通过如下代码得到图 10-5 所示的图形。

```python
import numpy as np
import pandas as pd
import matplotlib.pyplot as plt
a = pd.Series([9,8,7,5,4,2])
b = a - a.mean() #去均值
plt.figure(figsize=(10,4))
a.plot(label='a')
b.plot(label='mean removed a')
plt.legend()
```

得到图 10-5 所示的图形。

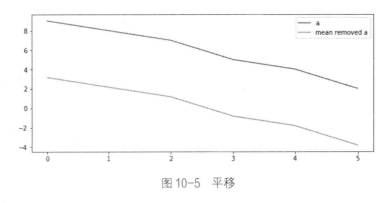

图 10-5　平移

5. 自相关函数

相关系数度量了两个向量的线性相关性，而在平稳时间序列 $\{r_t\}$ 中，我们有时候很想知

道 r_t 与它的过去值 r_{t-i} 的线性相关性。这时候我们把相关系数的概念推广到自相关系数（Autocorrelation Function，ACF）。

r_t 与 r_{t-i} 的相关系数称为"r_t 的间隔为 1 的自相关系数"，通常记为 ρ_l。具体定义如下。

$$\rho_l = \frac{Cov(r_t, r_{t-1})}{\sqrt{Var(r_t)Var(r_{t-l})}} = \frac{Cov(r_t, r_{t-1})}{Var(r_t)}$$

这里用到了弱平稳序列的性质，如下所示。

$$Var(r_t) = Var(r_{t-1})$$

对一个平稳时间序列的样本 $\{r_t\}$，$1 \leqslant t \leqslant T$，则间隔为 1 的样本自相关系数的估计如下。

$$\hat{\rho}_l = \frac{\sum_{t=l+1}^{T}(r_t - \overline{r})(r_{t-l} - \overline{r})}{\sum_{t=1}^{T}(r_t - \overline{r})^2}, 0 \leqslant l \leqslant T-1$$

则函数

$$\hat{\rho}_1, \hat{\rho}_2, \hat{\rho}_3, \cdots$$

称为"r_t 的样本自相关函数"。

当自相关函数中所有的值都为 0 时，我们认为该序列是完全不相关的。因此，我们经常需要检验多个自相关系数是否为 0。

混成检验。

原假设为 $H0: \rho_1 = \cdots = \rho_m = 0$。

备择假设为 $H1: \exists i \in 1, \cdots, m, \rho_i \neq 0$。

混成检验统计量公式如下。

$$Q(m) = T(T+2)\sum_{t=1}^{m}\frac{\hat{\rho}_l^2}{T-l}$$

$Q(m)$ 渐进服从自由度为 m 的 χ^2 分布。

决策规则如下。

$$Q(m) > \chi_\alpha^2，拒绝 H_0$$

即 $Q(m)$ 的值大于自由度为 m 的卡方分布 $100(1-\alpha)$ 分位点时，则拒绝 H_0。

大部分软件会给出 $Q(m)$ 的 P-value，当 P-value 小于等于显著性水平 α 时拒绝 H_0。

下面通过代码给出示例。

```
from scipy import  stats
import statsmodels.api as sm   #统计相关的库
m = 10 #检验10个自相关系数
acf,q,p = sm.tsa.acf(data['close'],nlags=m,qstat=True)   #计算自相关系数及 P-value
out = np.c_[range(1,11), acf[1:], q, p]
output=pd.DataFrame(out, columns=['lag', "AC", "Q", "P-value"])
output = output.set_index('lag')
Output
          AC           Q          P-value
lag
1.0    0.977016   364.649631    2.736264e-81
```

```
2.0    0.951390     711.338472   3.426206e-155
3.0    0.926487    1040.990163   2.306419e-225
4.0    0.903179    1355.099331   3.762710e-292
5.0    0.877278    1652.243495   0.000000e+00
6.0    0.853557    1934.289721   0.000000e+00
7.0    0.833148    2203.731714   0.000000e+00
8.0    0.810319    2459.297051   0.000000e+00
9.0    0.786565    2700.749322   0.000000e+00
10.0   0.761624    2927.745615   0.000000e+00
```

取显著性水平为 0.05，可以看出，所有的 P-value 都小于 0.05，则我们拒绝原假设 H_0。因此可以认为该序列，即上证指数序列，是序列相关的。

下面再来看看同期上证指数的日收益率序列。

```
m = 10 #检验10个自相关系数
acf,q,p = sm.tsa.acf(data['rate'],nlags=m,qstat=True)  #计算自相关系数及P-value
out = np.c_[range(1,11), acf[1:], q, p]
output=pd.DataFrame(out, columns=['lag', "AC", "Q", "P-value"])
output = output.set_index('lag')
output
                AC          Q      P-value
lag
1.0     0.065258    1.626814    0.202144
2.0    -0.014282    1.704946    0.426359
3.0    -0.022427    1.898111    0.593821
4.0     0.009321    1.931564    0.748344
5.0    -0.050420    2.913066    0.713387
6.0    -0.067368    4.670052    0.586772
7.0     0.080340    7.175494    0.410839
8.0     0.012591    7.237201    0.511270
9.0     0.027481    7.531934    0.581914
10.0    0.079175    9.985005    0.441810
```

可以看出，P-value 均大于显著性水平 0.05。我们不能拒绝原假设 H_0，即上证指数日收益率序列没有显著的相关性。

6. 白噪声序列和线性时间序列

（1）白噪声序列。随机变量 $X(t)$（$t=1$，2，3…），如果是由一个不相关的随机变量的序列构成的，即对于所有 S 不等于 T，随机变量 X_t 和 X_s 的协方差为零，则称其为"纯随机过程"。

对于一个纯随机过程来说，若其期望和方差均为常数，则称之为"白噪声过程"。白噪声过程的样本称为"白噪声序列"，简称"白噪声"。之所以称为"白噪声"，是因为它和白光的特性类似，白光的光谱在各个频率上有相同的强度，而白噪声的谱密度在各个频率上的值相同。

（2）线性时间序列。时间序列 $\{r_t\}$，如果能写成 $r_t = \mu + \sum_{i=0}^{\infty} \psi_i a_{t-i}$，$\mu$ 为 r_t 的均值，$\psi_0 = 1, a_t$ 为白噪声序列。

则我们称 $\{r_t\}$ 为"线性序列"。其中 a_t 称为"在 t 时刻的信息（Innovation）或扰动（Shock）"。

很多时间序列具有线性，即线性时间序列，相应的有很多线性时间序列模型，如接下来要介绍的 AR、MA、ARMA，都是线性模型，但并不是所有的金融时间序列都是线性的。

对于弱平稳序列，利用白噪声的性质很容易得到 r_t 的均值和方差。

$E(r_t) = \mu, Var(r_t) = \sigma_a^2 \sum_{i=0}^{\infty} \psi_i^2 \sigma_a^2$ 为 a_t 的方差。因为 $Var(r_t)$ 一定小于正无穷，因此 ψ_i^2 必须是收

敛序列，因此满足 $i \to \infty$ 时，$\psi_i^2 \to 0$。即随着 i 的增大，远处的扰动 a_{t-i} 对 r_t 的影响会逐渐消失。

到目前为止，介绍了时间序列的一些基本知识和概念，如平稳性、相关性、白噪声、线性序列。下面开始介绍一些线性模型。

10.3　自回归模型

在 10.2 节中，我们计算了上证指数部分数据段的 ACF，看表可知间隔为 1 时自相关系数是显著的。这说明在 $t-1$ 时刻的数据 r_{t-1}，在预测 t 时刻的 r_t 时可能是有用的。

根据这点我们可以建立下面的模型。

$$r_t = \phi_0 + \phi_1 r_{t-1} + a_t$$

其中 $\{a_t\}$ 是白噪声序列，这个模型与简单线性回归模型有相同的形式，这个模型也叫作"一阶自回归（AR）模型"，简称 AR(1) 模型。

从 AR(1) 很容易推广到 AR(p) 模型。

$$r_t = \phi_0 + \phi_1 r_{t-1} + \cdots + \phi_p r_{t-p} + a_t$$

1. AR 模型的特征根及平稳性检验

我们先假定序列是弱平稳的，则有：

$$E(r_t) = \mu, Var(r_t) = \gamma_0, Cov(r_t, r_{t-j}) = \gamma_j$$

其中 μ, γ_0 是常数。

因为 $\{a_t\}$ 是白噪声序列，因此有：

$$E(a_t) = 0, Var(a_t) = \sigma_a^2$$

所以有：

$$E(r_t) = \phi_0 + \phi_1 E(r_{t-1}) + \phi_2 E(r_{t-2}) + \cdots + \phi_p E(r_{t-p})$$

根据平稳性的性质，又有 $E(r_t) = E(r_{t-1}) = \cdots = \mu$，从而

$$\mu = \phi_0 + \phi_1 \mu + \phi_2 \mu + \cdots + \phi_p \mu E(r_t) = \mu = \frac{\phi_0}{1 - \phi_1 - \phi_2 - \cdots - \phi_p}$$

对于上式，假定分母不为 0，我们将下面的方程称为特征方程。

$$1 - \phi_1 x - \phi_2 x - \cdots - \phi_p x = 0$$

该方程所有解的倒数称为该模型的"特征根"，如果所有的特征根的值都小于 1，则该 AR(p) 序列是平稳的。

下面就用该方法，检验上证指数日收益率序列的平稳性，代码如下。

```
temp = np.array(data['rate']) #载入收益率序列
model = sm.tsa.AR(temp)
results_AR = model.fit()
```

```
plt.figure(figsize=(10,4))
plt.plot(temp,'b',label='rate')
plt.plot(results_AR.fittedvalues, 'r',label='AR model')
plt.legend()
```

运行后得到图 10-6 所示的图形。

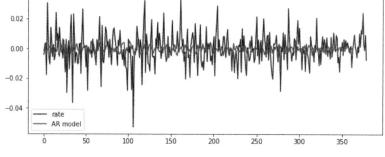

图 10-6　上证指数日收益率序列的平稳性

可以看看 AR 模型有多少阶。

```
print (len(results_AR.roots))
17
```

可以看出，自动生成的 AR 模型是 17 阶的。关于阶次的讨论在下节内容进行。下面我们画出模型的特征根来检验平稳性。

```
pi,sin,cos = np.pi,np.sin,np.cos
r1 = 1
theta = np.linspace(0,2*pi,360)
x1 = r1*cos(theta)
y1 = r1*sin(theta)
plt.figure(figsize=(6,6))
plt.plot(x1,y1,'k')   #画单位圆
roots = 1/results_AR.roots   #注意，这里 results_AR.roots 是计算的特征方程的解，特征根
应该取倒数
for i in range(len(roots)):
    plt.plot(roots[i].real,roots[i].imag,'.r',markersize=8)   #画特征根
plt.show()
```

运行后得到图 10-7 所示的图形。

可以看出，所有特征根都在单位圆内，则序列为平稳的。

2．AR 模型的定阶

一般用以下两种方法来判断 p。

① 利用偏相关函数（Partial Auto Correlation Function，PACF）。

② 利用信息准则函数。

（1）偏相关函数判断 p。

对于偏相关函数的介绍，这里不详细展开，只重点介绍一个性质：AR(p)序列的样本偏相

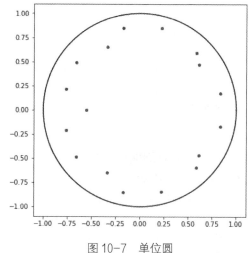

图 10-7　单位圆

关函数是 p 截尾的。所谓截尾，就是快速收敛，即快速地降到几乎为 0 或者置信区间以内。

具体看下面的例子，还是以前面的上证指数日收益率序列为例。

```
fig = plt.figure(figsize=(20,5))
ax1=fig.add_subplot(111)
fig = sm.graphics.tsa.plot_pacf(temp,ax=ax1)
```

运行后得到图 10-8 所示的图形。

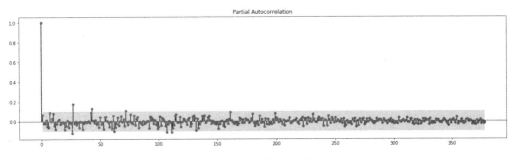

图 10-8　偏相关图

我们看出，按照截尾来看，模型阶次 p 在 110 以上，但是之前调用的 AR 模型，阶数为 17，当然，现实中很少会用这么高的阶次。

（2）信息准则——AIC、BIC、HQ。

现在有以上这么多可供选择的模型，我们通常采用 AIC 法则。一般来讲，增加自由参数的数目提高了拟合的优良性，AIC 提高数据拟合的优良性且尽量避免出现过度拟合（Overfitting）的情况，所以优先考虑的模型应是 AIC 值最小的那一个。AIC 信息准则的方法是寻找可以最好地解释数据，但包含最少自由参数的模型。常用信息准则如下。

① $\mathrm{AIC} = -2\ln(L) + 2\,k$（赤池信息量，Akaike Information Criterion）。

② $\mathrm{BIC} = -2\ln(L) + \ln(n){\times}k$（贝叶斯信息量，Bayesian Information Criterion）。

③ $\mathrm{HQ} = -2\ln(L) + \ln(\ln(n)){\times}k$（Hannan-Quinn Criterion）。

其中 L 为似然函数，k 为参数数量，n 为观察数。

下面测试 3 种准则下确定的 p，仍然用上证指数日收益率序列。为了减少计算量，我们只计算前 10 个间隔，看看效果。

```
aicList = []
bicList = []
hqicList = []
for i in range(1,11):  #从 1 阶开始算
    order = (i,0)  #这里使用了 ARMA 模型，order 代表了模型的(p,q)值，我们令 q 始终为 0,
就只考虑 AR 情况
    tempModel = sm.tsa.ARMA(temp,order).fit()
    aicList.append(tempModel.aic)
    bicList.append(tempModel.bic)
    hqicList.append(tempModel.hqic)
plt.figure(figsize=(15,6))
plt.plot(aicList,'r',label='aic value')
plt.plot(bicList,'b',label='bic value')
plt.plot(hqicList,'k',label='hqic value')
plt.legend(loc=0)
```

运行后得到图 10-9 所示的图形。

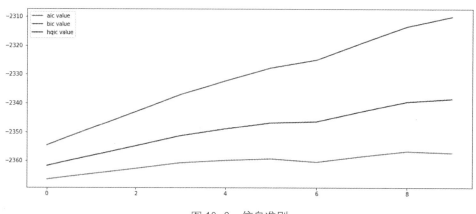

图 10-9　信息准则

可以看出，3 个准则在第一点均取到最小值，也就是说，p 的最佳取值应该在 1。因为我们只计算了前 10 个，所以结果未必正确。

当然，利用上面的方法逐个计算是很耗时间的。实际上，若有函数可以直接按照准则计算出合适的 order，这个是针对 ARMA 模型的，我们后续再讨论。

3．AR 模型的检验

根据如下式子进行模型的检验。

$$r_t = \phi_0 + \phi_1 r_{t-1} + \cdots + \phi_p r_{t-p} + a_t$$

如果模型满足充分条件，其残差序列应该是白噪声，根据前面介绍的混成检验，可以用来检验残差与白噪声的接近程度。

下面先求出残差序列。

```
delta = results_AR.fittedvalues - temp[17:]   #残差
plt.figure(figsize=(10,6))
plt.plot(delta,'r',label='residual error')
plt.legend(loc=0)
```

运行后得到图 10-10 所示的图形。

下面检查它是不是接近白噪声序列，代码如下。

```
acf,q,p = sm.tsa.acf(delta,nlags=10,qstat=True)   #计算自相关系数 及 P-value
out = np.c_[range(1,11), acf[1:], q, p]
output = pd.DataFrame(out, columns=['lag', "AC", "Q", "P-value"])
output = output.set_index('lag')
Output
           AC          Q      P-value
lag
1.0   -0.001149   0.000482   0.982482
2.0   -0.004135   0.006742   0.996635
3.0   -0.005099   0.016286   0.999450
4.0   -0.012264   0.071646   0.999373
5.0   -0.000408   0.071707   0.999929
```

```
6.0   -0.000137   0.071714   0.999993
7.0   -0.005574   0.083247   0.999999
8.0   -0.000707   0.083433   1.000000
9.0   -0.009415   0.116520   1.000000
10.0   0.001164   0.117028   1.000000
```

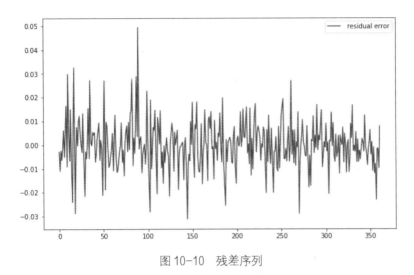

图 10-10　残差序列

观察 P-value 可知，可以认为该序列没有相关性，近似可以认为残差序列接近白噪声。

4．拟合优度及预测

（1）拟合优度。

我们使用下面的统计量来衡量拟合优度。

$$R^2 = 1 - \frac{残差的平方和}{总的平方和}$$

但是，对于一个给定的数据集，R^2 是用参数个数的非降函数，为了克服该缺点，推荐使用调整后的 R^2，公式如下。

$$AdjR^2 = 1 - \frac{残差的平方}{r_i 的方差}$$

它的值为 0~1，越接近 1，拟合效果越好。

下面计算之前的上证指数日收益率的 AR 模型的拟合优度。

```
score = 1 - delta.var()/temp[17:].var()
print (score)
0.04082742495107772
```

可以看出，模型的拟合程度并不好，当然这并不重要，也许是这个序列并不适合用 AR 模型拟合。

（2）预测。

我们首先得把原来的样本分为训练集和测试集，再来看预测效果，还是以之前的数据为例。

```
train = temp[:-10]
```

```
test = temp[-10:]
output = sm.tsa.AR(train).fit()
output.predict()
predicts = output.predict(355, 364, dynamic=True)
print (len(predicts))
comp = pd.DataFrame()
comp['original'] = temp[-10:]
comp['predict'] = predicts
comp
    original   predict
0 -0.002229 -0.001687
1  0.010222 -0.002190
2  0.001450 -0.000487
3  0.012783  0.000282
4  0.010237  0.001469
5  0.024142 -0.001095
6  0.002406 -0.000011
7 -0.000893 -0.000108
8  0.009316  0.000254
9 -0.007386 -0.000345
```

该模型的预测结果不太好。我们是不是可以通过其他模型获得更好的结果呢？这将在下一部分介绍。

10.4 移动平均模型

这里直接给出移动平均 MA(q) 模型的形式。

$$r_t = c_0 + a_t - \theta_1 a_{t-1} - \cdots - \theta_q a_{t-q}$$

c_0 为一个常数项。这里的 a_t 是 AR 模型 t 时刻的扰动或者说信息，可以发现，该模型使用了过去 q 个时期的随机干扰或预测误差来线性表达当前的预测值。

1. MA 模型的性质

（1）平稳性。

MA 模型总是弱平稳的，因为它们是白噪声序列（残差序列）的有限线性组合。因此，根据弱平稳的性质可以得出以下结论。

$$E(r_t) = c_0 \quad Var(r_t) = (1 + \theta_1^2 + \theta_2^2 + \cdots + \theta_q^2)\sigma_a^2$$

（2）自相关函数。

对 q 阶的 MA 模型，其自相关函数 ACF 总是 q 步截尾的。因此 MA(q) 序列只与其前 q 个延迟值线性相关，从而它是一个"有限记忆"的模型。

这一点可以用来确定模型的阶次，后面会介绍。

（3）可逆性。

当满足可逆条件的时候，MA(q) 模型可以改写为 AR(p) 模型。这里不进行推导，只给出 1 阶和 2 阶 MA 的可逆性条件。

① 1 阶：$|\theta_1| < 1$。

② 2 阶：$|\theta_2| < 1, \theta_1 + \theta_2 < 1$。

2．MA 模型的定阶

我们通常利用上面介绍的第二条性质：MA(q)模型的 ACF 函数 q 步截尾来判断模型阶次。例：使用上证指数的日涨跌数据（2013 年 1 月至 2014 年 8 月）来进行分析，先取数据，取数和画图代码如下。

```
import numpy as np
import pandas as pd
import matplotlib.pyplot as plt
import tushare as ts     #财经数据接口包 Tushare
from scipy import  stats
import statsmodels.api as sm  # 统计相关的库
IndexData = ts.get_k_data(code='sh',start='2013-01-01',end='2014-08-01')
IndexData.index = pd.to_datetime(IndexData.date)
close = IndexData.close
rate = (close-close.shift(1))/close.shift(1)
data = pd.DataFrame()
data['close'] = close
data['rate']=rate
data = data.dropna()
data1 = np.array(data['rate']) # 上证指数日涨跌
data['rate'].plot(figsize=(15,5))
```

运行后得到图 10-11 所示图形。

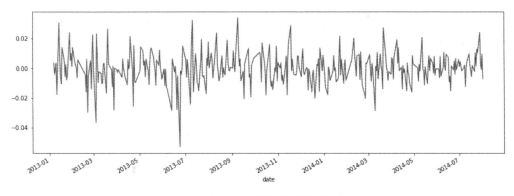

图 10-11　上证指数的日涨跌数据

可以看出，序列看上去是弱平稳的。下面画出序列的 ACF。

```
fig = plt.figure(figsize=(20,5))
ax1=fig.add_subplot(111)
fig = sm.graphics.tsa.plot_acf(data1,ax=ax1)
```

运行后得到图 10-12 所示的图形。

我们发现 ACF 函数在 43 处截尾，之后的 ACF 函数均在置信区间内，因此判定该序列 MA 模型阶次为 43 阶。

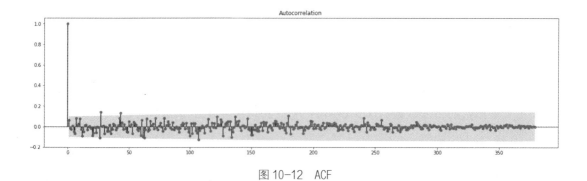

图 10-12　ACF

3．MA 模型的建立和预测

sm.tsa 中没有单独的 MA 模型，可以利用 ARMA 模型，将其中 AR 的阶 p 设为 0 即可。函数 sm.tsa.ARMA 中输入的参数 order(p,q)，代表了 AR 模型和 MA 模型的阶次。模型阶次增高，计算量急剧增长，因此这里就建立 10 阶的模型为例，如果按上一节的判断阶次来建模，计算时间过长。

我们用最后 10 个数据作为 out-sample 的样本，用来对比预测值。

```
order = (0,10)
train = data1[:-10]
test = data1[-10:]
tempModel = sm.tsa.ARMA(train,order).fit()
```

先来看看拟合效果，计算公式如下。

$$AdjR^2 = 1 - \frac{残差的平方}{r_t的方差}$$

```
delta = tempModel.fittedvalues - train
score = 1 - delta.var()/train.var()
print (score)
0.02762900229624965
```

可以看出，score 远小于 1，拟合效果不好。

然后用建立的模型进行预测最后 10 个数据。

```
predicts = tempModel.predict(370, 379, dynamic=True)
print (len(predicts))
comp = pd.DataFrame()
comp['original'] = test
comp['predict'] = predicts
comp.plot()
```

运行后得到图 10-13 所示的图形。

可以看出，建立的模型效果很差，预测值明显小了 1～2 个数量级。就算只看涨跌方向，正确率也不足 50%。说明该模型不适用于源数据。

关于 MA 模型的内容只做了简单介绍，下面主要介绍 ARMA 模型。

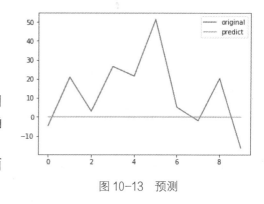

图 10-13　预测

10.5 自回归移动平均模型

在有些应用中，需要高阶的 AR 模型或 MA 模型才能充分地描述数据的动态结构，这样会变得很烦琐。为了克服这个困难，自回归移动平均（ARMA）模型被提出来。

基本思想是把 AR 模型和 MA 模型结合在一起，使所使用的参数个数较少。

模型的形式如下。

$$r_t = \phi_0 + \sum_{i=1}^{p} \phi_i r_{t-i} + a_t + \sum_{i=1}^{q} \theta_i a_{t-i}$$

其中，$\{a_t\}$ 为白噪声序列，p 和 q 都是非负整数。AR 和 MA 模型都是 ARMA(p,q) 的特殊形式。

利用向后推移算子 B，上述模型可写成以下形式。

$$(1 - \phi_1 B - \cdots - \phi_p B^p)r_t = \phi_0 + (1 - \theta_1 B - \cdots - \theta_q B^q)a_t$$

后移算子 B，即上一时刻。

这时候我们求 r_t 的期望，得到如下式子。

$$E(r_t) = \frac{\phi_0}{1 - \phi_1 - \cdots - \phi_p}$$

和上期的 AR 模型一样，因此有着相同的特征方程。

$$1 - \phi_1 x - \phi_2 x^2 - \cdots - \phi_p x^p = 0$$

该方程所有解的倒数称为该模型的"特征根"，如果所有的特征根的值都小于 1，则该 ARMA 模型是平稳的。

有一点很关键：ARMA 模型的应用对象应该为平稳序列。下面的步骤都是建立在假设原序列平稳的条件下的。

1．ARMA 模型的定阶

（1）通过 PACF、ACF 判断模型阶次。

我们通过观察 PACF 和 ACF 截尾，分别判断 p、q 的值（限定滞后阶数 50）。

```
fig = plt.figure(figsize=(20,10))
ax1=fig.add_subplot(211)
fig = sm.graphics.tsa.plot_acf(data1,lags=30,ax=ax1)
ax2 = fig.add_subplot(212)
fig = sm.graphics.tsa.plot_pacf(data1,lags=30,ax=ax2)
```

运行后得到图 10-14 所示的图形。

可以看出，模型的阶次应该为（27,27）。然而，用这么高的阶次建模，其计算量是巨大的。

为什么不再限制滞后阶数？如果 lags 设置为 25、20 或者更小时，阶数为（0,0），显然不是我们想要的结果。

综合来看，由于计算量太大，在这里就不使用（27,27）建模了。采用另外一种方法确定阶数。

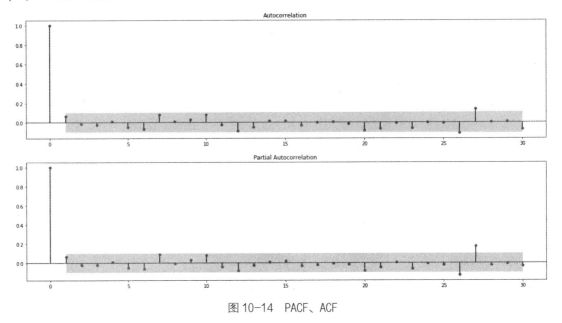

图 10-14　PACF、ACF

（2）信息准则定阶。

关于信息准则，前面有过一些介绍。

目前选择模型有 AIC、BIC 和 HQ，其中较常用的是 AIC，AIC 提高数据拟合的优良性且尽量避免出现过度拟合的情况。所以优先考虑的模型应是 AIC 值最小的那一个模型。

下面分别应用以上 3 种法则为模型定阶，数据仍然是上证指数日涨跌幅序列。

为了控制计算量，这里限制 AR 模型最大阶数不超过 6，MA 模型最大阶数不超过 4。但是这样带来的坏处是可能为局部最优。

```
sm.tsa.arma_order_select_ic(data['rate'],max_ar=6,max_ma=4,ic='aic')['aic_min_
order']  #AIC 信息准则
(3, 3)
sm.tsa.arma_order_select_ic(data['rate'],max_ar=6,max_ma=4,ic='bic')['bic_min_
order']  #BIC 信息准则
(0, 0)
sm.tsa.arma_order_select_ic(data['rate'],max_ar=6,max_ma=4,ic='hqic')['hqic_min_
order'] #HQIC 信息准则
(0, 0)
```

可以看出，AIC 准则求解模型的阶为（3,3），这里就以 AIC 准则为准，至于到底哪种准则更好，我们可以分别建模进行对比。

2. ARMA 模型的建立及预测

我们使用 AIC 求解模型的阶为（3,3）来建立 ARMA 模型，源数据为上证指数日涨跌幅数据，取最后 10 个数据用于预测。

```
order = (3,3)
train = data1[:-10]
test =data1[-10:]
tempModel = sm.tsa.ARMA(train,order).fit()
```
同样地，先来看看拟合效果。

```
delta = tempModel.fittedvalues - train
score = 1 - delta.var()/train.var()
print (score)
0.04903929982793831
```

如果对比之前建立的 AR、MA 模型，可以发现拟合精度有所提升，但仍然不够精准。

```
predicts = tempModel.predict(370, 379, dynamic=True)
print (len(predicts))
comp = pd.DataFrame()
comp['original'] = test
comp['predict'] = predicts
comp.plot()
```

运行后得到图 10-15 所示的图形。

可以看出，虽然准确率还是很低，不过相比之前的 MA 模型，只看涨跌的话，胜率为 55.6%，效果还是好了不少。

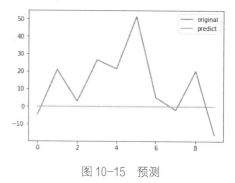

图 10-15　预测

10.6　差分自回归移动平均模型

到目前为止，我们研究的序列都集中在平稳序列，即差分自回归移动平均（ARMA）模型研究的对象为平稳序列。如果序列是非平稳的，就可以考虑使用 ARIMA 模型。

ARIMA 模型比 ARMA 模型仅多了个"I"，代表着其比 ARMA 模型多一层内涵——差分（Integrated）。

一个非平稳序列经过 d 次差分后，可以转化为平稳序列。d 具体的取值，我们得对差分 1 次后的序列进行平稳性检验，若是非平稳的，则继续差分。直到 d 次后检验为平稳序列。

1．单位根检验

ADF 是一种常用的单位根检验方法，它的原假设为序列具有单位根，即非平稳。对于一个平稳的时间序列数据，需要在给定的置信水平上显著，即拒绝原假设。

下面给出示例，我们先看上证指数的日指数序列。

```
data2 = data['close'] # 上证指数
data2.plot(figsize=(15,5))
```

运行后得到图 10-16 所示的图形。

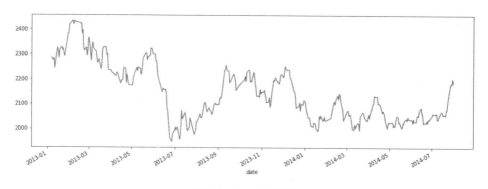

图 10-16　上证指数

从图 10-16 可见，这里显然是非平稳的。下面进行 ADF 单位根检验。

```
temp = np.array(data2)
t = sm.tsa.stattools.adfuller(temp)    #ADF 检验
output=pd.DataFrame(index=['Test Statistic Value', "p-value", "Lags Used",
"Number of Observations Used","Critical Value(1%)","Critical Value(5%)","Critical
Value(10%)"],columns=['value'])
output['value']['Test Statistic Value'] = t[0]
output['value']['p-value'] = t[1]
output['value']['Lags Used'] = t[2]
output['value']['Number of Observations Used'] = t[3]
output['value']['Critical Value(1%)'] = t[4]['1%']
output['value']['Critical Value(5%)'] = t[4]['5%']
output['value']['Critical Value(10%)'] = t[4]['10%']
Output
                                 value
Test Statistic Value          -2.27913
p-value                       0.178787
Lags Used                            1
Number of Observations Used        378
Critical Value(1%)            -3.44777
Critical Value(5%)            -2.86922
Critical Value(10%)           -2.57086
```

可以看出，P-value 为 0.178787，大于显著性水平。原假设序列具有单位根（即非平稳）不能被拒绝。因此上证指数的日指数序列为非平稳的。我们将序列进行 1 次差分后再次检验。

```
data2Diff = data2.diff()    #差分
data2Diff.plot(figsize=(15,5))
```

运行后得到图 10-17 所示的图形。

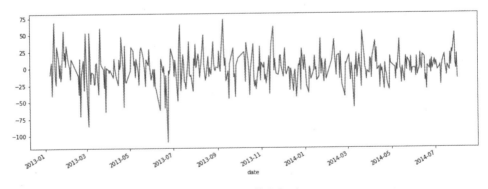

图 10-17　差分序列

从图 10-17 可见，这里近似平稳序列，我们来进行 ADF 检验。

```
temp = np.array(data2Diff)[1:] #差分后第一个值为 NaN，舍去
t = sm.tsa.stattools.adfuller(temp)    #ADF 检验
print ("p-value:    ",t[1])
P-value:    2.346451382047225e-30
```

可以看出，P-value 非常接近于 0，拒绝原假设。因此，该序列为平稳的。

可见，经过 1 次差分后的序列是平稳的，对于原序列，d 的取值为 1 即可。

2．ARIMA 模型阶次的确定

上面我们确定了差分次数 d，接下来，就可以将差分后的序列建立 ARMA 模型。
我们还是尝试使用 PACF 和 ACF 来判断 p、q。

```
temp = np.array(data2Diff)[1:] # 差分后第一个值为 NaN,舍去
fig = plt.figure(figsize=(20,10))
ax1=fig.add_subplot(211)
fig = sm.graphics.tsa.plot_acf(temp,lags=30,ax=ax1)
ax2 = fig.add_subplot(212)
fig = sm.graphics.tsa.plot_pacf(temp,lags=30,ax=ax2)
```

运行后得到图 10-18 所示的图形。

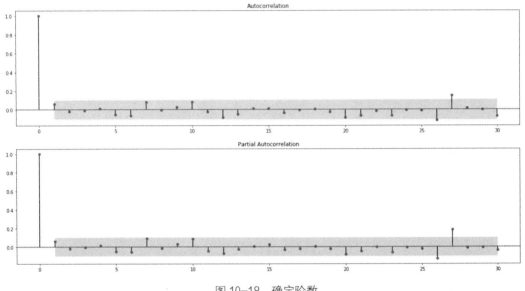

图 10-18　确定阶数

由图 10-18 可以看出，模型的阶次为（27,27），还是太高了，建模计算量太大。我们再看看 AIC 准则。

```
sm.tsa.arma_order_select_ic(temp,max_ar=6,max_ma=4,ic='aic')['aic_min_order'] # AIC
(2, 2)
```

根据 AIC 准则，差分后的序列的 ARMA 模型阶次为(2,2)。因此，我们要建立的 ARIMA 模型阶次$(p,d,q) = (2,1,2)$。

3．ARIMA 模型的建立及预测

根据前面确定的模型阶次，我们对差分后序列建立 ARMA(2,2)模型。

```
order = (2,2)
data = np.array(data2Diff)[1:] # 差分后，第一个值为 NaN
rawdata = np.array(data2)
train = data[:-10]
test = data[-10:]
model = sm.tsa.ARMA(train,order).fit()
```

先看差分序列的 ARMA 拟合值。

```
plt.figure(figsize=(15,5))
plt.plot(model.fittedvalues,label='fitted value')
plt.plot(train[1:],label='real value')
plt.legend(loc=0)
```

运行后得到图 10-19 所示的图形。

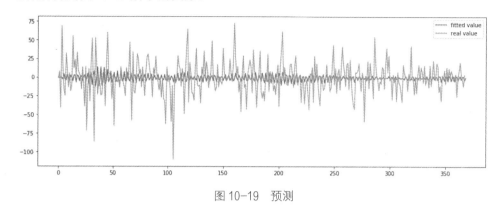

图 10-19　预测

```
delta = model.fittedvalues - train
score = 1 - delta.var()/train[1:].var()
print (score)
0.0398079992106372314
```

再看对差分序列的预测情况。

```
predicts = model.predict(10,381, dynamic=True)[-10:]
print (len(predicts))
comp = pd.DataFrame()
comp['original'] = test
comp['predict'] = predicts
comp.plot(figsize=(8,5))
```

运行后得到图 10-20 所示的图形。

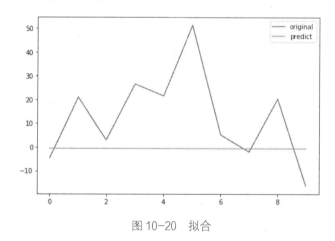

图 10-20　拟合

由图 10-19 和图 10-20 可以看出，差分序列 ARMA 模型的拟合效果和预测结果并不好，预测值非常小。代表对于新的值，这里认为它很接近上一时刻的值。

这个影响可能来自模型阶次。这里就不建模了（计算时间太长），大家有兴趣可以试试建立高阶的模型。

最后，我们将预测值还原（即在上一时刻指数值的基础上加上差分差值的预估）。

```
rec = [rawdata[-11]]
pre = model.predict(370, 379, dynamic=True) # 差分序列的预测
for i in range(10):
    rec.append(rec[i]+pre[i])
plt.figure(figsize=(10,5))
plt.plot(rec[-10:],'r',label='predict value')
plt.plot(rawdata[-10:],'blue',label='real value')
plt.legend(loc=0)
```

运行后得到图 10-21 所示的图形。

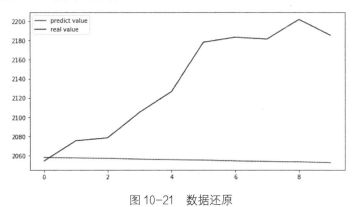

图 10-21　数据还原

我们发现，由于对差分序列的预测很差，还原到原序列后，预测值几乎在前一个值上小幅波动，模型仍然不够好。

10.7　自回归条件异方差模型的建立及预测

前面介绍了 ARMA、ARIMA 等模型，这些模型一般都假设干扰项的方差为常数，然而在很多情况下，时间序列的波动有聚集性等特征，使得干扰项的方差并不为常数。因此，如何刻画方差是十分有必要研究的。本节介绍的自回归条件异方差（ARCH）模型可以刻画出随时间变化的条件异方差。

1．波动率的特征

对于金融时间序列，波动率往往具有以下特征。
（1）存在波动率聚集现象。即波动率在一段时间中高，一段时间中低。
（2）波动率随时间连续变化，很少发生跳跃。
（3）波动率不会发散到无穷，往往是平稳的。
（4）波动率对价格大幅上升和大幅下降的反应是不同的，这个现象被称为"杠杆效应"。

2．自回归条件异方差模型的基本原理

在传统计量经济学模型中，干扰项的方差被假设为常数。但是许多经济时间序列呈现出波动的聚集性，在这种情况下假设干扰项的方差为常数是不恰当的。
ARCH 模型将当前一切可利用信息作为条件，并采用某种自回归形式来刻画方差的变化。

对于一个时间序列而言，在不同时刻可利用的信息不同，而相应的条件方差也不同，利用 ARCH 模型，可以刻画出随时间而变化的条件方差。

（1）ARCH 模型思想。

① 资产收益率序列的扰动 $\{a_t\}$ 是序列不相关的，但是不独立。

② $\{a_t\}$ 的不独立性可以用其延迟值的简单二次函数来描述。

具体而言，一个 ARCH(m) 模型如下。

$$a_t = \sigma_t \varepsilon_t \qquad \sigma_t^2 = \alpha_0 + \alpha_1 \sigma_{t-1}^2 + \cdots + \alpha_m \sigma_{t-m}^2 > 0; \forall i > 0, \alpha_i \geqslant 0$$

其中，ε_t 为均值为 0、方差为 1 的独立同分布（iid）的随机变量序列。通常假定其服从标准正态分布。σ_t^2 为条件异方差。

（2）ARCH 模型效应。

从上面模型的结构看，大的"扰动"会导致信息 a_t 大的条件异方差。从而 a_t 有取绝对值较大的值的倾向。这意味着在 ARCH 的框架下，大的"扰动"会倾向于紧接着出现另一个大的"扰动"。这与波动率聚集的现象相似。所谓"ARCH 模型效应"，也就是条件异方差序列的序列相关性。

3．ARCH 模型的建立

上面尽可能简单地介绍了 ARCH 的原理，下面主要介绍如何用 Python 实现。ARCH 模型建立大致分为以下 4 步。

① 通过检验数据的序列相关性建立一个均值方程，如有必要，可以对收益率序列建立一个计量经济模型（如 ARMA）来消除任何线性依赖。

② 对均值方程的残差进行 ARCH 效应检验。

③ 如果具有 ARCH 效应，则建立波动率模型。

④ 检验拟合的模型，如有必要则进行改进。

Python 的 ARCH 库其实提供了现成的方法（后面会介绍），但是为了理解 ARCH，我们下面还是按流程来建模。

（1）均值方程的建立。

建立均值方程可以简单认为是建立 ARMA（或 ARIMA）模型，ARCH 其实是在此基础上的一些"修正"。我们以上证指数日涨跌幅序列为例。

注：本章中的代码要在库环境中运行。

后面的 ARCH 库均值方程只支持常数、零均值、AR 模型，这里建立 AR 模型，方便对照。

```
#相关库
from scipy import  stats
import statsmodels.api as sm   #统计相关的库
import numpy as np
import pandas as pd
import matplotlib.pyplot as plt
import arch   #条件异方差模型相关的库
import tushare as ts    #财经数据接口包 Tushare
IndexData = ts.get_k_data(code='sh',start='2014-01-01',end='2016-08-01')
IndexData.index = pd.to_datetime(IndexData.date)
close = IndexData.close
rate = (close-close.shift(1))/close.shift(1)
```

```
data = pd.DataFrame()
data['rate']=rate
data = data.dropna()
data1 = np.array(data['rate']) # 上证指数日涨跌
data['rate'].plot(figsize=(15,5))
```
运行后得到图 10-22 所示的图形。

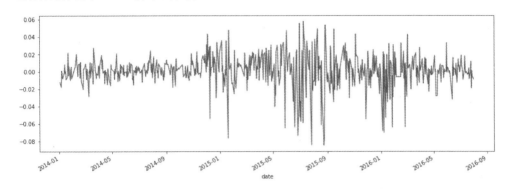

图 10-22　上证指数日涨跌幅序列

首先检验平稳性，判断是否需要差分。

原假设 H_0：序列为非平稳的。备择假设 H_1：序列是平稳的。

```
t = sm.tsa.stattools.adfuller(data1)   #ADF 检验
print ("p-value:    ",t[1])
p-value:    1.435655263267842e-07
```
P-value 小于显著性水平，拒绝原假设，因此序列是平稳的，接下来建立 AR(p)模型，先判定阶次。

```
fig = plt.figure(figsize=(20,5))
ax1=fig.add_subplot(111)
fig = sm.graphics.tsa.plot_pacf(data1,lags = 20,ax=ax1)
```
运行后得到 10-23 所示的图形。

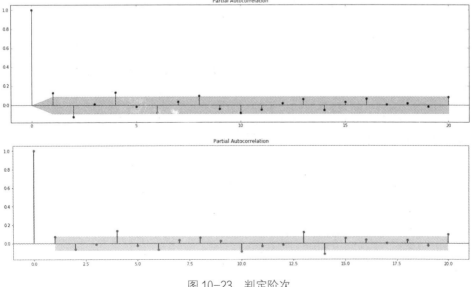

图 10-23　判定阶次

于是我们建立 AR(8)模型，均值方程如下。

```
order = (8,0)
model = sm.tsa.ARMA(data1,order).fit()
```

（2）ARCH 模型效应的检验。

下面利用前面的金融时间序列中的混成检验（Ljung-Box），检验序列 $\{a_t^2\}$ 的相关性，来判断是否具有 ARCH 效应。

首先计算均值方程残差 $a_t = r_t - \mu_t$，画出残差及残差的平方图。

```
at = data1 -  model.fittedvalues
at2 = np.square(at)
plt.figure(figsize=(10,6))
plt.subplot(211)
plt.plot(at,label = 'at')
plt.legend()
plt.subplot(212)
plt.plot(at2,label='at^2')
plt.legend(loc=0)
```

运行后得到图 10-24 所示的图形。

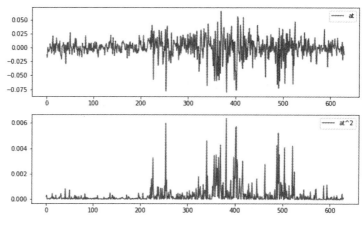

图 10-24　残差及残差的平方图

然后对 $\{a_t^2\}$ 序列进行混成检验。

原假设（H_0）：序列没有相关性。备择假设（H_1）：序列具有相关性。

```
m = 25 #检验25个自相关系数
acf,q,p = sm.tsa.acf(at2,nlags=m,qstat=True)    #计算自相关系数及P-value
out = np.c_[range(1,26), acf[1:], q, p]
output=pd.DataFrame(out, columns=['lag', "AC", "Q", "P-value"])
output = output.set_index('lag')
output
          AC           Q          P-value
lag
1.0    0.200409   25.423850    4.601934e-07
2.0    0.254697   66.552518    3.534308e-15
3.0    0.229164   99.901493    1.631835e-21
4.0    0.202345  125.943156    2.869314e-26
5.0    0.176140  145.707911    1.093663e-29
```

6.0	0.112663	153.807001	1.211685e-30
7.0	0.125756	163.914113	4.810370e-32
8.0	0.091965	169.328002	1.783669e-32
9.0	0.093151	174.891416	5.899043e-33
10.0	0.118975	183.981678	3.489324e-34
11.0	0.093479	189.602446	1.061803e-34
12.0	0.116481	198.343881	7.164142e-36
13.0	0.190268	221.705527	4.634816e-40
14.0	0.110656	229.620070	4.616119e-41
15.0	0.109458	237.376812	4.898256e-42
16.0	0.182471	258.968076	7.461350e-46
17.0	0.114394	267.467803	5.553750e-47
18.0	0.084826	272.149114	2.479542e-47
19.0	0.106258	279.506811	3.103670e-48
20.0	0.141347	292.547457	2.680622e-50
21.0	0.169358	311.299631	1.586277e-53
22.0	0.060355	313.685125	2.029692e-53
23.0	0.068169	316.733305	1.873993e-53
24.0	0.047035	318.186853	3.585283e-53
25.0	0.110365	326.202946	3.195305e-54

P-value 小于显著性水平 0.05，因此拒绝原假设，即认为序列具有相关性。由此判断具有 ARCH 效应。

（3）ARCH 模型的建立。

首先确定 ARCH 模型的阶次，可以用 $\{a_t^2\}$ 序列的偏自相关函数 PACF 来确定。

```
fig = plt.figure(figsize=(20,5))
ax1=fig.add_subplot(111)
fig = sm.graphics.tsa.plot_pacf(at2,lags = 30,ax=ax1)
```

运行后得到图 10-25 所示的图形。

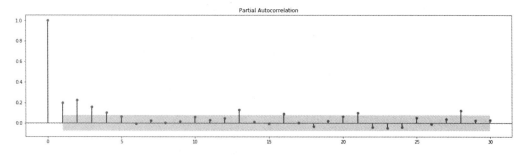

图 10-25　确定 ARCH 模型的阶次

由图 10-25，我们可以粗略定为 4 阶。然后建立 AR(4)模型。

$$\sigma_t^2 = \alpha_0 + \alpha_1 a_{t-1}^2 + \cdots + \alpha_4 a_{t-4}^2$$
$$\eta_t = a_t^2 - \sigma_t^2$$
$$a_t^2 = \alpha_0 + \alpha_1 a_{t-1}^2 + \cdots + \alpha_4 a_{t-4}^2 + \eta_t$$

后续的 AR 模型就不建立了，因为按照上述流程走下来非常麻烦。事实上，利用 ARCH 库可以一步到位。根据之前的分析，可以粗略选择均值模型为 AR(8)，波动率模型选择 ARCH(4)。

```
train = data[:-10]
test = data[-10:]
am = arch.arch_model(train,mean='AR',lags=8,vol='ARCH',p=4)
res = am.fit()
```

运行后得到如下结果。

```
Iteration:      1,   Func. Count:     16,   Neg. LLF: -1642.164586118623
Iteration:      2,   Func. Count:     39,   Neg. LLF: -1642.502127711002
Iteration:      3,   Func. Count:     59,   Neg. LLF: -1649.7594588746579
Iteration:      4,   Func. Count:     78,   Neg. LLF: -1649.8547797892948
Iteration:      5,   Func. Count:     97,   Neg. LLF: -1650.0175340140272
Iteration:      6,   Func. Count:    115,   Neg. LLF: -1650.6823929451143
Iteration:      7,   Func. Count:    138,   Neg. LLF: -1650.6855598149089
Iteration:      8,   Func. Count:    157,   Neg. LLF: -1650.7812954324838
Iteration:      9,   Func. Count:    176,   Neg. LLF: -1650.9787933951834
Iteration:     10,   Func. Count:    199,   Neg. LLF: -1650.9833193680308
Iteration:     11,   Func. Count:    218,   Neg. LLF: -1651.077077713258
Iteration:     12,   Func. Count:    241,   Neg. LLF: -1651.0909529040819
Iteration:     13,   Func. Count:    260,   Neg. LLF: -1651.1210413445692
Iteration:     14,   Func. Count:    283,   Neg. LLF: -1651.1453235309011
Positive directional derivative for linesearch    (Exit mode 8)
            Current function value: -1651.1453233835132
            Iterations: 18
            Function evaluations: 283
            Gradient evaluations: 14
res.summary()
```

res.summary()所得到的结果如下。

```
<class 'statsmodels.iolib.summary.Summary'>
                     AR - ARCH Model Results
==============================================================================
Dep. Variable:                    rate   R-squared:                     0.012
Mean Model:                         AR   Adj. R-squared:               -0.001
Vol Model:                        ARCH   Log-Likelihood:              1651.15
Distribution:                   Normal   AIC:                        -3274.29
Method:             Maximum Likelihood   BIC:                        -3212.46
                                         No. Observations:                612
Date:                 Mon, Jul 09 2019   Df Residuals:                    598
Time:                         09:35:54   Df Model:                         14
                                Mean Model
==============================================================================
                 coef     std err        t      P>|t|      95.0% Conf. Int.
------------------------------------------------------------------------------
Const       1.5344e-03   5.965e-04      2.572   1.010e-02 [3.653e-04,2.704e-03]
rate[1]         0.0953   5.412e-02      1.762   7.815e-02 [-1.074e-02, 0.201]
rate[2]        -0.0919   5.921e-02     -1.553      0.120  [ -0.208,2.411e-02]
rate[3]        -0.0635   5.528e-02     -1.148      0.251  [ -0.172,4.487e-02]
rate[4]         0.0313   7.706e-02      0.406      0.685  [ -0.120,  0.182]
rate[5]     -1.8116e-03  5.239e-02  -3.458e-02     0.972  [ -0.104,  0.101]
rate[6]        -0.1001   5.777e-02     -1.733   8.312e-02 [ -0.213,1.312e-02]
rate[7]        -0.0495   5.247e-02     -0.943      0.346  [ -0.152,5.337e-02]
rate[8]         0.0211   4.778e-02      0.442      0.658  [-7.252e-02,  0.115]
```

Volatility Model

	coef	std err	t	P>|t|	95.0% Conf. Int.
omega	1.2300e-04	2.827e-05	4.350	1.360e-05	[6.758e-05,1.784e-04]
alpha[1]	0.1564	0.276	0.566	0.571	[-0.385, 0.698]
alpha[2]	0.1939	8.845e-02	2.192	2.838e-02	[2.052e-02, 0.367]
alpha[3]	0.1564	8.463e-02	1.848	6.456e-02	[-9.451e-03, 0.322]
alpha[4]	0.1564	0.138	1.132	0.257	[-0.114, 0.427]

Covariance estimator: robust

```
res.params
Const        0.001534
rate[1]      0.095342
rate[2]     -0.091945
rate[3]     -0.063484
rate[4]      0.031257
rate[5]     -0.001812
rate[6]     -0.100110
rate[7]     -0.049460
rate[8]      0.021125
omega        0.000123
alpha[1]     0.156412
alpha[2]     0.193875
alpha[3]     0.156412
alpha[4]     0.156412
Name: params, dtype: float64
```

得到模型如下。

$$r_t = 0.001534 + 0.095342a_1 + \cdots + 0.021125a_{t\text{-}8}$$

$$\sigma_t^2 = 0.000123 + 0.156412\sigma_{t\text{-}1}^2 + \cdots + 0.156412\sigma_{t\text{-}4}^2$$

从上述模型我们可以看出，上证指数的日收益率期望大约在 0.16%。模型的 R-squared 较小，拟合效果一般。

（4）ARCH 模型的预测。

先来看整体的预测拟合情况。

`res.hedgehog_plot()`

运行后得到图 10-26 所示的图形。

可以看出，虽然具体值差距挺大，但是均值和方差的变化相似。下面再看最后 10 个数据的预测情况。

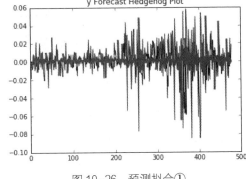

图 10-26　预测拟合①

```
len(train)
 620
pre = res.forecast(horizon=10,start=619).iloc[619]
plt.figure(figsize=(10,4))
plt.plot(test,label='realValue')
```

```
pre.plot(label='predictValue')
plt.plot(np.zeros(10),label='zero')
plt.legend(loc=0)
```
运行后得到图 10-27 所示的图形。

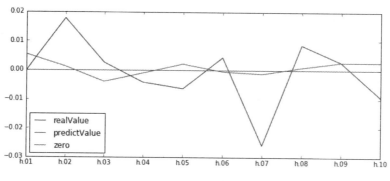

图 10-27　预测拟合②

仅从涨跌的角度来看，正确率为 60%。当然，模型更重要的功能是预测波动率，我们将在下节介绍。

10.8　广义自回归条件异方差模型的建立与波动率预测

虽然自回归条件异方差（ARCH）模型简单，但为了充分刻画收益率的波动过程，往往需要很多参数，如上面用到 ARCH(4)模型，有时会用更高阶的 ARCH(m)模型。因此，波勒斯列夫（Bollerslev）在 1986 年提出了一个推广形式，称为广义自回归条件异方差（GARCH）模型。

令 $a_t = r_t - \mu_t$ 为 t 时刻的信息。若 a_t 满足下式。

$$a_t = \sigma_t \varepsilon_t$$

$$\sigma_t^2 = \alpha_0 + \sum_{i=1}^{m} \alpha_i a_{t-i}^2 + \sum_{j=1}^{s} \beta_j \sigma_{t-j}^2$$

$$\alpha_0 > 0; \forall i > 0, \alpha_i \geqslant 0, \beta_i \geqslant 0, \alpha_i + \beta_i < 1$$

其中，ε_t 是均值为 0、方差为 1 的独立同分布（iid）的随机变量序列。通常假定其服从标准正态分布或标准化学生-t 分布。σ_t^2 为条件异方差。则称 a_t 服从 GARCH(m,s)模型。可以发现该公式与 ARMA 模型很相似。

1. GARCH 模型的建立

建立 GARCH 模型与之前的 ARCH 模型建立过程类似，不过 GARCH(m,s)的定阶较难，一般使用低阶模型，如 GARCH(1,1)、GARCH(2,1)、GARCH(1,2)等。

下面以前面的数据为例，构建 GARCH 模型，均值方程为 AR(8)模型，波动率模型为 GARCH(1,1)。

```
train = data1[:-10]
test = data1[-10:]
```

```
am = arch.arch_model(train,mean='AR',lags=8,vol='GARCH')
res = am.fit()
Iteration:      1,   Func. Count:     14,   Neg. LLF: -1676.7176631030466
Iteration:      2,   Func. Count:     35,   Neg. LLF: -1676.8020223092476
Iteration:      3,   Func. Count:     58,   Neg. LLF: -1676.802023521133
Positive directional derivative for linesearch    (Exit mode 8)
            Current function value: -1676.8020227979764
            Iterations: 7
            Function evaluations: 58
            Gradient evaluations: 3


res.summary()
                      AR - GARCH Model Results
====================================================================
Dep. Variable:                    y    R-squared:                 0.038
Mean Model:                      AR    Adj. R-squared:            0.026
Vol Model:                    GARCH    Log-Likelihood:            1676.80
Distribution:                Normal    AIC:                      -3329.60
Method:          Maximum Likelihood    BIC:                      -3276.60
                                       No. Observations:              612
Date:             Mon, Jul 09 2019    Df Residuals:                  600
Time:                    10:06:37    Df Model:                       12
                           Mean Model
====================================================================
                coef      std err         t       P>|t|       95.0% Conf. Int.
--------------------------------------------------------------------
Const     9.3781e-04    5.243e-04     1.789    7.366e-02  [-8.979e-05,1.965e-03]
y[1]          0.0784    3.894e-02     2.014    4.402e-02  [2.102e-03,   0.155]
y[2]         -0.0397    4.864e-02    -0.816       0.415   [ -0.135,5.566e-02]
y[3]         -0.0274    5.051e-02    -0.543       0.587   [ -0.126,7.160e-02]
y[4]          0.1267    4.893e-02     2.590    9.587e-03  [3.084e-02,   0.223]
y[5]         -0.0136    4.158e-02    -0.327       0.743   [-9.511e-02,6.788e-02]
y[6]         -0.0685    4.060e-02    -1.688    9.146e-02  [ -0.148,1.105e-02]
y[7]          0.0321    4.212e-02     0.762       0.446   [-5.045e-02,   0.115]
y[8]          0.0659    4.112e-02     1.603       0.109   [-1.468e-02,   0.146]
                        Volatility Model
====================================================================
                coef      std err         t       P>|t|       95.0% Conf. Int.
--------------------------------------------------------------------
omega     6.9022e-06    3.064e-11  2.253e+05       0.000  [6.902e-06,6.902e-06]
alpha[1]      0.1000    2.110e-02     4.739    2.152e-06  [5.864e-02,   0.141]
beta[1]       0.8800    1.861e-02    47.295       0.000   [  0.844,   0.916]
====================================================================
Covariance estimator: robust
res.params
Const       0.000938
y[1]        0.078419
y[2]       -0.039666
y[3]       -0.027405
y[4]        0.126742
y[5]       -0.013615
```

```
y[6]        -0.068517
y[7]         0.032111
y[8]         0.065909
omega        0.000007
alpha[1]     0.100000
beta[1]      0.880000
Name: params, dtype: float64
```

我们得到波动率模型。

$$\sigma_t^2 = 0.000007 + 0.1a_{t-1}^2 + 0.88\sigma_{t-1}^2$$

```
res.plot()
plt.plot(data1)
```

运行后得到图 10-28 所示的图形。

观察图 10-28，上图为标准化残差，近似为平稳序列，说明模型在一定程度上是正确的；下图中黄色为原始收益率序列、蓝色为条件异方差序列，可以发现条件异方差很好地表现出了波动率。

```
res.hedgehog_plot()
```

运行后得到图 10-29 所示的图形。

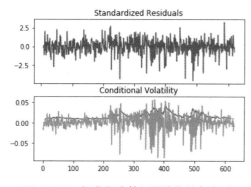

图 10-28　标准化残差与原始收益率序列

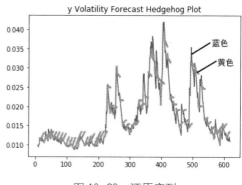

图 10-29　还原序列

观察拟合图 10-29 发现，在方差的还原上表现还是不错的。

2．GARCH 模型的波动率预测

前面直接预测了收益率，然而直接预测的收益率的准确度并不是很高，因此很多时候我们主要用来预测波动率，根据建立的如下波动率模型

$$\sigma_t^2 = 0.000007 + 0.1a_{t-1}^2 + 0.88\sigma_{t-1}^2$$

可以一步步进行计算。

根据模型 $r_t = 0.001534 + 0.095342a_1 + \cdots + 0.021125a_{t-8}$，先计算 a_t 的预测值。

```
res.params
Const        0.000938
y[1]         0.078419
y[2]        -0.039666
y[3]        -0.027405
y[4]         0.126742
```

```
y[5]        -0.013615
y[6]        -0.068517
y[7]         0.032111
y[8]         0.065909
omega        0.000007
alpha[1]     0.100000
beta[1]      0.880000
Name: params, dtype: float64
```

需要提取均值方程的系数向量 w，再逐个计算 a_t 后面的 10 个值。

```
ini = res.resid[-8:]
a = np.array(res.params[1:9])
w = a[::-1] #系数
for i in range(10):
    new = test[i] - (res.params[0] + w.dot(ini[-8:]))
    ini = np.append(ini,new)
print (len(ini))
at_pre = ini[-10:]
at_pre2 = at_pre**2
at_pre2
18
array([4.03992231e-06, 2.53815975e-06, 4.26971723e-06, 1.05225312e-04,
       1.01808504e-06, 9.75471390e-05, 4.46802879e-04, 1.36871395e-05,
       4.54391129e-05, 1.31192768e-04])
```

接着根据波动率模型预测波动率。

$$\sigma_t^2 = 0.000007 + 0.1a_{t-1}^2 + 0.88\sigma_{t-1}^2$$

```
ini2 = res.conditional_volatility[-2:] #上两个条件异方差值

for i in range(10):
    new = 0.000007 + 0.1*at_pre2[i] + 0.88*ini2[-1]
    ini2 = np.append(ini2,new)
vol_pre = ini2[-10:]
vol_pre
array([0.00962424, 0.00847658, 0.00746682, 0.00658832, 0.00580483,
       0.005125  , 0.00456168, 0.00402265, 0.00355147, 0.00314542])
```

将原始数据、条件异方差拟合数据及预测数据一起画出来，分析波动率预测情况。

```
plt.figure(figsize=(15,5))
plt.plot(data1,label='origin_data')
plt.plot(res.conditional_volatility,label='conditional_volatility')
x=range(619,629)
plt.plot(x,vol_pre,'.r',label='predict_volatility')
plt.legend(loc=0)
```

运行后得到图 10-30 所示的图形。

从图 10-30 可以看出，对于接下来的一两天的波动率预测较为接近，后面几天的预测波动率逐渐偏小。

还有很多扩展的或改进的模型，如求和 GARCH 模型、GARCH-M 模型、指数 GARCH 模型、EGARCH 模型等。对于波动率模型，还有比较常用的随机波动率模型等，有兴趣的读者可以去进一步研究。

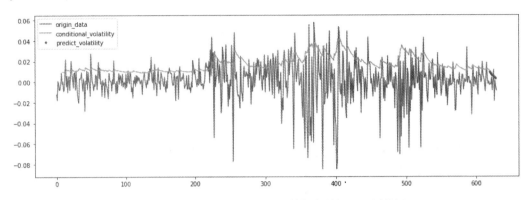

图 10-30　原始数据、条件异方差拟合数据及预测数据

练 习 题

把本章例题中的数据，使用 Python 重新操作一遍。

第 **11** 章　Python 量化金融数据分析

本章将介绍 6 个量化金融数据分析实例，包括 Python 金融数据描述性统计、战胜股票市场策略可视化的 Python 应用、Python 在资产组合标准均值方差模型中的应用、Python 绘制投资组合有效边界、Python 绘制寻找 Markowitz 最优投资组合、Python 实现量化投资统计套利协整配对交易策略。

11.1　Python 金融数据描述性统计

1．程序包准备

```python
#使用免费、开源的 python 财经数据接口包 Tushare 来获取数据
import tushare as ts                #需先安装 Tushare 程序包
#此程序包的安装是在 Anaconda Prompt 状态下，输入命令：pip install tushare
import pandas as pd
import numpy as np
import statsmodels.api as sm
import scipy.stats as scs
import matplotlib.pyplot as plt
```

2．选择股票代号获取股票数据

```python
#把相对应股票的收盘价按照时间的顺序存入 DataFrame 对象中
data = pd.DataFrame()
hs300_data = ts.get_hist_data('hs300','2017-01-01','2018-12-31')
hs300_data = hs300_data['close']
hs300_data = hs300_data[::-1]
data['hs300'] = hs300_data
data1 = ts.get_hist_data('600000','2017-01-01','2018-12-31')
data1 = data1['close']
data1 = data1[::-1]
data['600000'] = data1
data2 = ts.get_hist_data('000980','2017-01-01','2018-12-31')
data2 = data2['close']
data2 = data2[::-1]
data['000980'] = data2
data3 = ts.get_hist_data('000981','2017-01-01','2018-12-31')
```

173

```
data3 = data3['close']
data3 = data3[::-1]
data['000981'] = data3
```

3. 查看数据和清理数据

```
#查看股票收盘价
data.info()
<class 'pandas.core.frame.DataFrame'>
Index: 483 entries, 2017-01-09 to 2018-12-28
Data columns (total 4 columns):
hs300     483 non-null float64
600000    483 non-null float64
000980    476 non-null float64
000981    334 non-null float64
dtypes: float64(4)
```

从上面代码可见各只股票的记录不一致。

```
#查看数据
data.head(20)
                hs300    600000    000980    000981
date
2017-01-09    3363.90    16.20     14.35      9.70
2017-01-10    3358.27    16.19     14.09      9.75
2017-01-11    3334.50    16.16     13.75      9.63
2017-01-12    3317.62    16.12     13.50      9.67
2017-01-13    3319.91    16.27     13.05      9.66
2017-01-16    3319.45    16.56     12.24      9.59
2017-01-17    3326.36    16.40     13.46      9.50
2017-01-18    3339.37    16.48     13.60      9.55
2017-01-19    3329.29    16.54     13.46      9.53
2017-01-20    3354.89    16.60     13.90      9.56
2017-01-23    3364.08    16.57     14.14      9.61
2017-01-24    3364.45    16.69     13.91      9.60
2017-01-25    3375.90    16.69     13.80      9.60
2017-01-26    3387.96    16.74     14.36      9.60
2017-02-03    3364.49    16.63     14.06      9.81
2017-02-06    3373.21    16.66     14.28     10.14
2017-02-07    3365.68    16.67     14.82      NaN
2017-02-08    3383.29    16.67     14.95      NaN
2017-02-09    3396.29    16.72     15.37      NaN
2017-02-10    3413.49    16.78     15.03      NaN
```

从上面代码可见 000981 股票的记录有 null 值。

```
#数据清理
data=data.dropna()
```

4. 股票数据的可视化

```
#直接比较4个资产，但是规范化为起始值100
(data / data.ix[0] * 100).plot(figsize = (8, 4))
```

运行后得到图 11-1 所示的图形。

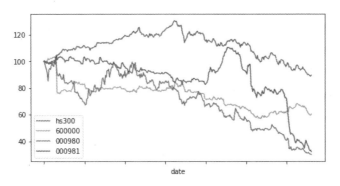

图 11-1　股票数据规范后价格变化图

用 Pandas 计算对数收益率比 Numpy 更方便一些，可使用 shift 方法。

```
log_returns = np.log(data / data.shift(1))
log_returns.head()
log_returns.hist(bins=50, figsize=(9,4))
```

运行后得到图 11-2 所示的图形。

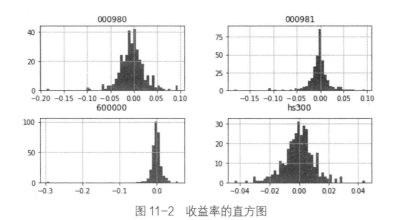

图 11-2　收益率的直方图

5. 不同时间序列数据集的不同统计数值

下一步我们考虑时间序列数据集的不同统计数值。

```
log_returns.describe()
```

	hs300	600000	000980	000981
count	331.000000	331.000000	331.000000	331.000000
mean	-0.000335	-0.001519	-0.003620	-0.003427
std	0.010693	0.020300	0.028338	0.023947
min	-0.043661	-0.296928	-0.187705	-0.182322
25%	-0.005820	-0.007313	-0.017817	-0.010791
50%	0.000115	-0.000777	-0.004184	-0.001211
75%	0.005229	0.005204	0.010222	0.004857
max	0.045090	0.057764	0.095485	0.096119

6. 通过分位数 qq 图检查代码的数据

```
#下面是 HS300 对数收益率分位数-分位数图
sm.qqplot(log_returns['hs300'].dropna(), line='s')
plt.grid(True)
plt.xlabel('theoretical quantiles')
plt.ylabel('sample quantiles')
```
运行后得到图 11-3 所示的图形。

```
#从图 11-3 中可以看出：很显然，样本的分位数值不在一条直线上，表明"非正态性"
#在左侧和右侧分别有许多值远低于和远高于直线
#换句话说，这一时间序列信息展现出"大尾巴"（Fat tails）
#"大尾巴"指的是（频率）分布中观察到的正负异常值
#多于正态分布应有表现的情况
#浦发银行 600000 对数收益率分位数-分位数图
sm.qqplot(log_returns['600000'].dropna(), line='s')
plt.grid(True)
plt.xlabel('theoretical quantiles')
plt.ylabel('sample quantiles')
```
运行后得到图 11-4 所示的图形。

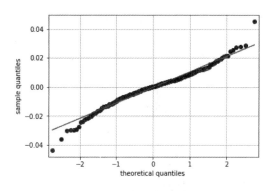 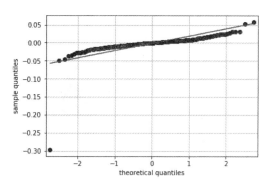

图 11-3 HS300 对数收益率分位数-分位数图　　图 11-4 浦发银行 600000 对数收益率分位数-分位数图

7. 正态性检验

Python 的 Pandas 程序包提供了偏度函数 skew()、峰度函数 kurt()来检验其正态性。

```
log_returns.skew()      #求偏度
hs300     -0.223827
600000    -9.299491
000980    -0.656548
000981    -1.741189
dtype: float64
log_returns.kurt()-3    #求峰度
hs300      -0.946333
600000    133.233287
000980      3.685713
000981     10.378395
dtype: float64
```
从上述数据可见，4 个时间序列不是正态分布。

11.2　Python 在战胜股票市场策略可视化中的应用

1. 使用 Pandas_datareader 导入数据

```
import pandas_datareader.data as web
import pandas as pd
import datetime
import matplotlib.pyplot as plt
plt.rcParams['font.sans-serif'] = 'SimHei'        #图片可显示中文
plt.rcParams['axes.unicode_minus'] = False        #图片可显示负数
start = datetime.datetime(2015, 5, 1)             #获取数据的时间段-起始时间
end = datetime.datetime(2016, 10, 1)              #获取数据的时间段-结束时间
#start='05/1/2015'  此格式也可
#end='10/1/2016'    此格式也可
# 获取数据
data_feed = {}
data_feed[1] = web.DataReader('AAPL', "yahoo", start, end)
data_feed[2] = web.DataReader('GOOG', "yahoo", start, end)
data_feed[3] = web.DataReader('FB', "yahoo", start, end)
data_feed[4] = web.DataReader('SPLK', "yahoo", start, end)
data_feed[5] = web.DataReader('YELP', "yahoo", start, end)
data_feed[6] = web.DataReader('BP', "yahoo", start, end)
data_feed[7] = web.DataReader('JNJ', "yahoo", start, end)
```

2. 收益率

要确定收益率百分比并进行分析，可以调用 DataFrame()方法和 plot()方法。这可以通过调用 sum()函数对 DataFrame 中的各列求和来实现，该函数执行了大量工作来创建图 11-5 所示的图表。

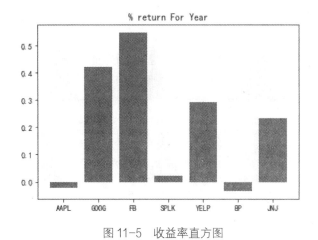

图 11-5　收益率直方图

```
price = pd.DataFrame({tic: data['Adj Close'] for tic, data in data_feed.items()})
label=['AAPL','GOOG','FB','SPLK','YELP','BP','JNJ']
```

```
price.columns = label
returns = price.pct_change()
plt.figure()    #画柱状图
plt.title('% return For Year')
plt.xticks(range(len(label)), label)
plt.bar(range(len(label)),returns.sum())
plt.show()
```

运行后得到图 11-5 所示的图形。

如图 11-5 所示，BP 进行了 IPO，并且年初至今它的损失接近 IPO 值的 3%。相比之下，FB（在同一个行业中）获利几乎为 60%。事后看来，卖空 BP 而买进 FB 可以让原始投资增加。

3．原始输出总和

sum()函数的文本输出在该代码中展示了年收益的实际原始值。

```
returns.sum()
AAPL    -0.022777
GOOG     0.419619
FB       0.545785
SPLK     0.022977
YELP     0.291829
BP      -0.033217
JNJ      0.233276
dtype: float64
```

4．创建一幅日收益率柱状图

查看数据的另一个方法是创建全年日收益率变化的柱状图，这样有助于反映全面的数据。实现起来非常简单，代码如下。

```
returns.diff().hist()
plt.show()
```

运行后得到图 11-6 所示的图形。

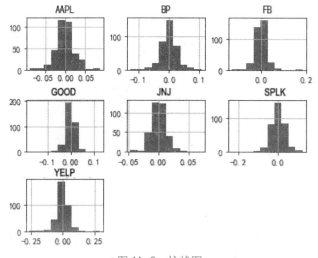

图 11-6　柱状图

5．Pandas 投资组合相关性的年度线性图

还可以记下日收益率并绘制年度线性图，下面的代码展示了如何操作。

```
returns.plot(title="Daily Change For Year")
plt.show()
```
运行后得到图 11-7 所示的图形。

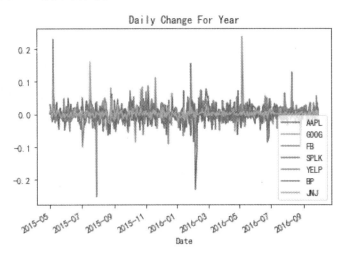

图 11-7　年度线性图

6．各资产收益率的累积和

这种简单图表存在的问题是用户不太容易理解图中的信息。处理时间序列数据的方法是使用 cumsum()函数，将数据绘成图表。

```
ts = returns.cumsum()
plt.figure(); ts.plot(); plt.legend(loc='upper left')
plt.show()
```
运行后得到图 11-8 所示的图形。

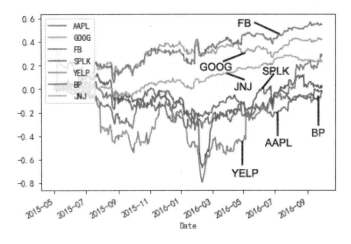

图 11-8　各资产收益率的累积和

图 11-8 所示的结果告诉了我们关于投资组合的更多信息。通过进行时间序列分析并绘制结果图表，YELP 显然风险很大。有关股票走势的其他数据表明，YELP 和 BP 的标准偏差相当高。因为标准偏差是风险的大致表现，所以在制订该组合并确定权重时，应重点关注这个地方。

7. Pandas 组合相关性的百分比变化

要确定 8 只股票间百分比变化的相关性，就要调用 DataFrame 收益的 corr 函数。
```
returns.corr()
```
8 只股票的投资组合相关系数矩阵如下。

	AAPL	GOOG	FB	SPLK	YELP	BP	JNJ
AAPL	1.000000	0.430672	0.440121	0.407543	0.228335	0.361500	0.430365
GOOG	0.430672	1.000000	0.614394	0.309777	0.234624	0.235951	0.444539
FB	0.440121	0.614394	1.000000	0.324312	0.199522	0.280222	0.427107
SPLK	0.407543	0.309777	0.324312	1.000000	0.368739	0.387271	0.358622
YELP	0.228335	0.234624	0.199522	0.368739	1.000000	0.195007	0.178994
BP	0.361500	0.235951	0.280222	0.387271	0.195007	1.000000	0.387614
JNJ	0.430365	0.444539	0.427107	0.358622	0.178994	0.387614	1.000000

8. 标准普尔 500 指数的累积收益率图

下面的标准普尔 500 指数的实例中，创建了另一个 DataFrame，在同一时间周期内，它可以充当"市场投资组合"。在图 11-9 所示的图表中展示了 SPY 生成的收益率，SPY 是标准普尔 500 指数的代理。

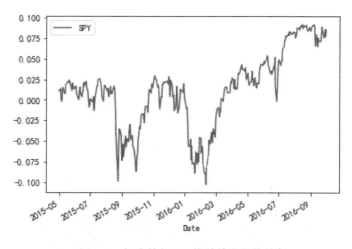

图 11-9　标准普尔 500 指数的累积收益率

```
#SPY 标准普尔 500 指数的累积收益率图
market_data_feed = {}
market_symbols=['SPY']
for ticker in market_symbols:
    market_data_feed[ticker] = web.DataReader(ticker, "yahoo", start, end)
market_price = pd.DataFrame({tic: data['Adj Close'] for tic, data in market_
data_feed.items()})
    market_volume = pd.DataFrame({tic: data['Volume']for tic, data in market_data_
feed.items()})
```

```
#收盘价转为收益率
market_returns = market_price.pct_change()
#累积收益率
market_returns.cumsum()
mts = market_returns.cumsum()
plt.figure(); mts.plot(); plt.legend(loc='upper left')
plt.show()   #SPY 标准普尔 500 指数的累积收益率图
```

运行后得到图 11-9 所示的图形。

9. 战胜股票市场的数据展示

在完成两个时间序列的图表后，下一步是分析查看与市场投资组合相对的产品投资组合。两种临时应急的方法是：（a）查看您的组合与市场投资组合的平均收益率；（b）查看标准差，这是一种关于上述投资组合与市场投资组合的大致风险代理。

```
sum_returns = returns.sum()
sum_returns.mean()
0.20821321431978657
market_returns.sum().mean()
0.08514474363796098
market_returns.std()
SPY     0.009699
dtype: float64
returns.std().mean()
0.020650659746356232
```

在最后交互实例中，可以通过 20.82%的投资组合收益率与 8.51%的市场投资组合收益率来战胜股市。在启动对冲基金之前，我们需了解为什么市场投资组合获得 0.97%的标准差，而我们的投资组合获得 2.065%的标准差。简单地回答，我们冒了较大风险，而且只是因为幸运罢了。如果要进一步的分析，就涉及确定 alpha、beta、预期收益，以及进行 Fama-French 和有效边界优化之类的高级分析。

在本节中，Python 用于执行临时应急的投资组合分析。Python 逐渐变成用于真实数据分析的首选语言。Pandas、Pyomo、Numpy、Scipy 和 IPython 等库使得在 Python 中应用高等数学知识变得更加轻松。

11.3 Python 在资产组合均值方差模型中的应用

本节先介绍资产组合均值方差模型要用到的一些概念，包括资产组合的可行集、有效边界与有效组合等，然后介绍标准均值方差模型的求解及其 Python 计算。

1. 资产组合的可行集

选择每个资产的投资比例，就确定了一个资产组合，在预期收益率 $E(r_p)$ 和标准差 σ_p 构成的坐标平面 σ_p-$E(r_p)$ 上就确定了一个点。因此，每个资产组合对应着 σ_p-$E(r_p)$ 坐标平面上的一个点；反之，σ_p-$E(r_p)$ 坐标平面上的一个点也对应着某个特定的资产组合。如果投资者选择了所有可能的投资比例，则这些资产组合点将在 σ_p-$E(r_p)$ 坐标平面上构成一个区域。这个区域称为资产组合的"可行集"或"可行域"。简而言之，可行集是实际投资中所有可能的集合。也就是说，所有可能的组合将位于可行集的边界或内部。

2. 有效边界与有效组合

（1）有效边界与有效组合的定义。

理性的投资者都是厌恶风险而偏好收益的。在一定的收益下，他们将选择风险最小的资产组合；在一定的风险下，他们将选择收益最大的资产组合。同时满足这两个条件的资产组合的集合就是有效边界，又称为"有效集"。位于有效边界上的资产组合称为"有效组合"。

（2）有效集的位置。

有效集是可行集的一个子集。可行集、有效集、有效组合的关系如图 11-10 所示。

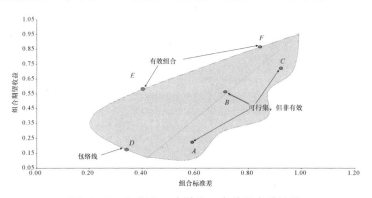

图 11-10　可行集、有效集、有效组合的关系

（3）最优资产组合的确定。

在确定了有效集的形状之后，投资者就可以根据自己的无差异曲线选择效益最大化的资产组合。这个最优资产组合位于无差异曲线与有效集的相切点。

如图 11-11 所示，U_1、U_2、U_3 分别表示 3 条无差异曲线，它们共同的特点是下凸，其中 U_1 的效益最高，U_2 次之，U_3 最低。虽然投资者更加偏好于 U_1，但是在可行集上找不到这样的资产组合，因而是不可能实现的。U_3 上的资产组合虽然可以找到，但是由于 U_3 所代表的效益低于 U_2，所以 U_3 上的资产组合都不是最优的资产组合。U_2 正好与有效边界相切，代表了可以实现的最高投资效益，因此 P 点所代表的组合就是最优资产组合。

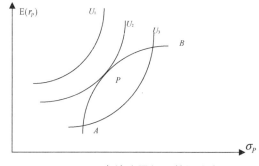

图 11-11　有效边界与无差异曲线

3. 标准均值方差模型的求解

标准均值方差模型是标准的资产组合理论模型，也就是哈里·马科维茨（Harrg Markowitz）最初创建的模型，它讨论的是理性投资者如何在投资收益与风险两者之间进行权衡，以获得最优回报的问题。这个问题是一个二次规划问题，分为等式约束和不等式约束两种，我们在此只讨论等式约束下的资产组合优化问题。

在介绍资产组合理论之前，先引入如下概念。如果一个资产组合对确定的预期收益率有最小的方差，则称该资产组合为"最小方差资产组合"。

假设有 n 种风险资产组合，其预期收益率组成的向量记为 $\vec{e} = (E(r_1), E(r_2), \cdots, E(r_n))^T$，每种风险资产组合的权重向量是 $X = (x_1, \cdots, x_n)^T$，协方差矩阵记为 $V = [\sigma_{ij}]_{n \times n}$，向量是 $\vec{1} = [1, 1, \cdots, 1]^T$，并且假设协方差矩阵 $V = [\sigma_{ij}]_{n \times n}$ 是非退化矩阵，$\vec{e} \neq k\vec{1}$（k 为常数）。相应地，该资产组合的收益率记为 $E(r_p) = X^T \vec{e}$，风险记为 $\sigma_P^2 = X^T V X$。

投资者的行为是：给定一定的资产组合预期收益率 μ 水平，选择资产组合使其风险最小。这其实就是要求解如下形式的问题（标准均值方差模型）。

$$\min \frac{1}{2} \sigma_P^2 = \frac{1}{2} X^T V X \qquad ①$$

$$s.t. \begin{cases} \vec{1}^T X = 1 \\ E(r_p) = \vec{e}^T X = \mu \end{cases}$$

这是一个等式约束的极值问题，我们可以构造 Lagrange 函数。

$$L(X, \lambda_1, \lambda_2) = \frac{1}{2} X^T V X + \lambda_1(1 - \vec{1}^T X) + \lambda_2(\mu - X^T \vec{e}) \qquad ②$$

则最优的一阶条件如下。

$$\frac{\partial L}{\partial X} = VX - \lambda_1 \vec{1} - \lambda_2 \vec{e} = \vec{0}$$

$$\frac{\partial L}{\partial \lambda_1} = 1 - \vec{1}X = 0 \qquad ③$$

$$\frac{\partial L}{\partial \lambda_2} = \mu - \vec{e}^T X$$

由③得最优解。

$$X = V^{-1}(\lambda_1 \vec{1} + \lambda_2 \vec{e}) \qquad ④$$

④分别乘以 $\vec{1}^T$ 和 $\vec{e}^T$ 得到如下式子。

$$\begin{cases} 1 = \lambda_1 \vec{1}^T V^{-1} \vec{1} + \lambda_2 \vec{1}^T V^{-1} \vec{e} = \lambda_1 a + \lambda_2 b \\ \mu = \lambda_1 \vec{e}^T V^{-1} \vec{1} + \lambda_2 \vec{e}^T V^{-1} \vec{e} = \lambda_1 b + \lambda_2 c \end{cases} \qquad ⑤$$

记为如下。

$$\begin{cases} a = \vec{1}^T V^{-1} \vec{1} \\ b = \vec{1}^T V^{-1} \vec{e} \\ c = \vec{e}^T V^{-1} \vec{e} \\ \Delta = ac - b^2 \end{cases}$$

从而方程组⑤有解（如果 $\vec{e} \neq k\vec{1}$，则 $\Delta = 0$，此时除 $\mu = k$ 外，方程无解）。解 λ_1、λ_2 方程组⑤得到如下式子。

$$\begin{cases} \lambda_1 = (c - \mu b)/\Delta \\ \lambda_2 = (\mu a - b)/\Delta \end{cases} \qquad ⑥$$

将⑥代入④得到如下式子。

$$X = V^{-1}\left(\frac{(c-\mu b)\vec{1}}{\Delta} + \frac{(\mu a - b)\vec{e}}{\Delta}\right) = \frac{V^{-1}(c-\mu b)\vec{1}}{\Delta} + \frac{V^{-1}(\mu a - b)\vec{e}}{\Delta}$$

$$= \frac{V^{-1}(c\vec{1} - b\vec{e})}{\Delta} + \mu\frac{V^{-1}(a\vec{e} - b\vec{1})}{\Delta} \qquad ⑦$$

再将④代入②得到最小方差资产组合的方差。

$$\sigma_P^2 = X^T V X = X^T V V^{-1}(\lambda_1\vec{1} + \lambda_2\vec{e}) = X^T(\lambda_1\vec{1} + \lambda_2\vec{e}) = \lambda_1 X^T\vec{1} + \lambda_2 X^T\vec{e}$$

$$= \lambda_1 + \lambda_2\mu = (a\mu^2 - 2b\mu + c)/\Delta \qquad ⑧$$

⑧给出了资产组合权重与预期收益率的关系。根据⑧可知，最小方差资产组合在坐标平面 $\sigma(r_P)\text{-}E(r_P)$ 上有双曲线形式，如图 11-12 所示。而在 $\sigma^2(r_P) - E(r_P)$ 平面上有抛物线形式，如图 11-13 所示。

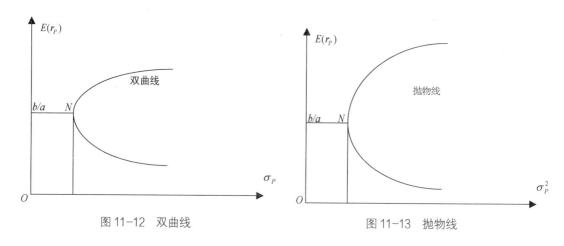

图 11-12　双曲线　　　　　　　　　　　图 11-13　抛物线

至此，我们得到描述最小方差资产组合的两个重要的量。

$$X = \frac{V^{-1}(c\vec{1} - b\vec{e})}{\Delta} + \mu\frac{V^{-1}(a\vec{e} - b\vec{1})}{\Delta}$$

令 $\vec{g} = \dfrac{V^{-1}(c\vec{1} - b\vec{e})}{\Delta}, \vec{h} = \dfrac{V^{-1}(a\vec{e} - b\vec{1})}{\Delta}$，则 $X = \vec{g} + \mu\vec{h}$，可以得到如下式子。

$$\sigma_P^2 = (a\mu^2 - 2b\mu + c)/\Delta$$

4. 标准均值方差模型的 Python 计算

例：考虑一个资产组合，其预期收益率矩阵为 $\vec{e} = [0.05, 0.1]^T$，协方差矩阵为 $V = \begin{bmatrix} 1 & 0 \\ 0 & 1 \end{bmatrix}$，预期收益率 $\mu = 0.075$，求最小方差资产组合的权重和方差。

解： $a = \vec{1}^T V^{-1}\vec{1} = \begin{bmatrix} 1 & 1 \end{bmatrix}\begin{bmatrix} 1 & 0 \\ 0 & 1 \end{bmatrix}\begin{bmatrix} 1 \\ 1 \end{bmatrix}$ ； $b = \vec{1}^T V^{-1}\vec{e} = \begin{bmatrix} 1 & 1 \end{bmatrix}\begin{bmatrix} 1 & 0 \\ 0 & 1 \end{bmatrix}\begin{bmatrix} 0.2 \\ 0.5 \end{bmatrix}$

$$\sigma_P^2 = (a\mu^2 - 2b\mu + c)/\Delta \quad c = \vec{e}^T V^{-1} \vec{e} = \begin{bmatrix} 0.2 & 0.5 \end{bmatrix} \begin{bmatrix} 1 & 0 \\ 0 & 1 \end{bmatrix} \begin{bmatrix} 0.2 \\ 0.5 \end{bmatrix}$$

$$X = \vec{g} + \mu\vec{h}$$

该实例计算的 Python 代码与计算结果如下。

```
from numpy import *
v=mat('1 0;0 1')
print (v)
[[1 0]
 [0 1]]
e=mat('0.05;0.1')
print (e)
[[ 0.05]
 [ 0.1 ]]
ones=mat('1;1')
print (ones)
[[1]
 [1]]
a= ones.T*v.I*ones
print (a)
[[ 2.]]
b= ones.T*v.I*e
print (b)
[[ 0.15]]
c= e.T*v.I*e
print (c)
[[ 0.0125]]
d=a*c-b*b
print (d)
[[ 0.0025]]
u=0.075
c=0.0125
b=0.15
g= v.I*(c*ones-b*e)/d
a=2.0
h= v.I*(a*e-b*ones)/d
x=g+h*u
print (x)
[[ 0.5]
 [ 0.5]]
var=(a*u*u-2*b*u+c)/d
print (var)
[[ 0.5]]
```

11.4　Python 绘制投资组合有效边界

例 11-1：输入表 11-1 和表 11-2 所示的数据。

表 11-1 　　　　　　　　　　　各个证券的预期收益率

	证券 1	证券 2	证券 3	证券 4
预期收益率	8%	12%	6%	18%
标准差	32%	26%	45%	36%

表 11-2 　　　　　　　　　　　各个证券间的协方差矩阵

	证券 1	证券 2	证券 3	证券 4
证券 1	0.1024	0.0328	0.0655	−0.0022
证券 2	0.0328	0.0676	−0.0058	0.0184
证券 3	0.0655	−0.0058	0.2025	0.0823
证券 4	−0.0022	0.0184	0.0823	0.1296
单位向量转置	1	1	1	1

建立 Excel 数据文件为 yxbj.xls，u 为 0.01、0.03、0.05、0.07、0.09、…、0.35、0.37、0.39。

利用上述给出的数据，绘制 4 个资产投资组合的有效边界。为了绘制 4 个资产投资组合的有效边界，代码如下。

```
import pandas as pd
import numpy as np
import matplotlib.pyplot as plt #绘图工具
#读取数据并创建数据表，名称为 u
u=pd.DataFrame(pd.read_excel('F:/2glkx/data/yxbj.xls'))
V=mat('0.1024 0.0328 0.0655 -0.0022;0.0328 0.0676 -0.0058 0.0184;0.0655 -0.0058
0.2025 0.0823;-0.0022 0.0184 0.0823 0.1296')
e=mat('0.08;0.12;0.06;0.18')
ones=mat('1;1;1;1')
a= ones.T*V.I*ones
b= ones.T*V.I*e
c= e.T*V.I*e
d= a*c-b*b
a=np.array(a)
b=np.array(b)
c=np.array(c)
d=np.array(d)
u=np.array(u)
var=(a*u*u-2.0*b*u+c)/d
sigp=sqrt(var)
print (sigp,u)
```

得到如下结果。

```
[[ 0.40336771]
 [ 0.35191492]
 [ 0.3043241 ]
 [ 0.2627026 ]
 [ 0.23030981]
 [ 0.21143086]
 [ 0.20974713]
 [ 0.22564387]
```

```
[ 0.25586501]
[ 0.29605591]
[ 0.34272694]
[ 0.39357954]
[ 0.44718944]
[ 0.50267524]
[ 0.55947908]
[ 0.61723718]
[ 0.67570488]
[ 0.73471279]
[ 0.7941405 ]
[ 0.85390036]]
[[ 0.01]
[ 0.03]
[ 0.05]
[ 0.07]
[ 0.09]
[ 0.11]
[ 0.13]
[ 0.15]
[ 0.17]
[ 0.19]
[ 0.21]
[ 0.23]
[ 0.25]
[ 0.27]
[ 0.29]
[ 0.31]
[ 0.33]
[ 0.35]
[ 0.37]
[ 0.39]]
```

```
plt.plot(sigp, u,'ro')
```

用 sigp 和 u 的数据可得到图 11-14 所示的 4 个资产投资组合的有效边界。

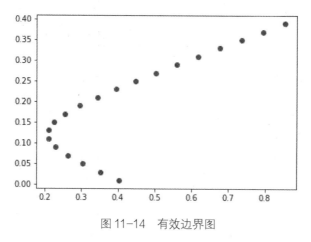

图 11-14　有效边界图

从上面显示的数据和图 11-14 中我们可以看出，最小风险（标准差）所对应的点是

（0.20974713,0.13）。

11.5　Python 绘制寻找 Markowitz 最优投资组合

1．Markowitz 最优投资组合基本理论

多股票策略回测时常常遇到仓位如何分配的问题，其实，这个问题早在 1952 年马科维茨（Markowitz）就给出了答案，即投资组合理论。根据这个理论，我们可以对多资产的组合配置进行 3 个方面的优化。

（1）找到有效边界（或有效前沿），在既定的收益率下使投资组合的方差最小化。

（2）找到 Sharpe 最优的投资组合（收益-风险均衡点）。

（3）找到风险最小的投资组合。

该理论基于用均值方差模型来表述投资组合的优劣的前提。下面我们将选取几只股票，用蒙特卡洛模拟来探究投资组合的有效边界。通过 Sharpe 比最大化和方差最小化两种优化方法来找到最优的投资组合配置权重参数。最后，刻画出可能的分布、两种最优组合以及组合的有效边界。

2．投资组合优化的 Python 应用

例 11-2：3 个投资对象的单项回报率历史数据如表 11-3 所示。

表 11-3　　　　　　　　　　3 个投资对象的单项回报率历史数据

时期	股票 1	股票 2	债券
1	0	0.07	0.06
2	0.04	0.13	0.07
3	0.13	0.14	0.05
4	0.19	0.43	0.04
5	−0.15	0.67	0.07
6	−0.27	0.64	0.08
7	0.37	0	0.06
8	0.24	−0.22	0.04
9	−0.07	0.18	0.05
10	0.07	0.31	0.07
11	0.19	0.59	0.1
12	0.33	0.99	0.11
13	−0.05	−0.25	0.15
14	0.22	0.04	0.11
15	0.23	−0.11	0.09
16	0.06	−0.15	0.1
17	0.32	−0.12	0.08
18	0.19	0.16	0.06
19	0.05	0.22	0.05
20	0.17	−0.02	0.07

求 3 个资产的投资组合 Sharpe 比最大化和方差最小化的权数。

先将此表数据在目录 F:\2glkx\data 下建立 tzsy.xls 数据文件。

```
#准备工作
import pandas as pd
import numpy as np                    #数值计算
import statsmodels.api as sm          #统计计算
import scipy.stats as scs             #科学计算
import matplotlib.pyplot as plt #绘制图形
```

（1）选取股票。

```
#取数
data = pd.DataFrame()
data=pd.read_excel('F:/2glkx/data/tzsy.xls')
data=pd.DataFrame(data)
#清理数据
data=data.dropna()
data.head()
data.plot(figsize = (8,3))
```

运行后得到图 11-15 所示的图形。

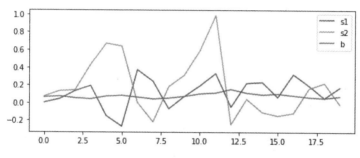

图 11-15　3 个投资对象的收益率变化图

（2）计算不同证券的均值、协方差。

```
returns = data
returns.mean()
s1    0.1130
s2    0.1850
b     0.0755
dtype: float64
returns.cov()
          s1        s2         b
s1  0.027433 -0.010768 -0.000133
s2 -0.010768  0.110153 -0.000124
b  -0.000133 -0.000124  0.000773
```

（3）给不同资产随机分配初始权重。

```
noa=3
weights = np.random.random(noa)
weights /= np.sum(weights)
weights
array([0.65298265, 0.06199242, 0.28502493])
```

（4）计算资产组合的预期收益、方差和标准差。

```
np.sum(returns.mean()*weights)
```

```
0.10677501921361936
np.dot(weights.T, np.dot(returns.cov(),weights))
0.01125730743530006
np.sqrt(np.dot(weights.T, np.dot(returns.cov(),weights)))
0.10610045916630172
```

（5）用蒙特卡洛模拟产生大量随机组合。

给定的一个股票池（证券组合）如何找到风险和收益平衡的位置？下面通过一次蒙特卡洛模拟，产生大量随机的权重向量，并记录随机组合的预期收益和方差。

```
port_returns = []
port_variance = []
for p in range(4000):
    weights = np.random.random(noa)
    weights /=np.sum(weights)
    port_returns.append(np.sum(returns.mean()*weights))
    port_variance.append(np.sqrt(np.dot(weights.T, np.dot(returns.cov(), weights))))
port_returns = np.array(port_returns)
port_variance = np.array(port_variance)
#无风险利率设定为4%
risk_free = 0.04
plt.figure(figsize = (8,3))
plt.scatter(port_variance, port_returns, c=(port_returns-risk_free)/port_variance,
marker = 'o')
plt.grid(True)
plt.xlabel('excepted volatility')
plt.ylabel('expected return')
plt.colorbar(label = 'Sharpe ratio')
```

运行后得到图 11-16 所示的图形。

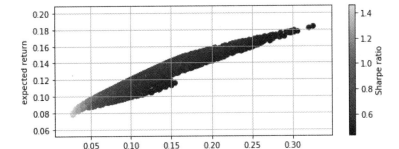

图 11-16　蒙特卡洛模拟产生大量随机投资组合

（6）投资组合优化 1——Sharpe 比最大。

建立 Statistics 函数来记录重要的投资组合统计数据（收益、方差和 Sharpe 比），通过对约束最优问题的求解，得到最优解。其中约束权重总和为 1。

```
def statistics(weights):
    weights = np.array(weights)
    port_returns = np.sum(returns.mean()*weights)
    port_variance = np.sqrt(np.dot(weights.T, np.dot(returns.cov(),weights)))
    return np.array([port_returns, port_variance, port_returns/port_variance])
#最优化投资组合的推导是一个约束最优化问题
```

```
import scipy.optimize as sco
#最小化 Sharpe 指数的负值
def min_sharpe(weights):
    return -statistics(weights)[2]
#约束是所有参数(权重)的总和为 1,可以用 minimize 函数约定
cons = ({'type':'eq', 'fun':lambda x: np.sum(x)-1})
#我们还将参数值(权重)限制在 0~1。这些值以多个元组组成的一个元组形式提供给最小化函数
bnds = tuple((0,1) for x in range(noa))
#优化函数调用中忽略的唯一输入是起始参数列表(对权重的初始猜测)。我们简单地使用平均分布
opts = sco.minimize(min_sharpe, noa*[1./noa,], method = 'SLSQP', bounds = bnds,
constraints = cons)
opts
```

得到如下结果。

```
     fun: -2.919593806188496
     jac: array([ 0.01298031, -0.00767246, -0.0005444 ])
 message: 'Optimization terminated successfully.'
    nfev: 44
     nit: 8
    njev: 8
  status: 0
 success: True
       x: array([0.05163244, 0.02181969, 0.92654787])
```

得到的最优组合权重向量。

```
opts['x'].round(3)
array([0.052, 0.022, 0.927])
```

Sharpe 比最大的组合的 3 个统计数据如下。

```
#预期收益率、预期波动率、最优 Sharpe 指数
statistics(opts['x']).round(3)
Out[24]: array([ 0.08 ,  0.027,  2.92 ])
```

（7）投资组合优化 2——方差最小。

下面我们通过方差最小来选出最优投资组合。

```
def min_variance(weights):
    return statistics(weights)[1]
optv = sco.minimize(min_variance, noa*[1./noa,],method = 'SLSQP', bounds = bnds,
constraints = cons)
optv
     fun: 0.027037791350335436
     jac: array([0.0262073 , 0.02867849, 0.02704901])
 message: 'Optimization terminated successfully.'
    nfev: 42
     nit: 8
    njev: 8
  status: 0
 success: True
       x: array([0.03570797, 0.01117468, 0.95311736])
```

方差最小的最优组合权重向量及组合的统计数据如下。

```
optv['x'].round(3)
array([0.036, 0.011, 0.953])
#得到的预期收益率、波动率和 Sharpe 指数
statistics(optv['x']).round(3)
```

```
array([0.078, 0.027, 2.887])
```
（8）投资组合的有效边界。

有效边界有既定的目标收益率下方差最小的投资组合构成。

在最优化时采用两个约束：（a）给定目标收益率；（b）投资组合权重和为 1。

```
def min_variance(weights):
    return statistics(weights)[1]
#在不同目标收益率水平（target_returns）循环时，最小化的一个约束条件会变化
target_returns = np.linspace(0.0,0.5,50)
target_variance = []
for tar in target_returns:
    cons = ({'type':'eq','fun':lambda x:statistics(x)[0]-tar},{'type':'eq','fun':
lambda x:np.sum(x)-1})
    res = sco.minimize(min_variance, noa*[1./noa,],method = 'SLSQP', bounds =
bnds, constraints = cons)
    target_variance.append(res['fun'])
target_variance = np.array(target_variance)
```
下面是最优化结果的展示。

叉号：构成的曲线是有效边界（目标收益率下最优的投资组合）。

红星：Sharpe 比最大的投资组合。

黄星：方差最小的投资组合。

```
plt.figure(figsize = (8,3))
#圆圈：蒙特卡洛随机产生的组合分布
plt.scatter(port_variance, port_returns, c = port_returns/port_variance,marker = 'o')
#叉号：有效边界
plt.scatter(target_variance,target_returns, c = target_returns/target_variance,
marker = 'x')
#红星：标记最高 sharpe 组合
plt.plot(statistics(opts['x'])[1], statistics(opts['x'])[0], 'r*', markersize =
15.0)
#黄星：标记最小方差组合
plt.plot(statistics(optv['x'])[1], statistics(optv['x'])[0], 'y*', markersize =
15.0)
plt.grid(True)
plt.xlabel('expected volatility')
plt.ylabel('expected return')
plt.colorbar(label = 'Sharpe ratio')
```
运行后得到图 11-17 所示的图形。

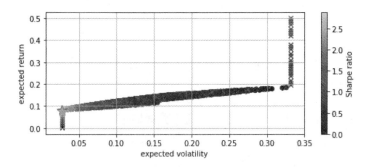

图 11-17　投资组合的有效边界

11.6　Python 实现量化投资统计套利协整配对交易策略

1．协整基本知识

下面介绍协整的初步内容。

（1）协整的直观理解。

协整是什么这个问题回答起来不是那么直观，因此我们先看图 11-18，了解一下具有协整性的两只股票其价格走势有什么规律。

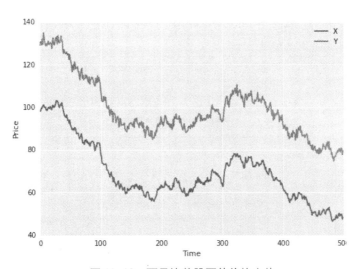

图 11-18　两只协整股票的价格走势

从图 11-18 中可以看出，两只股票具有同涨同跌的规律，长期以来两只股票的价差比较平稳，这种性质就是平稳性。如果两只股票具有强协整性，那么无论它们中途趋势怎样，它们前进的方向总是一样的。

（2）平稳性。

提到协整，就不得不提平稳性。简单地说，平稳性（Stationarity）是一个序列在时间推移中保持稳定不变的性质，它是我们在进行数据的分析预测时非常重要的一个性质。如果一组时间序列数据是平稳的，那就意味着它的均值和方差保持不变，这样我们可以方便地在序列上使用一些统计技术。下面先看一个例子，了解平稳和非平稳序列直观上是什么样的。

在图 11-19 中，靠上的序列是一个平稳的序列，我们能看到它始终围绕着一个长期均值在波动，靠下的序列是一个非平稳序列，我们能看到它的长期均值是变动的。

（3）问题的提出。

由于许多经济问题中的序列是非平稳的，这就给经典的回归分析方法带来了很大限制。在金融市场上也是如此，很多时间序列数据也是非平稳的，通常采用差分方法消除序列中含有的非平稳趋势，使序列平稳后建立模型，如使用 ARIMA 模型。

1987 年恩格尔（Engle）和格兰杰（Granger）提出的协整理论及其方法，为非平稳序列的建模提供了另一种途径。虽然一些经济变量的本身是非平稳序列，但是它们的线性组合却有可能是平稳序列。这种平稳的线性组合被称为"协整方程"，并且可解释为变量之间的长期稳定的均衡关系。协整（Co-integration）可被视为这种均衡关系性质的统计表示。如果两个变量是协整的，在短期内，因为季节影响或随机干扰，这些变量有可能偏离均值，但因为具有长期稳定的均衡关系，它们终将回归均值。

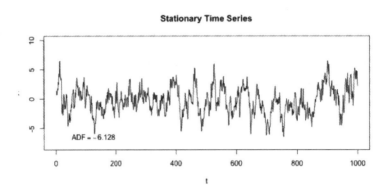

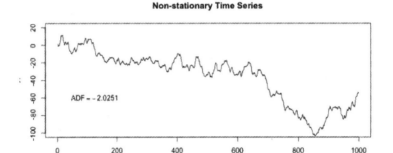

图 11-19　平稳序列和非平稳序列

（4）协整在量化投资中的应用。

基于协整的配对交易是一种基于数据分析的交易策略，其利润是通过两只证券的差价（Spread）来获取的，两者的股价走势虽然在中途会有所偏离，但是最终都会趋于一致。具有这种关系的两只股票，在统计上称作协整性（Cointegration）股票，即它们之间的差价会围绕某一个均值来回摆动，这是配对交易策略可以盈利的基础。当两只股票的价差过大，根据平稳性我们预测价差会收敛，因此买入低价的股票，卖空高价的股票，等待价格回归的时候进行反向操作从而获利。

需要特别注意的是协整性和相关性虽然比较像，但实际确完全不同。两个变量之间可以相关性强，协整性却很弱。比如两条直线，$y=x$ 和 $y=2x$，它们之间的相关性是 1，但是协整性却比较差。又如方波信号和白噪声信号，它们之间相关性很弱，但是却有强协整性，如图 11-20 所示。

2.平稳性检验及其实例

（1）平稳性和检验方法。

严格地说，平稳性可以分为严平稳（Strictly Stationary）和弱平稳（或叫"协方差平稳"，

Covariance Stationary）两种。严平稳是指一个序列始终具有不变的分布函数，而弱平稳则是指序列具有不变常量的描述性统计量。严平稳和弱平稳性质互不包含，但如果一个平稳序列的方差是有限的，那么它是弱平稳的。我们一般所说的平稳都是指弱平稳。在时间序列分析中，通常通过单位根检验（Unit Root Test）来判断一个过程是不是弱平稳的。

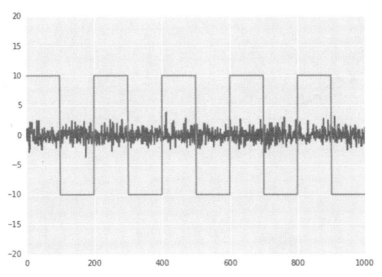

图 11-20　方波信号和白噪声信号的相关性和协整性关系

一个常见的单位根检验方法是 DF 检验，大致思路如下：假设被检测的时间序列 Y_t 满足自回归模型 $Y_t = \alpha Y_{t-1} + \varepsilon_t$，其中 α 为回归系数，ε_t 为噪声的随机变量，若经过检验，发现 $\alpha < 1$，则可以肯定序列是平稳的。

（2）实例。

我们人为地构造两组数据，由此直观地看一下协整关系。

```
import numpy as np
import pandas as pd
import seaborn
import statsmodels
import matplotlib.pyplot as plt
from statsmodels.tsa.stattools import coint
```

首先，我们构造两组数据，每组数据长度为 500。第一组数据为 100 加一个向下趋势项，再加一个标准正态分布。第二组数据在第一组数据的基础上加 30，再加一个额外的标准正态分布。

$$X_t = 100 + \gamma_t + \varepsilon_t$$
$$Y_t = X_t + 30 + \mu_t$$

其中 γ_t 为趋势项，ε_t 和 μ_t 为无相关性的正态随机变量。

代码如下。

```
np.random.seed(100)
x = np.random.normal(0, 1, 500)
y = np.random.normal(0, 1, 500)
X = pd.Series(np.cumsum(x)) + 100
```

```
Y = X + y + 30
for i in range(500):
    X[i] = X[i] - i/10
    Y[i] = Y[i] - i/10
T.plot(pd.DataFrame({'X':X, 'Y':Y}), chart_type='line', title='Price')
```
运行后得到图 11-21 所示的图形。

图 11-21　协整关系

显然，这两组数据都是非平稳的，因为均值随着时间的变化而变化。但这两组数据是具有协整关系的，因为他们的差序列 $Y_t - X_t$ 是平稳的。

```
T.plot(pd.DataFrame({'Y-X':Y-X,'Mean':np.mean(Y-X)}),chart_type='line', title=
'Price')
```
运行后得到图 11-22 所示的图形。

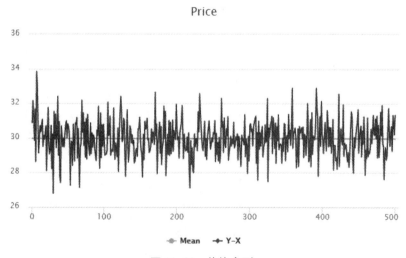

图 11-22　价格序列

在图 11-22 中，可以看出 $Y_t - X_t$ 一直围绕均值波动，而均值不随时间变化（其实方差也不随时间变化）。

3. 基于 Bigquant 平台统计套利的协整配对交易策略

（1）配对交易。

配对交易策略的基本原理就是找出两只走势相关的股票。这两只股票的价差从长期来看在一个固定的水平内波动，如果价差暂时性的超过或低于这个水平，就买多价格偏低的股票，卖空价格偏高的股票。等到价差恢复正常水平时，进行平仓操作，赚取这一过程中价差变化所产生的利润。

使用这个策略的关键就是"必须找到一对价格走势高度相关的股票"，而高度相关在这里意味着在长期来看有一个稳定的价差，这就要用到协整关系的检验。

（2）协整关系。

在前面的介绍中我们知道，如果用 X_t 和 Y_t 代表两只股票价格的时间序列，并且发现它们存在协整关系，那么便存在实数 a 和 b，使线性组合 $Z_t = aX_t - bY_t$ 是一个（弱）平稳的序列。如果 Z_t 的值较往常偏高，那么根据弱平稳性质，Z_t 将回归均值，这时，应该买入 b 份 Y 并卖出 a 份 X，并在 Z_t 回归时赚取差价。反之，如果 Z_t 走势偏低，那么应该买入 a 份 X 卖出 b 份 Y，等待 Z_t 上涨。所以，要使用配对交易，必须找到一对协整相关的股票。

（3）协整关系的检验。

我们想使用协整的特性进行配对交易，那么要怎么样发现协整关系呢？

在 Python 的 Statsmodels 包中，有直接用于协整关系检验的函数 coint，该函数包含于 statsmodels.tsa.stattools 中。首先，我们构造一个读取股票价格、判断协整关系的函数。该函数返回的两个值分别为协整性检验的 p 值矩阵以及所有传入的参数中协整性较强的股票对。我们不需要在意 p 值具体是什么，可以这么理解它：p 值越低，协整关系就越强。p 值低于 0.05 时，协整关系便非常强。

```python
import numpy as np
import pandas as pd
import statsmodels.api as sm
import seaborn as sns
#输入是一 DataFrame，每一列是一只股票在每一日的价格
def find_cointegrated_pairs(dataframe):
    #得到 DataFrame 长度
    n = dataframe.shape[1]
    #初始化 p 值矩阵
    pvalue_matrix = np.ones((n, n))
    #抽取列的名称
    keys = dataframe.keys()
    #初始化强协整组
    pairs = []
    #对于每一个 i
    for i in range(n):
        #对于大于 i 的 j
        for j in range(i+1, n):
            #获取相应的两只股票的价格 Series
            stock1 = dataframe[keys[i]]
            stock2 = dataframe[keys[j]]
            #分析它们的协整关系
```

```
        result = sm.tsa.stattools.coint(stock1, stock2)
        #取出并记录 p 值
        pvalue = result[1]
        pvalue_matrix[i, j] = pvalue
        #如果 p 值小于 0.05
        if pvalue < 0.05:
            #记录股票对和相应的 p 值
            pairs.append((keys[i], keys[j], pvalue))
    #返回结果
    return pvalue_matrix, pairs
```

其次，我们挑选 10 只银行股票，认为它们是业务较为相似、在基本面上具有较强联系的股票，使用上面构建的函数对它们进行协整关系的检验。在得到结果后，用热力图画出各个股票对之间的 *pp* 值，较为直观地观察它们之间的关系。

我们的测试区间为 2015 年 1 月 5 日至 2017 年 7 月 18 日。热力图画出的是 1 减去 *pp* 值，因此颜色越红的地方表示 *pp* 值越低。

```
instruments = ["002142.SZA", "600000.SHA", "600015.SHA", "600016.SHA",
"600036.SHA", "601009.SHA",
               "601166.SHA", "601169.SHA", "601328.SHA", "601398.SHA",
"601988.SHA", "601998.SHA"]

# 确定起始时间
start_date = '2015-01-05'
# 确定结束时间
end_date = '2017-07-18'
# 获取股票总市值数据，返回 DataFrame 数据格式
prices_temp = D.history_data(instruments,start_date,end_date,
               fields=['close'] )
prices_df=pd.pivot_table(prices_temp, values='close', index=['date'], columns=
['instrument'])
pvalues, pairs = find_cointegrated_pairs(prices_df)
#画协整检验热度图，输出 pvalue < 0.05 的股票对
sns.heatmap(1-pvalues, xticklabels=instruments, yticklabels=instruments, cmap
='RdYlGn_r', mask = (pvalues == 1))
print(pairs)
[('601328.SHA', '601988.SHA', 0.0050265192277696939), ('601328.SHA', '601998.
SHA', 0.0069352163995946518)]

df = pd.DataFrame(pairs, index=range(0,len(pairs)), columns=list(['Name1','Name2',
'pvalue']))
#pvalue 越小表示相关性越大，按 pvalue 升序排名就是获取相关性从大到小的股票对
df.sort_values(by='pvalue')
```
运动后得到图 11-23 所示的图形。

从图 11-23 中可以看出，上述 10 只股票中有 3 对具有较为显著的协整性关系的股票对（红色表示协整关系显著）。我们选择使用其中 *p* 值低（0.004）的交通银行（601328.SHA）和中信银行（601998.SHA）这一对股票来进行研究。首先调取交通银行和中信银行的历史股价，画出两只股票的价格走势，如图 11-24 所示。

```
T.plot(prices_df[['601328.SHA','601998.SHA']], chart_type='line', title='Price')
```

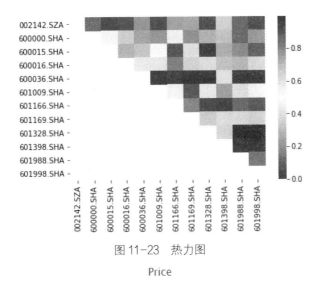

图 11-23　热力图

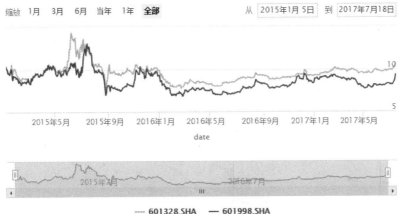

图 11-24　两只股票的价格走势

接下来，我们用这两只股票的价格来进行一次 OLS 线性回归，以此算出它们是以什么线性组合的系数构成平稳序列的。

```
#OLS
x = prices_df['601328.SHA']
y = prices_df['601998.SHA']
X = sm.add_constant(x)
result = (sm.OLS(y,X)).fit()
print(result.summary())
```

```
                            OLS Regression Results
==============================================================================
Dep. Variable:             601998.SHA   R-squared:                      0.682
Model:                            OLS   Adj. R-squared:                 0.682
Method:                 Least Squares   F-statistic:                    1323.
Date:                Sat, 14 Apr 2018   Prob (F-statistic):          1.20e-155
Time:                        10:16:07   Log-Likelihood:               -566.43
No. Observations:                 619   AIC:                            1137.
Df Residuals:                     617   BIC:                            1146.
```

```
Df Model:                              1
Covariance Type:               nonrobust
=================================================================================
                 coef      std err         t       P>|t|      [0.025      0.975]
---------------------------------------------------------------------------------
const          0.3818        0.226     1.687       0.092      -0.063       0.826
601328.SHA     0.8602        0.024    36.378       0.000       0.814       0.907
=================================================================================
Omnibus:                           0.497   Durbin-Watson:                   0.070
Prob(Omnibus):                     0.780   Jarque-Bera (JB):                0.340
Skew:                              0.003   Prob(JB):                        0.844
Kurtosis:                          3.115   Cond. No.                         90.0
=================================================================================
```

系数是 0.8602，画出数据和拟合线。

```
import matplotlib.pyplot as plt
fig, ax = plt.subplots(figsize=(8,6))
ax.plot(x, y, 'o', label="data")
ax.plot(x, result.fittedvalues, 'r', label="OLS")
ax.legend(loc='best')
```

运行后得到图 11-25 所示的图形。

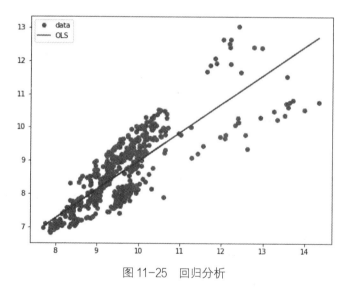

图 11-25　回归分析

设中信银行的股价为 Y，交通银行的股价为 X，回归拟合的结果如下。

$$Y=0.3818+0.8602X$$

也就是说 $Y-0.8602X$ 是平稳序列。

依照这个比例，我们画出它们价差的平稳序列。可以看出，虽然价差上下波动，但都会回归中间的均值。

```
#T.plot(pd.DataFrame({'Stationary Series':0.8602*x-y, 'Mean':[np.mean(0.8602*
x-y)]}), chart_type='line')
df = pd.DataFrame({'Stationary Series':y-0.8602*x, 'Mean':np.mean(y-0.8602*x)})
T.plot(df, chart_type='line', title='Stationary Series')
```

运行后得到图 11-26 所示的图形。

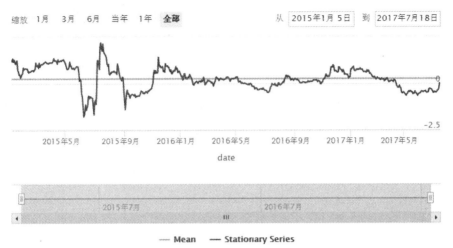

图 11-26　平稳序列

（4）买卖时机的判断。

这里，我们介绍 Z-Score，它是对时间序列偏离其均值程度的衡量，表示时间序列偏离了其均值多少倍的标准差。首先，我们定义一个函数来计算 Z-Score。

一个序列在时间 t 的 Z-Score，是它在时间 t 的值减去序列的均值，再除以序列的标准差后得到的值。

```
def zscore(series):
    return (series - series.mean()) / np.std(series)
zscore_calcu = zscore(y-0.8602*x)
T.plot(pd.DataFrame({'zscore':zscore_calcu, 'Mean':np.mean(y-0.8602*x), 'upper':
1, 'lower':-1}) ,chart_type='line', title='zscore')
```

运行后得到图 11-27 所示的图形。

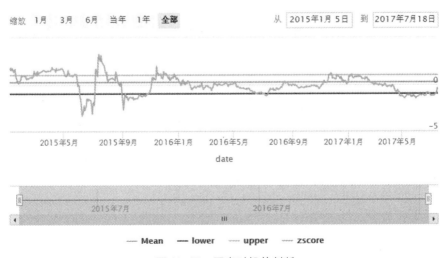

图 11-27　买卖时机的判断

（5）策略完整交易系统设计。

① 交易标的为中信银行（601998.SHA）和交通银行(601328.SHA)。

② 交易信号如下。

当 Z-Score 大于 1 时，全仓买入交通银行，全仓卖出中信银行→做空价差。

当 Z-Score 小于-1 时，全仓卖出中信银行，全仓买入交通银行→做多价差。

③ 风险控制。暂时没有风险控制。

④ 资金管理。暂时没有选择时，任何时间都保持满仓。

策略回测部分如下。

```
instrument = {'y':'601998.SHA','x':'601328.SHA'}  #协整股票对
start_date = '2015-01-05' #起始日期
end_date = '2017-07-18' #结束日期
#初始化账户和传入需要的变量
def initialize(context):
    context.set_commission(PerDollar(0.0015)) #手续费设置
    context.zscore = zscore_calcu #交易信号需要根据 zscore_calcu 的具体数值给出
    context.ins  = instrument #传入协整股票对


#策略主题函数
def handle_data(context, data):

    date = data.current_dt.strftime('%Y-%m-%d') #运行到当根 k 线的日期
    zscore = context.zscore.ix[date]  #当日的 zscore
    stock_1 = context.ins['y'] #股票 y
    stock_2 = context.ins['x'] #股票 x

    symbol_1 = context.symbol(stock_1) #转换成回测引擎所需的 symbol 格式
    symbol_2 = context.symbol(stock_2)

    #持仓
    cur_position_1 = context.portfolio.positions[symbol_1].amount
    cur_position_2 = context.portfolio.positions[symbol_2].amount

    #交易逻辑
    #如果 zesore 大于上轨（>1），则价差会向下回归均值，因此需要买入股票 x，卖出股票 y
    if zscore > 1 and cur_position_2 == 0 and data.can_trade(symbol_1) and data.
can_trade(symbol_2):
        context.order_target_percent(symbol_1, 0)
        context.order_target_percent(symbol_2, 1)
        print(date, '全仓买入：交通银行')

    #如果 zesore 小于下轨（<-1），则价差会向上回归均值，因此需要买入股票 y，卖出股票 x
    elif zscore < -1 and cur_position_1 == 0 and data.can_trade(symbol_1) and
data.can_trade(symbol_2):
        context.order_target_percent(symbol_1, 1)
        print(date, '全仓买入：中信银行')
        context.order_target_percent(symbol_2, 0)
#回测启动接口
m=M.trade.v2(
```

```
    instruments=list(instrument.values()),#保证 instrument 是有字符串的股票代码组合
成的列表（list）
    start_date=start_date,
    end_date=end_date,
    initialize=initialize,
    handle_data=handle_data,
    order_price_field_buy='open',
    order_price_field_sell='open',
    capital_base=10000,
    benchmark='000300.INDX',
)
```

运行结果如下。

```
[2018-04-14 10:36:55.715530] INFO: bigquant: backtest.v7 开始运行…
[2018-04-14 10:36:55.939555] INFO: algo: set price type:backward_adjusted
2015-01-05 全仓买入：交通银行
2015-06-04 全仓买入：中信银行
2015-07-08 全仓买入：交通银行
2015-08-31 全仓买入：中信银行
2015-11-18 全仓买入：交通银行
2016-06-17 全仓买入：中信银行
2016-11-23 全仓买入：交通银行
2017-04-26 全仓买入：中信银行
    [2018-04-14 10:37:02.149093] INFO: Performance: Simulated 619 trading days out
of 619.
    [2018-04-14 10:37:02.151269] INFO: Performance: first open: 2015-01-05 01:30:
00+00:00
    [2018-04-14 10:37:02.152766] INFO: Performance: last close: 2017-07-18 07:00:
00+00:00
```

运行后得到图 11-28 所示的图形。

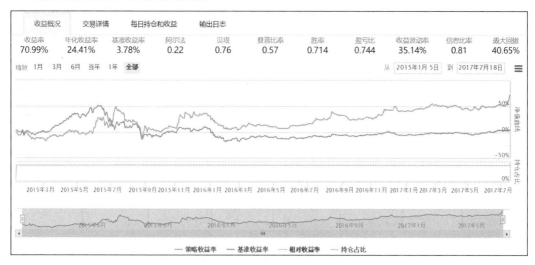

图 11-28　策略表现

4．基于 Python 环境的配对交易策略

在前面介绍的配对交易策略中，必须依赖于 Bigquant 量化投资平台，下面介绍的配对交

易策略可以脱离这个平台,在 Python 环境中运行。

(1)策略介绍。

在单边做多的市场行情中,投资者的资产收益往往容易受到市场波动较大的影响。在非理性的市场中,这种波动所带来的风险尤其难以规避。

配对交易思想为这种困境提供了既能避险又能盈利的策略,其又称为"价差交易"或者"统计套利交易",是一种风险小、交易较为稳定的市场中性策略。一般的做法是在市场中寻找两只历史价格走势有对冲效果的股票,组成配对,使得股票配对的价差在一个范围内波动。可能的操作方式是,当股票配对价差正向偏离时,预计价差在未来会回复,做空价格走势强势的股票,同时做多价格走势较弱的股票。当价差收敛到长期正常水平时,即走势较强的股票价格回落,或者走势较弱的股票价格转强,通过平仓赚取价差收敛时的收益;当股票配对价差负向偏离时,反向建仓,在价差回复至正常范围时再平仓,同样可以赚取收益。

(2)策略相关方法。

① 寻找历史价格价差稳定的股票对。

方法:最小距离法,即挑选出 SSD 最小的股票对。

原理是为了衡量两只股票价格的距离,首先对股票价格进行标准化处理。假设 p_t^i($t=0,1,2,\cdots,T$)表示股票 i 在第 t 天的价格。那么,股票 i 在第 t 天的单期收益率比可以表示为 $r_t^i = \dfrac{p_t^i - p_{t-1}^i}{p_{k-1}^i}$($t=0,1,2,\cdots,T$)。用 $\hat{P}_t^i$ 表示股票在第 t 天的标准化价格,$\hat{P}_t^i$ 可由这 t 天内的累计收益率来计算,即 $\hat{P}_t^i = \sum\limits_{T=1}^{t}(1+r_T^i)$。

假设有股票 X 和股票 Y,我们可以计算出两者之间的标准化价格偏差值平方和 $SSD_{X,Y}.SSD_{X,Y} = \sum\limits_{t=1}^{T}(P_t^X - \hat{P}_t^Y)^2$。对产生的所有的股票对两两配对,算出全部的 SSD,将这些 SSD 由小到大排列,挑选出 SSD 最小的股票对,即挑选标准化价格序列距离最近的两只股票。

② 判断两只股票的历史价格是否具有协整关系有以下两种方法。

方法 1:检验两只股票的收益率序列 $\{r_t\}$ 是不是平稳时间序列。

原理为金融资产的对数价格一般可以视为一阶单整序列。用 P_t^X 表示 X 股票在第 t 日的价格,如果 X 股票的对数价格 $\{\log(P_t^X)\}$($t=0,1,2,\cdots,T$)是非平稳时间序列,并且 $\{\log(P_t^X)-\log(P_{t-1}^X)\}$($t=0,1,2,\cdots,T$)构成的时间序列是平稳的,则称 X 股票的对数价格 $\{\log(P_t^X)\}$($t=0,1,2,\cdots,T$)是一阶单整序列。

$$r_t^X = \frac{P_t^X - P_{t-1}^X}{P_{t-1}^X} = \frac{P_t^X}{P_{t-1}^X} - 1$$

$$\log(P_t^X) - \log(P_{t-1}^X) = \log(\frac{P_t^X}{P_{t-1}^X}) = \log(1+r_t^X) \approx r_t^X$$

即 X 股票的简单单期收益率序列 $\{r_t^X\}$ 是平稳的。

ARCH 包的 ADF()函数可以使用 ADF 单位根方法对序列的平稳性进行检验,ADF 单位根检验的原假设是"序列存在单位根"。如果我们不能拒绝原假设,则说明我们检查的序列可能存在单位根，序列是非平稳的；如果我们拒绝原假设，则序列不存在单位根，即序列是平稳时间序列。

方法 2：协整检验模型。

原理为假设 $\{\log(P_t^X)\}$（$t=0,1,2,\cdots,T$）和 $\{\log(P_t^Y)\}$（$t=0,1,2,\cdots,T$），分别表示 X 股票和 Y 股票的对数价格序列，则使用 Engle 和 Granger 两步法可以对时间序列 $\{\log(P_t^X)\}$ 和 $\{\log(P_t^Y)\}$ 协整关系进行检验。在 $\{\log(P_t^X)\}$ 和 $\{\log(P_t^Y)\}$ 都是一阶单整的前提下，用最小二乘法构造回归方程。

$$\log(P_t^Y)=\alpha+\beta\log(P_t^X)+\varepsilon_t$$

得到回归系数 $\hat{\alpha}$ 和 $\hat{\beta}$，构造残差估计值：$\hat{\varepsilon}_t = \log(P_t^Y)-(\hat{\alpha}+\hat{\beta}\log(P_t^X))$ 并检验 $\{\hat{\varepsilon}_t\}$ 序列的平稳性。如果 $\{\varepsilon_t\}$ 序列是平稳的，说明 $\{\log(P_t^X)\}$ 和 $\{\log(P_t^Y)\}$ 具有协整关系。运用协整理论和协整模型，挑选出满足价格序列具有协整关系的股票对进行交易。

（3）策略的步骤。

配对交易策略的时期分为形成期和交易期。在形成期挑选历史价格走势存在规律的股票对，并制订交易策略；在交易期模拟开仓平仓交易，而后计算收益。

① 在形成期寻找历史价差走势大致稳定的股票对。本策略采取选取同行业公司规模相近的股票进行配对的方法，本策略选取的行业为银行。选取的满足要求的银行行业的股票有 25 只，两两配对，一共可以产生 300 个股票对，形成期为 244 天。利用最小距离法，在产生的 300 个股票对中，筛选出 *SSD* 最小的一个，即挑选标准化价格序列距离最近的两只股票。

② 分别对挑选出来的两只股票的对数价格数据进行一阶单整检验，再判断两只股票的历史价格是否具有协整关系。

③ 找出两只股票的配对比率 beta 和配对价差，计算价差的平均值和标准差。

④ 选取交易期价格数据，构造开仓平仓区间。

⑤ 根据开仓平仓点制订交易策略，并模拟交易账户。

⑥ 配对交易策略绩效评价。

（4）策略的演示。

① 寻找满足 *SSD* 最小的股票对。

```python
import pandas as pd
import numpy as np
import tushare as ts   #导入 Tushare 财经数据接口
all=ts.get_stock_basics()

code=list(all[(all["industry"]=="银行")].index)
allclose = ts.get_hist_data('sh').close
n=0
for i in code:   #循环遍历沪深股票，获取股价
    print("正在获取第{}只股票数据".format(n))
    n += 1
    df = ts.get_hist_data(i)
    if df is None:
        continue
```

```
    else:
        df = df[::-1]    #将时间序列反转，变为由远及近
        close = df.close
        close.name = i
        allclose = pd.merge(pd.DataFrame(allclose), pd.DataFrame(close), left
_index=True, right_index=True, how='left')
    #将2015年尚未上市的股票清洗掉
    popList = list()
    for i in range(len(allclose.columns) - 1):
        data = allclose.iloc[0:10, i]
        data = data.dropna()
        if len(data) == 0:
            popList.append(allclose.columns[i])
    for i in popList:
        allclose.pop(i)
    minSSD = 100
    PairX = ''
    PairY = ''
    spreadList = list()
    for i in range(len(allclose.columns) - 1):
        for j in range(len(allclose.columns) - 1):
            print("第{}只股票，第{}个数据".format(i, j))
            if i == j:
                continue
            else:
                fromer = allclose.iloc[:, i]
                laster = allclose.iloc[:, j]
                fromer.name = allclose.columns[i]
                laster.name = allclose.columns[j]
                data = pd.concat([fromer, laster], axis=1)
                data = data.dropna()
                if len(data) == 0:
                    continue
                else:
                    priceX = data.iloc[:, 0]
                    priceY = data.iloc[:, 1]
                    returnX = (priceX - priceX.shift(1)) / priceX.shift(1)[1:]
                    returnY = (priceY - priceY.shift(1)) / priceY.shift(1)[1:]
                    standardX = (returnX + 1).cumprod()
                    standardY = (returnY + 1).cumprod()
                    SSD = np.sum((standardY - standardX) ** 2) / len(data)
                    if SSD < minSSD:
                        minSSD = SSD
                        PairX = allclose.columns[i]
                        PairY = allclose.columns[j]
    print("标准化价差最小的两只股票为{},{}".format(PairX, PairY))
    print("最小距离为{}".format(minSSD))
```

运行上述代码，得到如下结果。

标准化价差最小的两只股票为601818，601328，最小距离为0.001573792462381141。

② 在银行行业中挑选出了标准化价格序列距离最近的两只股票，分别为"601818"（光大银行）和"601328"（交通银行）。接下来我们分别对光大银行和交通银行的对数价格数据进行一阶单整检验。

对光大银行的对数价格数据进行一阶单整检验。

```
In[2]:   import re
         import pandas as pd
         import numpy as np
         from arch.unitroot import ADF
         import statsmodels.api as sm
         from statsmodels.tsa.stattools import adfuller
         import tushare as ts   # 导入 Tushare 财经数据接口
         import matplotlib.pyplot as plt
         #配对交易实测
         #提取形成期数据
         PAf= ts.get_hist_data('601818','2017-01-01','2018-01-01').close[::-1]
         PBf= ts.get_hist_data('601328','2017-01-01','2018-01-01').close[::-1]
         #形成期协整关系检验
         #一阶单整检验
         #将光大银行股价取对数
         log_PAf = np.log(PAf)
         #对光大银行对数价格进行单位根检验
         adfA = ADF(log_PAf)
         print(adfA.summary().as_text())
         Augmented Dickey-Fuller Results
         =====================================
         Test Statistic                  -2.563
         P-value                          0.101
         Lags                                 0
         -------------------------------------
         Trend: Constant
         Critical Values: -3.46 (1%), -2.87 (5%), -2.57 (10%)
         Null Hypothesis: The process contains a unit root.
         Alternative Hypothesis: The process is weakly stationary.
```

Test Statistic 是 ADF 检验的统计量计算结果，Critical Values 是该统计量在原假设下的 1、5 和 10 分位数。对光大银行的对数价格 log(PAf)进行单位根检验，结果为"Test Statistic: −2.563"，而"Critical Values: −3.46 (1%), −2.87 (5%), −2.57 (10%)"，也就是说−2.563 大于原假设分布下的 1、5 和 10 分位数，从而不能拒绝原假设，进而说明光大银行的对数价格序列是非平稳的。

```
#对光大银行对数价格差分
retA=log_PAf.diff()[1:]
adfretA = ADF(retA)
print(adfretA.summary().as_text())
```

运行上述代码，得到如下结果。

```
   Augmented Dickey-Fuller Results
=====================================
Test Statistic                  -15.680
P-value                           0.000
Lags                                  0
-------------------------------------
```

```
Trend: Constant
Critical Values: -3.46 (1%), -2.87 (5%), -2.57 (10%)
Null Hypothesis: The process contains a unit root.
Alternative Hypothesis: The process is weakly stationary.
```

对光大银行的对数价格差分 retA 变量进行单位根检验，Test Statistic 为−15.680，从分析结果可以拒绝原假设，即光大银行的对数价格的差分不存在单位根，即序列是平稳的。综上所述，说明光大银行的对数价格序列是一阶单整序列。

对交通银行的对数价格数据进行一阶单整检验。

```
In[3]:   log_PBf = np.log(PBf)
         adfB = ADF(log_PBf)
         print(adfB.summary().as_text())
         Augmented Dickey-Fuller Results
         ===================================
         Test Statistic                 -3.064
         P-value                         0.029
         Lags                                1
         -----------------------------------

         Trend: Constant
         Critical Values: -3.46 (1%), -2.87 (5%), -2.57 (10%)
         Null Hypothesis: The process contains a unit root.
         Alternative Hypothesis: The process is weakly stationary.
```

对交通银行的对数价格 PAflog 进行单位根检验，结果为"Test Statistic: −3.064"，而"Critical Values: −3.46 (1%), −2.87 (5%), −2.57 (10%)"，根据检验的结果，在 1%的显著性水平下，不能拒绝原假设，即交通银行的对数价格序列是非平稳的。

对交通银行的对数价格数据差分进行一阶单整检验。

```
retB=log_PAf.diff()[1:]
adfretB = ADF(log_PBf.diff()[1:])
print(adfretB.summary().as_text())

   Augmented Dickey-Fuller Results
===================================
Test Statistic                 -14.109
P-value                          0.000
Lags                                 0
-----------------------------------

Trend: Constant
Critical Values: -3.46 (1%), -2.87 (5%), -2.57 (10%)
Null Hypothesis: The process contains a unit root.
Alternative Hypothesis: The process is weakly stationary.
```

对交通银行的对数价格差分 retB 变量进行单位根检验，Test Statistic 为−14.109，从分析结果可以拒绝原假设，即交通银行的对数价格的差分不存在单位根，即序列是平稳的。综上所述，说明在 1%的显著性水平下，交通银行的对数价格序列是一阶单整序列。

```
In[4]:   #绘制光大银行与交通银行的对数价格时序图
         import matplotlib.pyplot as plt
         import math
```

```
#from matplotlib.font_manager import FontProperties
#font=FontProperties(fname='C:/Windows/Fonts/msyh.ttf')
log_PAf.plot(label='601818GDYH',style='--')
log_PBf.plot(label='601328JTYH',style='-')
plt.legend(loc='upper left')
#plt.title('2017-2018年光大银行与交通银行对数价格时序图',fontproperties=font)
plt.title('2017-2018 two bank log price time series')
```
```
Text(0.5,1,'2017-2018 two bank log price time series')
```
运行后得到图 11-29 所示的图形。

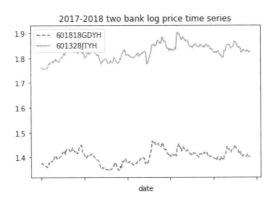

图 11-29　光大银行与交通银行股票对数价格时序图

从图 **11-29** 所示的虚线和实线，可以看出光大银行和交通银行的股票的对数价格有一定的趋势，不是平稳的。

```
In[5]: #绘制光大银行与交通银行股票对数价格差分的时序图
       retA.plot(label='601818GDYH',style='--')
       retB.plot(label='601328JTYH',style='-')
       plt.legend(loc='lower left')
       #plt.title('光大银行与交通银行对数价格差分(收益率)',fontproperties=font)
       plt.title('2017-2018 two bank log price diff time series')
```
得到如下结果。
```
Text(0.5,1,'2017-2018 two bank log price diff time series')
```
运行后得到图 11-30 所示的图形。

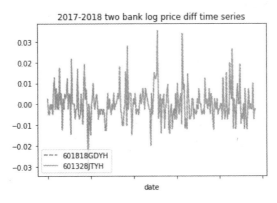

图 11-30　光大银行与交通银行股票对数价格差分的时序图

从图 11-30 可以看出，光大银行和交通银行股票对数价格的差分序列是平稳的，整体上都在 0 附近上下波动。

```
In[6]:  #用协整模型检验光大银行与交通银行的股票的对数价格
        #协整关系检验
        #因变量是光大银行（A）股票的对数价格
        #自变量是交通银行（B）股票的对数价格
        import statsmodels.api as sm
        model = sm.OLS(log_PBf, sm.add_constant(log_PAf)).fit()
        model.summary()
```

```
Out[6]:                        OLS Regression Results
==============================================================================
Dep. Variable:                  close   R-squared:                      0.675
Model:                            OLS   Adj. R-squared:                 0.674
Method:                 Least Squares   F-statistic:                    502.4
Date:                Tue, 26 Jun 2018   Prob (F-statistic):          5.63e-61
Time:                        16:57:28   Log-Likelihood:                647.65
No. Observations:                 244   AIC:                           -1291.
Df Residuals:                     242   BIC:                           -1284.
Df Model:                           1
Covariance Type:            nonrobust
==============================================================================
                 coef    std err          t      P>|t|      [0.025      0.975]
------------------------------------------------------------------------------
const          0.5500      0.057      9.679      0.000       0.438       0.662
close          0.9073      0.040     22.413      0.000       0.828       0.987
==============================================================================
Omnibus:                        8.445   Durbin-Watson:                  0.126
Prob(Omnibus):                  0.015   Jarque-Bera (JB):               8.260
Skew:                          -0.408   Prob(JB):                      0.0161
Kurtosis:                       2.615   Cond. No.                        110.
==============================================================================
```

将光大银行股票的对数价格和交通银行股票的对数价格做线性回归，从回归结果中可以看出，系数与截距项的 p 值都远远小于 0.025 的显著性水平，所以系数和截距项均显著。接下来对回归残差进行平稳性检验。

```
In[7]:  #提取回归截距项
        alpha = model.params[0]
        #提取回归系数
        beta = model.params[1]
        #残差单位根检验
        #求残差
        spreadf = log_PBf - beta * log_PAf - alpha
        adfSpread = ADF(spreadf)
        print(adfSpread.summary().as_text())

        mu = np.mean(spreadf)
        sd = np.std(spreadf)
```

```
Out[7]: Augmented Dickey-Fuller Results
        =====================================
        Test Statistic              -3.235
        P-value                      0.018
        Lags                             0
        -------------------------------------
        Trend: Constant
        Critical Values: -3.46 (1%), -2.87 (5%), -2.57 (10%)
        Null Hypothesis: The process contains a unit root.
        Alternative Hypothesis: The process is weakly stationary.
```

　　根据上面的检验结果，在 5%的显著性水平下，可以拒绝原假设，即残差序列不存在单位根，残差序列是平稳的。通过上述分析，我们可以得知光大银行与交通银行股票的对数价格序列具有协整关系。

```
In[8]: #绘制残差序列的时序图
       spreadf.plot()
       #plt.title('价差序列',fontproperties=font)
       plt.title('Spread of Price')
       Text(0.5,1,'Spread of Price')
```

运行后得到图 11-31 所示的图形。

图 11-31　光大银行与交通银行配对残差时序图

③ 找出两只股票的配对比率 beta 和配对价差，计算价差的平均值和标准差。

```
In[9]:#找出配对比例 beta 和配对价差
      print(beta)
      #计算价差的平均值和标准差
      print(mu)
      print(sd)
Out[9]: 0.9073359416904718
        6.038885238862737e-15
        0.01702210729126481
```

④ 选取交易期价格数据，构造开仓平仓区间。

```
In[10]: # 设定交易期
        PAt= ts.get_hist_data('601818','2018-01-01','2018-06-25').close[::-1]
        PBt= ts.get_hist_data('601328','2018-01-01','2018-06-25').close[::-1]
```

```
        CoSpreadT = np.log(PBt) - beta * np.log(PAt) - alpha
        CoSpreadT.describe()
Out[10]: count    115.000000
         mean      -0.002029
         std        0.011120
         min       -0.037220
         25%       -0.005747
         50%       -0.001680
         75%        0.004577
         max        0.022110
       · Name: close, dtype: float64
In[11]: #绘制价差区间图
        CoSpreadT.plot()
        #plt.title('交易期价差序列(协整配对)',fontproperties=font)
        plt.title('Spread of Price series')
        plt.axhline(y=mu, color='black')
        plt.axhline(y=mu + 0.2 * sd, color='blue', ls='-', lw=2)
        plt.axhline(y=mu - 0.2 * sd, color='blue', ls='-', lw=2)
        plt.axhline(y=mu + 1.5 * sd, color='green', ls='--', lw=2.5)
        plt.axhline(y=mu - 1.5 * sd, color='green', ls='--', lw=2.5)
        plt.axhline(y=mu + 2.5 * sd, color='red', ls='-.', lw=3)
        plt.axhline(y=mu - 2.5 * sd, color='red', ls='-.', lw=3)
Out[11]: <matplotlib.lines.Line2D at 0x1958cc52ef0>
```

运行后得到图 11-32 所示的图形。

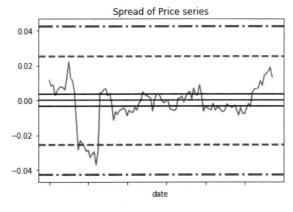

图 11-32　交易期价差序列

⑤ 根据开仓平仓点制订交易策略，并模拟交易账户。根据图 11-32 所示，我们可以制订如下的交易规则：在交易期内，设定 $u\pm1.5\sigma$ 和 $u\pm0.2\sigma$ 为开仓和平仓的阈值，将 $u\pm2.5\sigma$ 视为协整关系可能破裂强制平仓的阈值，具体交易规则如下。

● 当价差上穿 $u+1.5\sigma$ 时，做空配对股票，反向建仓（卖出交通银行股票，同时买入光大银行股票，光大银行和交通银行股票资金比值为 beta）。

● 当价差下穿 $u+0.2\sigma$ 下方时，做多配对股票，反向平仓。

● 当价差下穿 $u-1.5\sigma$ 时，做多配对股票，正向建仓（买入交通银行股票，同时卖出光大银行股票，光大银行和交通银行股票资金比值为 beta）。

- 当价差又回复到 $u-0.2\sigma$ 上方时，做空配对股票，正向平仓。
- 当价差突破 $u\pm2.5\sigma$ 之间时，及时平仓。

```
In[12]: def TradeSim(priceX, priceY, position):
            n = len(position)
            size = 1000
            shareY = size * position
            shareX = [(-beta) * shareY[0] * priceY[0] / priceX[0]]
            cash = [2000]
            for i in range(1, n):
                shareX.append(shareX[i - 1])
                cash.append(cash[i - 1])
                if position[i - 1] == 0 and position[i] == 1:
                    shareX[i] = (-beta) * shareY[i] * priceY[i] / priceX[i]
                    cash[i] = cash[i - 1] - (shareY[i] * priceY[i] + shareX[i]
* priceX[i])
                elif position[i - 1] == 0 and position[i] == -1:
                    shareX[i] = (-beta) * shareY[i] * priceY[i] / priceX[i]
                    cash[i] = cash[i - 1] - (shareY[i] * priceY[i] + shareX[i]
* priceX[i])
                elif position[i - 1] == 1 and position[i] == 0:
                    shareX[i] = 0
                    cash[i] = cash[i - 1] + (shareY[i - 1] * priceY[i] + shareX
[i - 1] * priceX[i])
                elif position[i - 1] == -1 and position[i] == 0:
                    shareX[i] = 0
                    cash[i] = cash[i - 1] + (shareY[i - 1] * priceY[i] + shareX
[i - 1] * priceX[i])
            cash = pd.Series(cash, index=position.index)
            shareY = pd.Series(shareY, index=position.index)
            shareX = pd.Series(shareX, index=position.index)
            asset = cash + shareY * priceY + shareX * priceX
            account = pd.DataFrame({'Position': position, 'ShareY': shareY,
'ShareX': shareX, 'Cash': cash, 'Asset': asset})
            return (account)

        account = TradeSim( PAt, PBt, position)
        account.tail()
Out[12]:
                   Asset         Cash  Position  ShareX  ShareY
date
2018-06-19  2163.972992  2163.972992       0.0     0.0     0.0
2018-06-20  2163.972992  2163.972992       0.0     0.0     0.0
2018-06-21  2163.972992  2163.972992       0.0     0.0     0.0
2018-06-22  2163.972992  2163.972992       0.0     0.0     0.0
2018-06-25  2163.972992  2163.972992       0.0     0.0     0.0
In[13]:
account.iloc[:, [1, 3, 4]].plot(style=['--', '-', ':'])
```

```
#plt.title('配对交易账户',fontproperties=font)
plt.title('account')
#Text(0.5,1,'Account')
```

练 习 题

把本章例题中的数据，使用 Python 重新操作一遍。

第 **12** 章 Python 机器学习

12.1 机器学习算法分类

一般来说，机器学习算法分为 3 类。

1．监督式学习算法

这个算法由一个目标变量和结果变量（或因变量）组成。这些变量由已知的一系列预示变量（自变量）预测而来。利用这一系列变量，可以生成一个将输入值映射到期望输出值的函数。这个训练过程会一直持续，直到模型在训练数据上获得期望的精确度。监督式学习算法包括线性回归算法、决策树算法、随机森林算法、K-最近邻算法、逻辑回归算法等。

2．非监督式学习算法

这个算法没有任何目标变量或结果变量要预测或估计。它用在不同的组内聚类分析。这种分析方式被广泛地用来细分客户，根据干预的方式分为不同的用户组。非监督式学习算法包括关联算法和 K-均值算法等。

3．强化学习算法

这个算法训练机器进行决策。原理是将机器放在一个能让它通过反复试错来训练的环境中，机器从过去的经验中进行学习，并且尝试利用了解得最透彻的知识做出精确的商业判断。强化学习算法包括马尔可夫决策过程算法等。

12.2 常见的机器学习算法及其 Python 代码

常见的机器学习算法如下。
（1）线性回归算法。
（2）逻辑回归算法。
（3）决策树算法。
（4）支持向量机分类算法。
（5）朴素贝叶斯分类算法。

（6）K-最近邻算法。

（7）K-均值算法。

（8）随机森林算法。

（9）降维算法。

（10）Gradient Boosting 和 Ada Boosting 算法。

下面对以上的机器学习算法逐一进行介绍，并给出其主要的 Python 代码。

1. 线性回归算法

线性回归算法通常用于根据连续变量估计实际数值（如房价、呼叫次数、总销售额等）。我们通过拟合最佳直线来建立自变量和因变量的关系。这条最佳直线叫作"回归线"，并且用 $y = ax + b$ 这条线性等式来表示。

例 12-1：假设在不问对方体重的情况下，让一个五年级的孩子按体重从轻到重的顺序对班上的同学排序，你觉得这个孩子会怎么做？他很可能会目测同学的身高和体形，综合这些可见的参数来排列。这是现实生活中使用线性回归算法的例子。实际上，这个孩子发现了体重和体形、身高有一定的关系，这个关系看起来很像上面的等式 $y=ax+b$。y 为因变量，x 为自变量，a 为斜率，b 为截距。系数 a 和 b 可以通过最小二乘法获得。如图 12-1 所示。

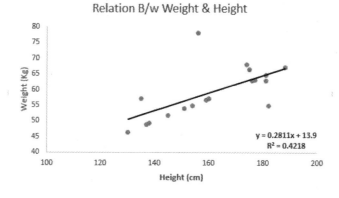

图 12-1　体重与身高的关系

我们找出最佳拟合直线 $y=0.2811x+13.9$。已知人的身高（Height），则可以通过这个等式求出体重（Weight）。

线性回归算法的两种主要类型是一元线性回归和多元线性回归。一元线性回归的特点是只有一个自变量。多元线性回归的特点正如其名，存在多个自变量。寻找最佳拟合直线的时候，可以拟合到多项或者曲线回归。这些就被叫作"多项"或"曲线回归"。

Python 代码如下。

```
#导入库
#导入 pandas, numpy...
from sklearn import linear_model
#加载训练数据集和测试数据集
#识别特征和响应变量，其值必须是数字和 numpy 数组
x_train=input_variables_values_training_datasets
y_train=target_variables_values_training_datasets
```

```
x_test=input_variables_values_test_datasets
#创建线回归对象
linear = linear_model.LinearRegression()
#使用训练集训练模型，并检查得分
linear.fit(x_train, y_train)
linear.score(x_train, y_train)
#回归方程的系数和截距
print('Coefficient: n', linear.coef_)
print('Intercept: n', linear.intercept_)
#预测输出
predicted= linear.predict(x_test)
```

2．逻辑回归算法

这是一个分类算法而不是一个回归算法。该算法可根据已知的一系列自变量估计离散数值（如二进制数值 0 或 1、是或否、真或假等）。简单来说，它通过将数据拟合进一个逻辑函数来预估一个事件出现的概率，因此它被叫作"逻辑回归"。因为它预估的是概率，所以它的输出值大小为 0～1（正如所预计的一样），如图 12-2 所示。

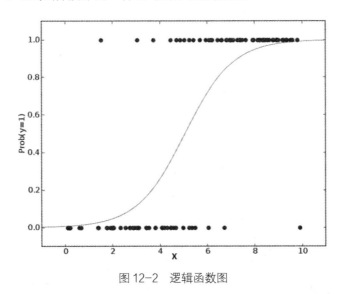

图 12-2　逻辑函数图

下面再通过一个简单的例子来理解这个算法。

例 12-2：假设你的朋友让你解开一个谜题，那么只会有两个结果：你解开了或是没有解开。想象你要解答很多道题来找出你所擅长的主题。这个研究的结果就会像这样：假设题目是一道高中的三角函数题，你有 70% 的可能会解开这道题；然而，若题目是道五年级的历史题，你只有 30% 的可能性回答正确。这就是逻辑回归算法能提供给你的信息。

从数学上看，在结果中，概率的对数使用的是预测变量的线性组合模型。

```
odds= p/ (1-p) = probability of event occurrence / probability of not event occurrence
ln(odds) = ln(p/(1-p))
logit(p) = ln(p/(1-p)) = b0+b1×X1+b2×X2+b3×X3...+bk×X
```

在上面的式子里，p 是我们感兴趣的特征出现的概率。它选用使观察样本值的可能性最大化的值作为参数，而不是通过计算误差平方和的最小值（如一般的回归分析用到的一样）。

Python 代码如下。

```
#导入库
from sklearn.linear_model import LogisticRegression
#创建逻辑回归对象
model = LogisticRegression()
#使用训练集训练模型，并检查得分
model.fit(X, y)
model.score(X, y)
#回归方程的系数和截距
print('Coefficient: n', model.coef_)
print('Intercept: n', model.intercept_)
#预测输出
predicted= model.predict(x_test)
```

可以尝试使用更多的方法来改进这个模型，如加入交互项，精简模型特性，使用正则化方法，使用非线性模型等。

3. 决策树算法

这个监督式学习算法通常被用于分类问题。令人惊奇的是，它同时适用于分类变量和连续因变量。在这个算法中，我们将总体分成两个或更多的同类群。这是根据最重要的属性或者自变量来分成尽可能不同的组别，如图 12-3 所示。

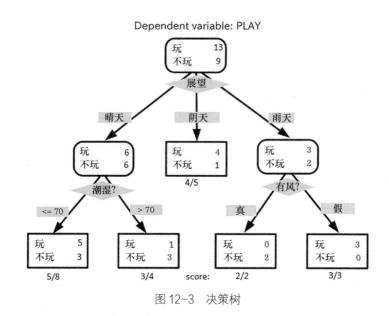

图 12-3　决策树

例 12-3：根据天气的情况将人群分组，从而确定去玩与不去玩的人数，如图 12-3 所示。

在图 12-3 中可以看到，根据多种属性判断，人群最终被分成了不同的 4 个小组，从而判断"他们会不会去玩"。为了把总体分成不同组别，需要用到许多技术，比如 gini、information gain、chi-square、entropy 等。

Python 代码如下。

```
#导入库
#导入pandas, numpy...等其他必要的库
from sklearn import tree
#假设你有X(预测值)和Y(目标值)训练数据集和测试数据集test _ dataset的预测值
x_test(predictor)
#创建树对象
model = tree.DecisionTreeClassifier(criterion='gini')  #对于分类,默认情况下是基尼
(gini),可以将基尼算法更改为熵(信息增益)算法
#使用训练集训练模型并检验得分
model.fit(X, y)
model.score(X, y)
#预测输出
predicted= model.predict(x_test)
```

4．支持向量机分类算法

这是一种分类方法算法，在这个算法中，我们将每个数据在 N 维空间中用点标出（N 是所有的特征总数），每个特征的值是一个坐标的值。

例 12-4：如果只有身高和头发长度两个特征，我们会在二维空间中标出这两个变量，每个点有两个坐标（这些坐标叫作"支持向量"），如图 12-4 所示。

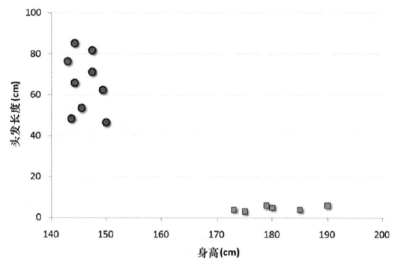

图 12-4　支持向量

现在，我们会找到将两组不同数据分开的一条直线，将两个分组中距离最近的两个点到这条线的距离同时最优化，如图 12-5 所示。

图 12-5 中的分割线将数据分类优化成两个小组，两组中距离最近的点（图中 A、B 点）到达分割线的距离满足最优条件，这条直线就是我们的分割线。接下来，测试数据落到直线的哪一边，我们就将它分到哪一类去。

Python 代码如下。

```
#导入库
from sklearn import svm
```

```
#创建 SVM 对象
model = svm.svc()
#有各种选项与其相关，这是简单的分类，可以参考 SVM 网站的相关链接，以了解该模型的详细信息。
#使用训练集训练模型并检验得分
model.fit(X, y)
model.score(X, y)
#预测输出
predicted= model.predict(x_test)
```

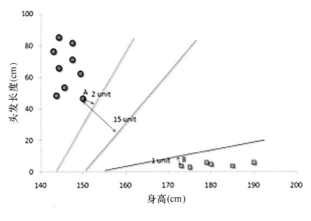

图 12-5　分开线

5．朴素贝叶斯分类算法

在预示变量间相互独立的前提下，根据贝叶斯定理可以得到朴素贝叶斯分类方法。用更简单的话来说，朴素贝叶斯分类器假设一个分类的特性与该分类的其他特性不相关。举例来说，如果一个水果又圆又红并且直径大约是 8cm，那么这个水果可能会是苹果。即便这些特性互相依赖或者依赖于别的特性而存在，朴素贝叶斯分类器还是会假设这些特性分别独立地暗示这个水果是苹果。

朴素贝叶斯模型易于建造，并且对于大型数据集非常有用。虽然简单，但是朴素贝叶斯的表现却超越了非常复杂的分类方法。

贝叶斯定理提供了一种从 $P(c)$、$P(x)$ 和 $P(x|c)$ 计算后验概率 $P(c|x)$ 的方法。请看以下等式。

$$P(c\,|\,x) = \frac{P(c\,|\,x)P(c)}{P(x)}$$

$$P(c\,|\,X) = P(x_1\,|\,c) \times P(x_2\,|\,c) \times \cdots \times P(x_n\,|\,c) \times P(c)$$

这里，$P(c|x)$ 是已知预示变量（属性）的前提下，类（目标）的后验概率，$P(c)$是类的先验概率；$P(x|c)$是可能性，即已知类的前提下，预示变量的概率；$P(x)$是预示变量的先验概率。

例 12-5：假设有一个天气的训练集和对应的目标变量"Play"，我们需要根据天气情况，将"玩"和"不玩"的参与者进行分类。执行步骤如下。

步骤 1：将数据集转换成频率表。

步骤 2：利用类似"当天气为阴天的可能性为 0.29 时，玩耍的可能性为 0.64"这样的概率，创建 Likelihood 表格，如图 12-6 所示。

Weather	Play
Sunny	No
Overcast	Yes
Rainy	Yes
Sunny	Yes
Sunny	Yes
Overcast	Yes
Rainy	No
Rainy	No
Sunny	Yes
Rainy	Yes
Sunny	No
Overcast	Yes
Overcast	Yes
Rainy	No

Frequency Table		
Weather	No	Yes
Overcast		4
Rainy	3	2
Sunny	2	3
Grand Total	5	9

Likelihood table				
Weather	No	Yes		
Overcast		4	=4/14	0.29
Rainy	3	2	=5/14	0.36
Sunny	2	3	=5/14	0.36
All	5	9		
	=5/14	=9/14		
	0.36	0.64		

图 12-6　表格

步骤 3：使用朴素贝叶斯等式来计算每一类的后验概率。后验概率最大的类就是预测的结果。

那么，如果天气晴朗，参与者就能玩耍，这个陈述正确吗？

我们可以使用讨论过的方法解决这个问题。于是 P（会玩 | 晴朗）= P（晴朗 | 会玩）× P（会玩）/ P（晴朗）

我们有 P（晴朗 |会玩）= 3/9 = 0.33，P（晴朗）= 5/14 = 0.36，P（会玩）= 9/14 = 0.64。

现在，P(会玩 | 晴朗)= 0.33×0.64 / 0.36 = 0.60，有更大的概率。

朴素贝叶斯分类算法使用了一个相似的方法，通过不同属性来预测不同类别的概率。这个算法通常被用于文本分类，以及涉及多个类的问题。

Python 代码如下。

```
#导入库
from sklearn.naive_bayes import GaussianNB
#假设你有X(预测值)和Y(目标值)训练数据集和测试数据集test_dataset 的预测值x_test(predictor)
#如贝努里，朴素贝叶斯多分类（参考其相关链接），还有其他分布
#使用训练集训练模型并检验得分
model = GaussianNB()
model.fit(X, y)
#预测输出
predicted= model.predict(x_test)
```

6. K-最近邻算法

该算法可用于分类问题和回归问题，现实中它更常被用于分类问题。K-最近邻算法是一个简单的算法，它储存所有的案例，通过周围 K 个案例中的大多数情况划分新的案例。根据一个距离函数，新案例会被分配到它的 K 个近邻中最普遍的类别中去。

这些距离函数可以是欧式距离函数、曼哈顿距离函数、明氏距离函数或者是汉明距离函数。前 3 个距离函数用于连续函数，第 4 个距离函数（汉明距离函数）则被用于分类变量。如果 K=1，新案例就直接被分到离其最近的案例所属的类别中。有时候，使用 K-最近邻算法建模时，选择 K 的取值是一个挑战，如图 12-7 所示。

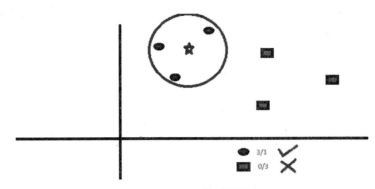

图 12-7　K-最近邻算法

例 12-6：现实生活中广泛地应用了 K-最近邻算法。如想要了解一个完全陌生的人，你也许想要去找他的好朋友们或者他的圈子来获得他的信息。

在选择使用 K-最近邻算法之前，你需要考虑的事情如下。

Python 代码如下。

```
#导入库
from sklearn.neighbors import KNeighborsClassifier
#创建 K 近邻分类器对象模型
KNeighborsClassifier(n_neighbors=6) #n 个近邻的默认值为 5
#训练模型并检查评分
model.fit(X, y)
#预测输出
predicted= model.predict(x_test)
```

7．K-均值算法

K-均值算法是一种非监督式学习算法，它能解决聚类问题。使用 K-均值算法来将一个数据归入一定数量的集群（假设有 K 个集群）的过程是简单的，一个集群内的数据点是均匀齐次的，并且异于别的集群。

K-均值算法形成集群的原理如下。

（1）K-均值算法给每个集群选择 k 个点，这些点称为"质心"。

（2）每一个数据点与距离最近的质心形成一个集群，也就是 k 个集群。

（3）根据现有的类别成员，找出每个类别的质心，现在有了新质心。

（4）当有新质心后，重复步骤（2）和步骤（3），找到距离每个数据点最近的质心，并与新的 k 集群联系起来。重复这个过程，直到数据都收敛了，也就是当质心不再改变时完成集群。

那么如何决定 K 值？K-均值算法涉及集群，每个集群有自己的质心。一个集群内的质心和各数据点之间距离的平方和形成了这个集群的平方值之和。同时，当所有集群的平方值之和加起来的时候，就组成了集群方案的平方值之和。我们知道，当集群的数量增加时，K 值会持续下降。但是，如果将结果用图表来表示，就会看到距离的平方总和快速减少。到某个值 k 之后，减少的速度就大大下降了。在此，我们可以找到集群数量的最优值，如图 12-8 所示。

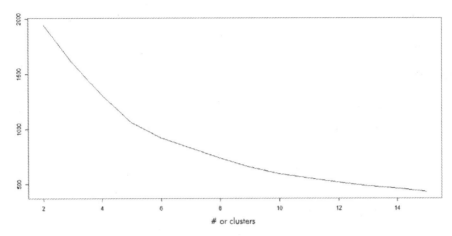

图 12-8　集群数量的最优值

Python 代码如下。

```
#导入库
from sklearn.cluster import KMeans
#假设你有X(预测值)和Y(目标值)训练数据集和测试数据集test _ dataset的预测值x_test(predictor)
#创建K近邻分类器对象模型
k_means = KMeans(n_clusters=3, random_state=0)
#训练模型并检查评分
model.fit(X)
#预测输出
predicted= model.predict(x_test)
```

8. 随机森林算法

随机森林是表示决策树总体的一个专有名词。在随机森林算法中，我们有一系列的决策树（因此又名"森林"）。为了根据新对象的属性将其分类，将每一个决策树定义为一个分类，并给决策树"投票"。这个对象的属性为决策树中（在所有树中）获得票数最多的分类。

每棵树都像下面这样种植而成。

（1）如果训练集的案例数是 N，则从 N 个案例中用重置抽样法随机抽取样本。这个样本将作为"养育"树的训练集。

（2）假如有 M 个输入变量，则定义一个数字 $m<M$。m 表示从 M 中随机选中 m 个变量，这 m 个变量中最好的切分会被用来切分该节点。在种植森林的过程中，m 的值保持不变。

（3）尽可能大地种植每一棵树，全程不剪枝。

Python 代码如下。

```
#导入库
from sklearn.ensemble import RandomForestClassifier
#假设你有X(预测值)和Y(目标值)训练数据集和测试数据集test _ dataset的预测值x_test(predictor)
#创建随机森林对象
model= RandomForestClassifier()
```

```
#训练模型并检查评分
model.fit(X, y)
#预测输出
predicted= model.predict(x_test)
```

9. 降维算法

近年来，对用户个人的信息捕捉呈指数级增长，如电子商务公司更详细地搜集关于顾客的一切资料（如个人信息、网络浏览记录、个人喜好、购买记录、反馈以及别的许多信息），比你身边的人更加关注你。

作为一个数据科学家，我们提供的数据包含许多特点。这听起来给建立一个经得起考验的模型提供了很好的材料，但有一个挑战：如何从 1000 个甚至更多的变量中分辨出最重要的变量呢？在这种情况下，降维算法和别的一些算法（如决策树、随机森林、主成分分析、因子分析等算法）可以帮助我们根据相关矩阵、缺失的值的比例和别的要素来找出这些重要变量。

Python 代码如下。

```
#导入库
from sklearn import decomposition
#假设你有X(预测值)和Y(目标值)训练数据集和测试数据集test_dataset的预测值x_test(predictor)
test_reduced = pca.transform(test)
```

10. Gradient Boosting 和 Ada Boosting 算法

当需要处理很多数据来做一个有高预测能力的预测模型时，我们会用到 Gradient Boosting 和 Ada Boosting 这两种 Boosting 算法。Boosting 算法是一种集成学习算法，它结合了建立在多个估计值基础上的预测结果，来增进单个估计值的可靠程度。Python 代码如下。

```
#导入库
from sklearn.ensemble import GradientBoostingClassifier
#假设你有X(预测值)和Y(目标值)训练数据集和测试数据集test_dataset的预测值x_test(predictor)
#创建梯度提升分类对象
model= GradientBoostingClassifier(n_estimators=100, learning_rate=1.0, max_
depth=1, random_state=0)
#训练模型并检查得分
model.fit(X, y)
#预测输出
predicted= model.predict(x_test)
```

12.3 Python 实现 K-最近邻算法银行贷款分类

K-最近邻算法是数据挖掘中较为简单的一种分类方法，通过计算不同数据点间的距离对数据进行分类，并对新的数据进行分类预测。下面介绍在 Python 中使用机器学习库 sklearn 建立 KNN 模型（K-Nearest Neighbor）的过程并使用模型对数据进行预测。

1. 准备工作

首先导入需要使用的库文件。这里一共需要使用 5 个库文件：第 1 个是机器学习库，第

2 个是用于模型检验的交叉检验库，第 3 个是数值计算库，第 4 个是科学计算库，第 5 个是图表库。

```
#导入机器学习 KNN 分析库
from sklearn.neighbors import KNeighborsClassifier
#导入交叉验证库
from sklearn import cross_validation
#导入数值计算库
import numpy as np
#导入科学计算库
import pandas as pd
#导入图表库
import matplotlib.pyplot as plt
```

2．读取并查看数据表

读取并导入所需数据，创建名为 knn_data 的数据表（数据存在目录 F:\2glkx\data\中），后面我们将使用这个数据表对模型进行训练和检验。

```
#读取并创建名为 knn_data 的数据表
knn_data=pd.DataFrame(pd.read_csv('F:/2glkx/data/knn_data.csv'))
```

使用 head()函数查看数据表的内容，这里只查看前 5 行的数据，数据表中包含 3 个字段，分别为贷款金额、用户收入和贷款状态。我们希望通过贷款金额和用户收入对最终的贷款状态进行分类和预测。

```
#查看数据表前 5 行
knn_data.head(5)
 loan_amnt   annual_inc   loan_status
0      5000       54000    Fully Paid
1      2500       30000   Charged Off
2      2400       72252    Fully Paid
3     10000       89200    Fully Paid
4      5000       66000    Fully Paid
```

3．绘制散点图观察分类

创建模型之前需要先绘制数据的散点图，观察贷款金额和用户收入两个变量的关系以及对贷款状态的影响。下面是具体的代码，根据贷款状态将数据分为两组，第一组为 Fully Paid，第二组为 Charged Off。

```
#Fully Paid 数据集的 x1
fully_paid_loan=knn_data.loc[(knn_data["loan_status"] == "Fully Paid"),["loan_amnt"]]
#Fully Paid 数据集的 y1
fully_paid_annual=knn_data.loc[(knn_data["loan_status"] == "Fully Paid"),["annual_inc"]]
#Charge Off 数据集的 x2
charged_off_loan=knn_data.loc[(knn_data["loan_status"] == "Charged Off"),["loan_amnt"]]
#Charge Off 数据集的 y2
charged_off_annual=knn_data.loc[(knn_data["loan_status"] == "Charged Off"),["annual_inc"]]
```

数据分组后开始绘制散点图，下面是绘图过程和具体的代码。

```
#设置图表字体为华文细黑，字号 15
```

```
plt.rc('font', family='STXihei', size=15)
#绘制散点图,Fully Paid 数据集贷款金额 x1,用户年收入 y1,设置颜色,标记点样式和透明度等参数
plt.scatter(fully_paid_loan,fully_paid_annual,color='#9b59b6',marker='^',s=60)
#绘制散点图,Charge Off 数据集贷款金额 x2,用户年收入 y2,设置颜色,标记点样式和透明度等参数
plt.scatter(charged_off_loan,charged_off_annual,color='#3498db',marker='o',s=60)
#添加图例,显示位置右上角
plt.legend(['Fully Paid', 'Charged Off'], loc='upper right')
#添加 x 轴标题
plt.xlabel('loan amount')
#添加 y 轴标题
plt.ylabel('annual_inc')
#添加图表标题
plt.title('loan amount&annual_inc')
#设置背景网格线颜色,样式,尺寸和透明度
plt.grid( linestyle='--', linewidth=0.2)
#显示图表
plt.show()
```

在散点图中,三角形为 Fully Paid 组,圆形为 Charged Off 组。我们所要做的是通过 KNN 模型对这两组数据的特征进行学习,如从肉眼来看,Fully Paid 组的用户收入要高于 Charged Off 组。并使用模型对新的数据进行分类预测,如图 12-9 所示。

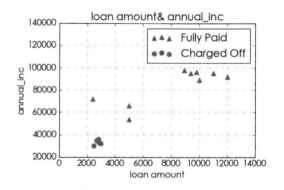

图 12-9　散点图

4. 建立分类模型

（1）设置模型的自变量和因变量。

创建 KNN 模型前,先设置模型中的自变量和因变量,也就是特征和分类。这里将贷款金额和用户收入设置为自变量,贷款状态是我们希望预测的结果,因此设置为因变量。

```
#将贷款金额和用户收入设为自变量 X
X = np.array(knn_data[['loan_amnt','annual_inc']])
#将贷款状态设为因变量 Y
Y = np.array(knn_data['loan_status'])
```

设置完成后查看自变量和因变量的行数,这里一共有 16 行数据,后面将把这 16 行数据分割为训练集和测试集,训练集用来建立模型,测试集用来检验模型的准确率。

```
#查看自变量和因变量的行数
X.shape,Y.shape
```

（2）将数据分割为训练集和测试集。

采用随机抽样的方式将数据分割为训练集和测试集:其中 60%的数据为训练集数据,用来训练模型;40%的数据为测试集数据,用来检验模型准确率。

```
#将原始数据通过随机方式分割为训练集和测试集,其中测试集占比为 40%
X_train, X_test, y_train, y_test = cross_validation.train_test_split(X, Y, test_
size=0.4, random_state=0)
```

分割后训练集的数据为 9 条。这些数据用来训练模型。

```
#查看训练集数据的行数
```

```
X_train.shape,y_train.shape
```

（3）对模型进行训练。

将训练集数据 X_train 和 y_train 代入到 KNN 模型中，对模型进行训练。下面是具体的代码和结果。

```
#将训练集代入到 KNN 模型中
clf = KNeighborsClassifier(n_neighbors=3)
clf.fit(X_train,y_train)
```

5. 使用测试集对模型进行测试

使用测试集数据 X_test 和 y_test 对训练后的模型进行检验，模型准确率为 100%。

```
#使用测试集衡量模型准确度
clf.score(X_test, y_test)
```

完成训练和测试后，使用模型对新数据进行分类和预测，下面建立一组新的数据，贷款金额为 5000 元，用户收入为 40000 元，看看模型对新数据的分组结果。

```
#设置新数据，贷款金额 5000 元，用户收入 40000 元
new_data = np.array([[5000,40000]])
```

模型对新数据的分组结果为 Charged Off。这个分类准确吗？下面继续来看模型对这组新数据分组的概率。

```
#对新数据进行分类预测
clf.predict(new_data)
```

67%的概率为 Charged Off，33%的概率为 Fully Paid。根据这一概率模型将新数据划分到 Charged Off 组。

```
#新数据属于每一个分类的概率
clf.classes_,clf.predict_proba(new_data)
(array(['Charged Off', 'Fully Paid'], dtype=object),
 array([[ 0.66666667,  0.33333333]]))
```

12.4　Python 实现各种机器学习算法

1. 载入数据

（1）需要准备的程序包。

做机器学习应用，需要准备的程序包如下。

① Numpy 用于数据计算。

② Scipy 用于科学计算。

③ Matplotlib 用于绘图。

④ Scikit-Learn 用于机器学习。

⑤ IPython 用于集成系统。

（2）读取数据。

首先需要载入一些用来操作的数据，使用的数据是非常简单且著名的花朵数据——安德森鸢尾花卉数据集。

下面有 150 个鸢尾花的尺寸观测值：萼片长度、萼片宽度、花瓣长度和花瓣宽度。还

有它们的亚属：山鸢尾（Iris Setosa）、变色鸢尾（Iris Versicolor）和维吉尼亚鸢尾（Iris Virginica）。

向 Python 对象载入数据。

```
from sklearn import datasets
iris = datasets.load_iris()
```

数据存储在.data 项中，是一个(n_samples, n_features)数组。

```
iris.data.shape
(150, 4)
```

每个观察对象的种类贮存在数据集的.target 属性中。这是一个长度为 n_samples 的整数一维数组。

```
iris.target.shape
(150,)
import numpy as np
np.unique(iris.target)
array([0, 1, 2])
```

（3）一个改变数据集大小的示例：数码数据集（Digits Datasets）。

数码数据集 1 包括 1797 个图像，每一个都是代表手写数字的 8 像素×8 像素图像。

```
digits = datasets.load_digits()
digits.images.shape
import pylab as pl
pl.imshow(digits.images[0], cmap=pl.cm.gray_r)
pl.show()
```

为了在 Scikit 中使用这个数据集，我们把每个 8 像素×8 像素图像转换成长度为 64 的矢量（或者直接用 digits.data）。

```
data = digits.images.reshape((digits.images.shape[0], -1))
```

（4）学习和预测。

现在已经获得一些数据，要从中学习和预测一个新的数据。在 Scikit-Learn 中，我们通过创建一个估计器（Estimator）对已经存在的数据进行学习，并且调用它的 fit(X,Y)方法。

```
from sklearn import svm
clf = svm.LinearSVC()
clf.fit(iris.data, iris.target) # learn from the data
```

得到如下结果。

```
LinearSVC(C=1.0, class_weight=None, dual=True, fit_intercept=True,
    intercept_scaling=1, loss='squared_hinge', max_iter=1000,
    multi_class='ovr', penalty='l2', random_state=None, tol=0.0001,
    verbose=0)
```

一旦已经从数据学习，我们就可以使用模型来预测未观测数据最可能的结果。

```
clf.predict([[ 5.0, 3.6, 1.3, 0.25]])
array([0])
```

注：我们可以通过它以下画线结束的属性存取模型的参数。

```
clf.coef_
array([[ 0.18423586,  0.45123243, -0.80794388, -0.45071334],
       [ 0.05107627, -0.89201609,  0.40574191, -0.9394283 ],
       [-0.85076343, -0.98671944,  1.38098387,  1.8654622 ]])
```

2．分类

（1）KNN 分类。

① K-最近邻分类器。最简单的分类器是 K-最近邻分类器。给定一个新的观测值，将 *n* 维空间中最靠近它的训练样本标记给它。其中 *n* 是每个样本中的特性数。

K-最近邻分类器内部使用球树（Ball Tree）来代表它训练的样本。

KNN 分类示例如下。

```
#创建并拟合最近邻分类器
from sklearn import neighbors
from sklearn import neighbors
knn = neighbors.KNeighborsClassifier()
knn.fit(iris.data, iris.target)
Out[31]:
KNeighborsClassifier(algorithm='auto', leaf_size=30, metric='minkowski',
        metric_params=None, n_jobs=1, n_neighbors=5, p=2,
        weights='uniform')
knn.predict([[0.1, 0.2, 0.3, 0.4]])
array([0])
```

② 训练集和测试集。当验证学习算法时，不要用一个用来拟合估计器的数据来验证估计器的预测，这非常重要。通过 KNN 估计器，我们将获得关于训练集完美的预测。

```
perm = np.random.permutation(iris.target.size)
iris.data = iris.data[perm]
iris.target = iris.target[perm]
knn.fit(iris.data[:100], iris.target[:100])
KNeighborsClassifier(algorithm='auto', leaf_size=30, metric='minkowski',
        metric_params=None, n_jobs=1, n_neighbors=5, p=2,
        weights='uniform')
knn.score(iris.data[100:], iris.target[100:])
1.0
```

（2）LDA 分类

LDA 分类，即线性判别式分析（Linear Discriminant Analysis）分类，是模式识别的经典算法。通过对历史数据进行投影，以保证投影后同一类别的数据尽量靠近，不同类别的数据尽量分开，并生成线性判别模型对新生成的数据进行分离和预测。下面使用机器学习库 Scikit-Learn 建立 LDA 模型，并通过绘图展示 LDA 的分类结果。

① 准备工作。首先导入需要使用的库文件，本例中除了常规的数值计算库 Numpy、科学计算库 Pandas 和绘图库 Matplotlib 以外，还有绘图库中的颜色库，以及机器学习中的数据预处理库和 LDA 库。

```
#导入数值计算库
import numpy as np
#导入科学计算库
import pandas as pd
#导入绘图库
import matplotlib.pyplot as plt
#导入绘图色彩库产生内置颜色
from matplotlib.colors import ListedColormap
#导入数据预处理库
```

```
from sklearn import preprocessing
#导入 Linear Discriminant Analysis 库
from sklearn.lda import LDA
```

② 读取数据。读取并创建名称为 **data** 的数据表，后面将使用这个数据表创建 LDA 模型并绘图。

```
#读取数据并创建名为 data 的数据表
df=pd.read_csv('F:/2glkx/data/pbdata1.csv')
data=pd.DataFrame(df)
```

使用 head 函数查看数据表的前 5 行，这里可以看到数据表共有 3 个字段，分别为贷款金额 loan_amnt、用户收入 annual_inc 和贷款状态 loan_status。

```
#查看数据表的前 5 行
data.head()
    loan_amnt   annual_inc   loan_status
0       5000        54000     Fully Paid
1       2500        30000    Charged Off
2       2400        72252     Fully Paid
3      10000        89200     Fully Paid
4       5000        66000     Fully Paid
```

③ 设置模型特征 X 和目标 Y。将数据表中的贷款金额和用户收入设置为模型特征 X，将贷款状态设置为模型目标 Y，也就是我们要分类的结果。

```
#设置贷款金额和用户收入为特征 X
X = np.array(data[['loan_amnt','annual_inc']])
#设置贷款状态为目标 Y
Y = np.array(data['loan_status'])
```

④ 对特征进行标准化处理。贷款金额和用户收入间差异较大，属于两个不同量级的数据。因此需要对数据进行标准化处理，转化为无量纲的纯数值。

```
#特征数据进行标准化
scaler = preprocessing.StandardScaler().fit(X)
X_Standard=scaler.transform(X)
```

下面是经过标准化处理后的特征数据。

```
#查看标准化后的特征数据
X_Standard
array([[-0.34202056, -0.44598557],
       [-1.05456341, -1.24831331],
       [-1.08306512,  0.16418467],
       [ 1.08306512,  0.73076178],
       [-0.34202056, -0.0448217 ],
       [-0.91205484, -1.18145267],
       [-0.96905827, -1.04773138],
       [ 1.6530994 ,  0.82436668],
       [ 1.36808226,  0.92465765],
       [-0.99755998, -1.0811617 ],
       [ 1.02606169,  0.95808797],
       [ 0.91205484,  0.92465765],
       [ 0.79804798,  1.76041571],
       [-0.94055655, -1.14802235],
       [-0.96905827, -1.11459202],
       [ 0.76954627,  1.02494861]])
```

```
#设置分类平滑度
h =0.01
```

⑤ 创建 LDA 模型并拟合数据。将标准化后的特征 X 和目标 Y 代入 LDA 模型中。下面是具体的代码和计算结果。

```
#创建 LDA 模型
clf = LDA()
res=clf.fit(X_Standard,Y)
print clf
print res
```

运行后得到如下结果。

```
LinearDiscriminantAnalysis(n_components=None, priors=None, shrinkage=None,
            solver='svd', store_covariance=False, tol=0.0001)
LinearDiscriminantAnalysis(n_components=None, priors=None, shrinkage=None,
            solver='svd', store_covariance=False, tol=0.0001)
```

3．支持向量机

（1）线性支持向量机。

支持向量机尝试构建一个具有两个类别的最大间隔超平面。它选择输入的子集，调用支持向量，即离分离的超平面最近的样本点。

```
from sklearn import svm
svc = svm.SVC(kernel='linear')
svc.fit(iris.data, iris.target)
```

得到如下结果。

```
SVC(C=1.0, cache_size=200, class_weight=None, coef0=0.0,
  decision_function_shape=None, degree=3, gamma='auto', kernel='linear',
  max_iter=-1, probability=False, random_state=None, shrinking=True,
  tol=0.001, verbose=False)
```

Scikit-Learn 中有好几种支持向量机。最普遍使用的是 svm.SVC、svm.NuSVC 和 svm.LinearSVC，"SVC" 代表支持向量分类器（Support Vector Classifier），也存在回归 SVMs，在 Scikit-Learn 中叫作 "SVR"。

读者可以尝试训练一个数字数据集的 svm.SVC，省略最后 10%并且检验观测值的预测表现。

（2）使用核。

类别不总是可以用超平面分离，所以人们希望有些可能是多项式或指数实例的非线性决策函数。

① 线性核。

```
svc = svm.SVC(kernel='linear')
```

② 多项式核。

```
svc = svm.SVC(kernel='poly',... degree=3)
```

③ RBF 核（径向基函数）。

```
svc = svm.SVC(kernel='rbf')
#gamma: inverse of size of
#radial kernel
```

请读者思考，上面的哪些核对数字数据集有更好的预测性能？（答案是前两个）

4．聚类

给定鸢尾花数据集，如果知道有 3 种鸢尾花，但是无法得到它们的标签，可以尝试使用非监督学习算法，通过某些标准聚类观测值将其分配到几个组别里。

最简单的聚类算法是 K-均值算法，它将一个数据分成 k 个集群，以最小化观测值（n 维空间中）到聚类中心的均值来分配每个观测点到集群，然后均值重新被计算。这个操作递归运行直到聚类收敛，在 max_iter 回合内到最大值。

```
from sklearn import cluster, datasets
iris = datasets.load_iris()
k_means = cluster.KMeans(3)
k_means.fit(iris.data)
KMeans(copy_x=True, init='k-means++', max_iter=300, n_clusters=3, n_init=10,
    n_jobs=1, precompute_distances='auto', random_state=None, tol=0.0001,
verbose=0)
print k_means.labels_[::10]
[1 1 1 1 1 2 2 2 2 2 0 0 0 0 0]
```

5．用主成分分析（PCA）降维

以上根据观测值标记的点在一个方向非常平坦，所以一个鸢尾花的特性几乎可以用其他两个鸢尾花的数据进行确切的计算。PCA 可以发现在哪个方向的数据不是平的，并且它可以通过在一个子空间投影来降维。

注：PCA 将在模块 decomposition 或 pca 中，这取决于 Scikit-Learn 的版本。

```
from sklearn import decomposition
pca = decomposition.PCA(n_components=2)
pca.fit(iris.data)
PCA(copy=True, n_components=2, whiten=False)
X = pca.transform(iris.data)
```
现在可以可视化鸢尾花数据集（降维过的）。
```
import pylab as pl
pl.scatter(X[:, 0], X[:, 1], c=iris.target)
```
最后得到图 12-10 所示的图形。

PCA 不仅在可视化高维数据集中非常有用，还可以用来加速高维数据监督方法的预处理。

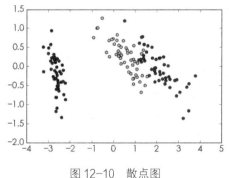

图 12-10 散点图

6．线性模型：从回归到稀疏

（1）糖尿病数据集。

糖尿病数据集包含 442 个病人的 10 项生理指标（如年龄、性别、体重、血压等）和一年后治病进展的展示。

```
diabetes = datasets.load_diabetes()
diabetes_X_train = diabetes.data[:-20]
diabetes_X_test  = diabetes.data[-20:]
diabetes_y_train = diabetes.target[:-20]
diabetes_y_test  = diabetes.target[-20:]
```

我们的任务是从生理指标预测疾病。

（2）稀疏模型。

为了改善问题的条件（减少无信息变量，减少维度的不利影响，作为一个特性选择的预处理等），我们只关注有信息的特性，将没有信息的特性设置为 0。这个罚则函数法叫作"套索"（Lasso），可以将一些系数设置为 0，这个方法叫作"稀疏方法"（Sparse Method），稀疏化可以被视作"奥卡姆剃刀"，即相对于复杂模型更倾向于简单的。

```
from Scikit-Learn import linear_model
regr = linear_model.Lasso(alpha=.3)
regr.fit(diabetes_X_train, diabetes_y_train)
Out[54]:
Lasso(alpha=0.3, copy_X=True, fit_intercept=True, max_iter=1000,
    normalize=False, positive=False, precompute=False, random_state=None,
    selection='cyclic', tol=0.0001, warm_start=False)
regr.coef_ #very sparse coefficients
array([   0.       ,   -0.       ,  497.34075682,  199.17441034,
         -0.       ,   -0.       , -118.89291545,    0.       ,
        430.9379595 ,    0.       ])
regr.score(diabetes_X_test, diabetes_y_test)
0.55108354530029768
```

这个分数和线性回归（最小二乘法）非常相似。

```
lin = linear_model.LinearRegression()
lin.fit(diabetes_X_train, diabetes_y_train)
```

得到如下结果。

```
LinearRegression(copy_X=True, fit_intercept=True, n_jobs=1, normalize=False)
lin.score(diabetes_X_test, diabetes_y_test)
0.58507530226905735
```

（3）同一问题的不同算法。

同一数学问题可以用不同算法解决。如 Scikit-Learn 中的 Lasso 对象使用坐标下降（Coordinate Descent）方法解决套索回归，这在观测大数据集时非常有效率。Scikit-Learn 也提供了 LassoLARS 对象，使用 LARS 在解决权重向量时估计非常稀疏，这在解决观测值很少的问题时是很有效率的方法。

7. 交叉验证估计器

交叉验证在 algorithm by algorithm 基础上可以更有效地设定参数。这就是为什么对给定的估计器，Scikit-Learn 使用"CV"估计器，通过交叉验证自动设定参数。

```
from sklearn import linear_model, datasets
lasso = linear_model.LassoCV()
diabetes = datasets.load_diabetes()
X_diabetes = diabetes.data
y_diabetes = diabetes.target
lasso.fit(X_diabetes, y_diabetes)
LassoCV(alphas=None, copy_X=True, cv=None, eps=0.001, fit_intercept=True,
    max_iter=1000, n_alphas=100, n_jobs=1, normalize=False, positive=False,
    precompute='auto', random_state=None, selection='cyclic', tol=0.0001,
    verbose=False)
#估计器自动选择 lambda.
```

```
lasso.alpha
0.0131801961987011137
```
这些估计器是相似的，以 "CV" 为它们名字的后缀。

12.5 Python 实现 K-最近邻算法分类

1. 人工生成数据的 K-最近邻算法分类 Python 应用

Scikit-Learn 是 Python 中一个功能非常齐全的机器学习库，下面将介绍如何用 Scikit-Learn 来进行 KNN 分类计算。

（1）初始化及其功能解释。

我们讨论的是 Scikit-Learn 库中的 neighbors.KNeighborsClassifier，即 K-最近邻分类功能，也就是常说的 KNN。

将这个类初始化。

```
neighbors.KNeighborsClassifier(n_neighbors=5, weights='uniform', algorithm='auto',
leaf_size= 30, p=2, metric='minkowski', metric_params=None, n_jobs=1)
```
参数解释如下。

① n_neighbors 是 KNN 里的 K，就是在做分类时，我们选取的问题点有多少个最近邻。

② weights 是在进行分类判断时给最近邻附上的权重，默认的 "uniform" 选项是等权加权，"distance" 选项是按照距离的倒数进行加权，也可以使用用户自己设置的其他加权方法。如距离询问点最近的 3 个数据点中，有一个 A 类和两个 B 类，并且假设 A 类离询问点非常近，而两个 B 类距离则稍远。在等权加权中，3NN 会判断问题点为 B 类；而如果使用距离加权，那么 A 类有更高的权重（因为更近），如果它的权重高于两个 B 类的权重的总和，那么算法会判断问题点为 A 类。权重功能的选项应该视应用的场景而定。

③ algorithm 是分类时采取的算法，有 "auto" "brute" "kd_tree" 和 "ball_tree" 等选项。kd_tree 算法在 kd 树中有详细介绍，而 ball_tree 是另一种基于树状结构的 KNN 算法，brute 则是最直接的蛮力计算。根据样本量的大小和特征的维度，不同的算法有各自的优势。默认的 "auto" 选项会在学习时自动选择最合适的算法，一般来讲选择 auto 就可以。

④ leaf_size 是 kd_tree 或 ball_tree 生成的树的树叶（树叶就是二叉树中没有分枝的节点）的大小。在 kd 树中我们所有的二叉树的叶子中都只有一个数据点，但实际上树叶中可以有多于一个的数据点，算法在达到叶子时在其中执行蛮力计算即可。对于很多使用场景来说，叶子的大小并不是很重要，一般设 leaf_size=1 就好。

⑤ metric 和 p 是 KNN 中的距离函数的选项，如果 metric =minkowski 并且 $p=p$ 的话，计算两点之间的距离公式如下。

$$d((x_1, \cdots x_n), (y_1, \cdots, y_n)) = (\sum_{i=1}^{n} |x_i - y_i|^p)^{1/p}$$

一般来讲，默认的 metric=minkowski（默认）和 $p=2$（默认）就可以满足大部分需求。其他的 metric 选项可参见相关说明文档。

⑥ metric_params 是一些特殊 metric 选项需要的特定参数，默认是 None。

⑦ n_jobs 是并行计算的线程数量，默认是 1，输入 "–1" 则设为 CPU 的内核数。

（2）拟合及其功能解释。

在创建了一个 KNeighborsClassifier 类之后，我们需要通过数据来进行学习。这时需要使用 fit() 拟合功能。

```
neighbors.KNeighborsClassifier.fit(X,y)
```

参数解释如下。

① X 是一个 list 或 array 的数据，每一组数据可以是 tuple，也可以是 list 或者一维 array，但要注意所有数据的长度必须一样（等同于特征的数量）。当然，也可以把 X 理解为一个矩阵，其中每一横行是一个样本的特征数据。

② y 是一个和 X 长度相同的 list 或 array，其中每个元素是 X 中相对应的数据的分类标签。

③ KNeighborsClassifier 类在对训练数据执行 fit() 后会根据原先 algorithm 的选项，依据训练数据生成一个 kd_tree 或者 ball_tree。如果输入是 algorithm='brute'，则什么都不做。这些信息都会被保存在一个类中，我们可以用它进行预测和计算。

4 个常用的功能如下。

① K-最近邻。

```
neighbors.KNeighborsClassifier.kneighbors(X=None,n_neighbors=None,return_distance=
True)
```

这里 X 是一个 list 或 array 的坐标，如果不提供，则默认输入训练时的样本数据。n_neighbors 是指定搜寻最近的样本数据的数量，如果不提供，则以初始化 kNeighborsClassifier 时的 n_neighbors 为准。

这个功能输出的结果是 (dist=array[array[float]], index=array[array[int]])。index 的长度和 X 相同，index[i] 是长度为 n_neighbors 的一个 array 的整数。假设训练数据是 fit(X_train, y_train)，那么 X_train(index[i][j]) 是在训练数据（X_train）中离 X[i] 第 j 近的元素，并且 dist[i][j] 是它们之间的距离。

输入的 return_distance 是输出距离，如果选择 False，那么功能的输出会只有 index，而没有 dist。

② 预测。

```
neighbors.kNeighborsClassifier.predict(X)
```

这是非常常用的预测功能。输入 X 是一个 list 或 array 的坐标，输出 y 是一个长度相同的 array，y[i] 是通过 KNN 分类对 X[i] 所预测的分类标签。

③ 概率预测。

```
neighbors.kNeighborsClassifier.predict_proba(X)
```

输入和上面的相同，输出 p 是 array[array[float]]，p[i][j] 是通过概率 KNN 判断 X[i] 属于第 j 类的概率。这里类别的排序是按照词典排序。举例来说，如果训练用的分类标签里有 1、'1'、'a' 这 3 种，那么 1 是第 0 类，'1' 是第 1 类，'a' 是第 2 类，因为在 Python 中 1<'1'<'a'。

④ 正确率打分。

```
neighbors.KNeighborsClassifier.score(X, y, sample_weight=None)
```

这是用来评估一次 KNN 学习的准确率的方法。很多时候可能会因为样本特征的选择不当或者 K 值得选择不当而出现过拟合或者偏差过大的问题。为了保证训练方法的准确性，一般我们会将已经带有分类标签的样本数据分成两组，一组进行学习，一组进行测试。这个 score() 就是在学习之后进行测试的功能。同 fit() 一样，这里的 X 是特征坐标；y 是样本的分类标签；sample_weight 是对样本的加权，长度等于 sample 的数量。返回的是正确率的百分比。

（3）人工生成数据 KNN 分类实例。

除了 Sklearn.neighbors，还需要导入 Numpy 和 Matplotlib 画图。

```
import random
from sklearn import neighbors
import numpy as np
import matplotlib.pyplot as plt
from matplotlib.colors import ListedColormap
```

下面随机生成 6 组 200 个的正态分布。

```
x1 =np.random.normal(50, 6, 200)
y1 =np.random.normal(5, 0.5, 200)
x2 =np.random.normal(30,6,200)
y2 =np.random.normal(4,0.5,200)
x3 =np.random.normal(45,6,200)
y3 =np.random.normal(2.5, 0.5, 200)
```

x1、x2、x3 作为 *x* 轴坐标，y1、y2、y3 作为 *y* 轴坐标，两两配对。(x1,y1) 为 1 类，(x2,y2) 为 2 类，(x3, y3)为 3 类。将它们画出，得到图 12-11 所示图形，1 类是蓝色，2 类是红色，3 类是绿色。

```
plt.scatter(x1,y1,c='b',marker='s',s=50,alpha=0.8)
plt.scatter(x2,y2,c='r', marker='^', s=50, alpha=0.8)
plt.scatter(x3,y3, c='g', s=50, alpha=0.8)
```

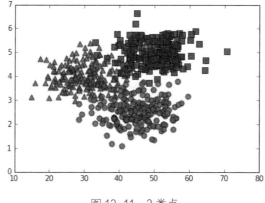

图 12-11　3 类点

把所有的 *x* 轴坐标和 *y* 轴坐标放在一起。

```
x_val = np.concatenate((x1,x2,x3))
y_val = np.concatenate((y1,y2,y3))
```

求出 x 的最大差和 y 的最大差。

```
x_diff = max(x_val)-min(x_val)
y_diff = max(y_val)-min(y_val)
```

将坐标除以这个差来归一化，再将 x 和 y 两两配对。

```
x_normalized = [x/(x_diff) for x in x_val]
y_normalized = [y/(y_diff) for y in y_val]
xy_normalized = zip(x_normalized,y_normalized)
```

这样就准备好了训练使用的特征数据，还需要生成相应的分类标签。生成一个长度 600 的 list，前 200 个是 1，中间 200 个是 2，最后 200 个是 3，对应 3 种标签。

```
labels = [1]*200+[2]*200+[3]*200
```

然后，就要生成 Sklearn 的 K-最近邻分类功能了。参数中，n_neighbors 设为 30，其他的都使用默认值即可。

```
clf = neighbors.KNeighborsClassifier(30)
```

注：我们是从 Sklearn 中导入了 neighbors，如果是直接导入 Sklearn，应该输入 sklearn.neighbors.KNeighborsClassifier()。

下面进行拟合。归一化的数据是 xy_normalized，分类标签是 labels，

```
clf.fit(xy_normalized, labels)
```

下面来实现一些功能。

（1）K-最近邻。首先，我们想知道距离（50,5）和（30,3）两个点最近的 5 个样本分别是什么，坐标别忘了除以 x_diff 和 y_diff 来归一化。

```
nearests = clf.kneighbors([(50/x_diff, 5/y_diff),(30/x_diff, 3/y_diff)], 5, False)
nearests
```

得到如下数据。

```
array([[ 33,  64, 122,  52,  53],[200, 460, 505, 294, 490]])
```

也就是说训练数据中的 33, 64, 122, 52, 53 离（50,5）最近，200, 460, 505, 294, 490 离（30,3）最近。

（2）预测。还是上面那两个点，我们通过 30NN 来判断它们属于什么类别。

```
prediction = clf.predict([(50/x_diff, 5/y_diff),(30/x_diff, 3/y_diff)])
prediction
```

得到如下数据。

```
array([1, 2])
```

也就是说（50,5）判断为 1 类，而（30,3）是 2 类。

（3）概率预测。那么这两个点分类的概率都是多少呢？

```
prediction_proba=clf.predict_proba([(50/x_diff,5/y_diff),(30/x_diff,3/y_diff)])
prediction_proba
```

得到如下数据。

```
array([[ 1.        ,  0.        ,  0.        ],
       [ 0.        ,  0.66666667,  0.33333333]])
```

这个结果告诉我们，（50,5）有 100%的可能性是 1 类，而（30,3）有 67%是 2 类，33% 是 3 类。

（4）准确率打分。我们再用同样的均值和标准差生成一些正态分布点，以此检测预测的准确性。

```
x1_test =np.random.normal(50, 6, 100)
y1_test =np.random.normal(5, 0.5, 100)
x2_test =np.random.normal(30,6,100)
y2_test =np.random.normal(4,0.5,100)
x3_test =np.random.normal(45,6,100)
y3_test =np.random.normal(2.5, 0.5, 100)
xy_test_normalized = zip(np.concatenate((x1_test,x2_test,x3_test))/x_diff,\
                         np.concatenate((y1_test,y2_test,y3_test))/y_diff)
labels_test = [1]*100+[2]*100+[3]*100
```

测试数据生成完毕，下面进行测试。

```
score = clf.score(xy_test_normalized, labels_test)
Score
0.96666666666666667
```

可见我们得到预测的正确率是 97%，还是很不错的。

再看一下，如果使用 1NN 分类，会出现过拟合的现象。

```
clf1 = neighbors.KNeighborsClassifier(1)
clf1.fit(xy_normalized, labels)
clf1.score(xy_test_normalized, labels_test)
0.95333333333333337
```

最后得到 95% 的正确率，的确是降低了。这里还应该注意，预测准确率很高是因为训练和测试的数据都是人为按照正态分布生成的，在实际使用的很多场景中（如涨跌预测）是很难达到这个准确度的。

（5）生成些漂亮的图。KNN 分类图，一般只能展示两个维度的数据，超过 3 个特征就画不出来了。首先我们需要生成一个区域里大量的坐标点。这要用到 np.meshgrid() 函数。给定两个 array，如 x=[1,2,3] 和 y=[4,5]，np.meshgrid(x,y) 会输出两个矩阵。

$$\begin{bmatrix} 1 & 2 & 3 \\ 1 & 2 & 3 \end{bmatrix}$$

和

$$\begin{bmatrix} 4 & 4 & 4 \\ 5 & 5 & 5 \end{bmatrix}$$

这两个叠加到一起得到 6 个坐标。

$$\begin{bmatrix} (1,4) & (2,4) & (3,4) \\ (1,5) & (2,5) & (3,5) \end{bmatrix}$$

就是以 [1,2,3] 为横轴、[4,5] 为纵轴所得到的长方形区间内的所有坐标点。现在要生成 [1,80]×[1,7] 的区间里的坐标点，横轴要每 0.1 一跳，纵轴要每 0.01 一跳。于是得到如下式子。

```
xx,yy = np.meshgrid(np.arange(1,70.1,0.1), np.arange(1,7.01,0.01))
```

其中 xx 和 yy 都是 601×691 的矩阵。另外，不要忘了除以 x_diff 和 y_diff 来将坐标归一化。

```
xx_normalized = xx/x_diff
yy_normalized = yy/y_diff
```

用 np.ndarray.ravel() 功能把一个矩阵拉直成一个一维 array，把

$$\begin{bmatrix} 1 & 2 & 3 \\ 1 & 2 & 3 \end{bmatrix}$$

变成

[1 2 3 1 2 3]

np.c_() 又把两个 array 粘起来（类似于 zip），输入

[1 2 3 1 2 3]

和

[4 4 4 5 5 5]

输出

$$\begin{bmatrix} 1 & 2 & 3 & 1 & 2 & 3 \\ 4 & 4 & 4 & 5 & 5 & 5 \end{bmatrix}$$

或者理解为

{(1,4),(2,4),(3,4),(1,5),(2,5),(3,5)} {(1,4),(2,4),(3,4),(1,5),(2,5),(3,5)}

于是得到如下代码。

```
coords = np.c_[xx_normalized.ravel(), yy_normalized.ravel()]
```

得到一个 array 的坐标，下面就可以进行预测。

```
Z = clf.predict(coords)
```

当然，Z 是一个一维 array，为了和 xx 还有 yy 相对应，要把 Z 的形状再转换回矩阵。

```
Z = Z.reshape(xx.shape)
```

下面用 pcolormesh 画出背景颜色。这里，ListedColormap 自己生成 colormap 功能和 #rrggbb 颜色的 RGB 代码。Pcolormesh 会根据 Z 的值（1、2、3）选择 colormap 里对应的颜色。

```
light_rgb = ListedColormap([ '#AAAAFF', '#FFAAAA','#AAFFAA'])
plt.pcolormesh(xx, yy,Z, cmap=light_rgb)
plt.scatter(x1,y1,c='b',marker='s',s=50,alpha=0.8)
plt.scatter(x2,y2,c='r', marker='^', s=50, alpha=0.8)
plt.scatter(x3,y3, c='g', s=50, alpha=0.8)
plt.axis((10, 70,1,7))
```

运行后得到图 12-12 所示的图形。

下面进行概率预测，使用如下式子。

```
z_proba = clf.predict_proba(coords)
```

得到每个坐标点的分类概率值。假设想画出红色的概率，那么提取所有坐标的 2 类概率，转换成矩阵形状。

```
z_proba_reds = z_proba[:,1].reshape(xx.shape)
```

再选一个预设好的红色调 cmap 画出来。

```
plt.pcolormesh(xx, yy,Z_proba_reds, cmap='Reds')
plt.scatter(x1,y1,c='b',marker='s',s=50,alpha=0.8)
plt.scatter(x2,y2,c='r', marker='^', s=50, alpha=0.8)
plt.scatter(x3,y3, c='g', s=50, alpha=0.8)
plt.axis((10, 70,1,7))
```

运行后得到图 12-13 所示的图形。

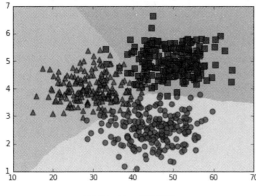

图 12-12　测试图

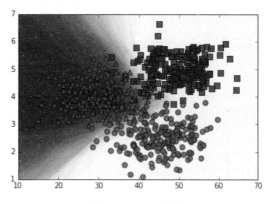

图 12-13　分类图

Scikit-Learn 程序包的功能非常齐全，使用 KNN 分类进行预测也简单易懂。使用的难点在于将数据整理成函数可以处理的格式的过程偏于烦琐，从输出中读取结论可能也有些麻烦。前面详细介绍了 Scikit-Learn 程序包中函数的输入、输出以及处理方法，希望读者可以轻松地将这些功能运用在实际情况中。

2．实际数据的 K-最近邻算法分类 Python 应用

（1）KNN 分类算法。

KNN 分类算法，又叫 K-最近邻算法，是一个概念极其简单而分类效果又很优秀的分类算法。其核心思想就是，要确定测试样本属于哪一类，就寻找所有训练样本中与该测试样本"距离"最近的前 K 个样本，然后看这 K 个样本的大部分属于哪一类，那么就认为这个测试样本也属于哪一类。简单地说就是让最相似的 K 个样本来投票决定。这里所说的距离，一般最常用的就是多维空间的欧式距离。这里的维度指特征维度，即样本有几个特征就属于几维。

KNN 分类算法示意图如图 12-14 所示。

在图 12-14 中，我们要确定测试样本绿色（圆形）属于蓝色（正方形）还是红色（三角形）。显然，当 K=3 时，将以 1:2 的投票结果分类于红色；而 K=5 时，将以 3:2 的投票结果分类于蓝色。

KNN 分类算法简单有效，但没有优化的暴力法效率容易达到瓶颈。如样本个数为 N、特征维度为 D 的时候，该算法的时间复杂度呈 O（DN）增长。

所以通常 KNN 分类算法的实现会把训练数据构建成 kd-tree，构建过程很快，甚至不用计算 D 维欧氏距离，而搜索速度高达 O[D×log（N）]。

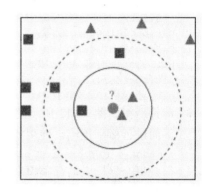

图 12-14　KNN 分类示意图

不过当 D 维度过高，会产生所谓的"维度灾难"，最终效率会降低到与蛮力计算一样。因此通常 D>20 以后，最好使用更高效率的球树，其时间复杂度为 O[D×log（N）]。人们经过长期的实践发现 KNN 算法虽然简单，但能处理大规模的数据分类，尤其适用于样本分类边界不规则的情况。最重要的是该算法是很多高级机器学习算法的基础。

当然，KNN 算法也存在一些问题。比如要是训练数据大部分都属于某一类，投票算法就有很大问题了，这时候就需要考虑设计每个投票者的权重了。

（2）数据测试文件。

先在 F:\2glkx\data\目录下建立数据文件 12-1.txt，测试数据如下。

```
1.5 40.0 thin
1.5 50.0 fat
1.5 60.0 fat
1.6 40.0 thin
1.6 50.0 thin
1.6 60.0 fat
1.6 70.0 fat
1.7 50.0 thin
1.7 60.0 thin
1.7 70.0 fat
```

```
1.7 80.0 fat
1.8 60.0 thin
1.8 70.0 thin
1.8 80.0 fat
1.8 90.0 fat
1.9 80.0 thin
1.9 90.0 fat
```

（3）Python 代码。

Scikit-Learn 提供了优秀的 KNN 算法支持，使用的 Python 代码如下。

```python
import numpy as np
from sklearn import neighbors
from sklearn.metrics import precision_recall_curve
from sklearn.metrics import classification_report
from sklearn.cross_validation import train_test_split
import matplotlib.pyplot as plt
#数据读入
data  = []
labels = []
with open("F:/2glkx/data/al12-1.txt") as ifile:
        for line in ifile:
                tokens = line.strip().split(' ')
                data.append([float(tk) for tk in tokens[:-1]])
                labels.append(tokens[-1])
x = np.array(data)
labels = np.array(labels)
y = np.zeros(labels.shape)
#标签转换为 0/1
y[labels=='fat']=1
#拆分训练数据与测试数据
x_train, x_test, y_train, y_test = train_test_split(x, y, test_size = 0.2)
#创建网格以方便绘制
h = .01
x_min, x_max = x[:, 0].min() - 0.1, x[:, 0].max() + 0.1
y_min, y_max = x[:, 1].min() - 1, x[:, 1].max() + 1
xx, yy = np.meshgrid(np.arange(x_min, x_max, h),
                     np.arange(y_min, y_max, h))
#训练 KNN 分类器
clf = neighbors.KNeighborsClassifier(algorithm='kd_tree')
clf.fit(x_train, y_train)
#测试结果的打印
answer = clf.predict(x)
print(x)
print(answer)
print(y)
print(np.mean( answer == y))
```

得到如下结果。

```
[[  1.5  40. ]
 [  1.5  50. ]
 [  1.5  60. ]
 [  1.6  40. ]
```

```
[  1.6   50. ]
[  1.6   60. ]
[  1.6   70. ]
[  1.7   50. ]
[  1.7   60. ]
[  1.7   70. ]
[  1.7   80. ]
[  1.8   60. ]
[  1.8   70. ]
[  1.8   80. ]
[  1.8   90. ]
[  1.9   80. ]
[  1.9   90. ]]
[ 1.  1.  1.  0.  0.  1.  1.  0.  0.  1.  1.  0.  0.  1.  1.  1.  1.]
[ 0.  1.  1.  0.  0.  1.  1.  0.  0.  1.  1.  0.  0.  1.  1.  0.  1.]
0.882352941176
```

KNN 分类器在众多分类算法中属于最简单的之一，这里有几点要说明一下。

（1）KNeighborsClassifier 可以设置 3 种算法，分别为 "brute" "kd_tree" "ball_tree"。如果不知道用哪个好，设置 "auto" 让 KNeighborsClassifier 根据输入决定。

（2）注意统计准确率时，分类器的 score 返回的是计算正确的比例，而不是 R2。R2 一般应用于回归问题。

（3）本例先根据样本中身高体重的最大最小值，生成了一个密集网格（步长 h=0.01），然后将网格中的每一个点都当成测试样本去测试。

这个数据集的准确率达到 0.882352941176，算是很优秀的结果了。

练 习 题

1．把本章例题中的数据，使用 Python 重新操作一遍。

2．对糖尿病数据集，找到最优的正则化参数 alpha。（0.016249161908773888）